U0189390

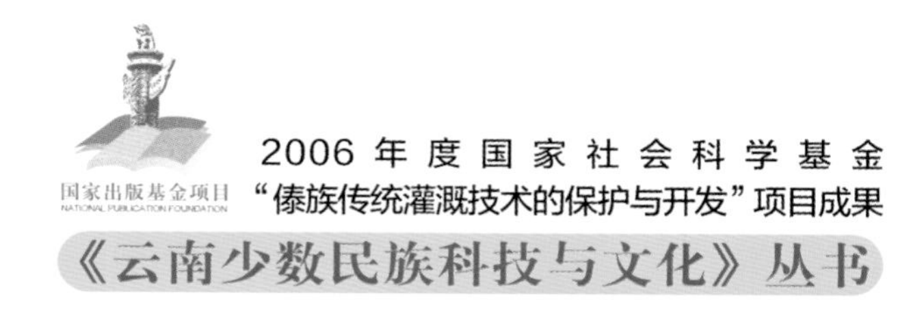

2006年度国家社会科学基金
“傣族传统灌溉技术的保护与开发”项目成果

《云南少数民族科技与文化》丛书

傣族传统灌溉技术的保护与开发

诸锡斌 / 著

中国科学技术出版社
·北 京·

图书在版编目（CIP）数据

傣族传统灌溉技术的保护与开发／诸锡斌著．—北京：中国科学技术出版社，2015.1

（云南少数民族科技与文化丛书／诸锡斌主编）

ISBN 978-7-5046-6827-1

Ⅰ．①傣… Ⅱ．①诸… Ⅲ．①傣族－灌溉－农业技术－研究－云南省 Ⅳ．①S275

中国版本图书馆 CIP 数据核字（2015）第 000714 号

出 版 人	苏 青
策划编辑	王晓义
责任编辑	王晓义
装帧设计	中文天地
责任校对	何士如
责任印制	张建农

出　　版	中国科学技术出版社
发　　行	科学普及出版社发行部
地　　址	北京市海淀区中关村南大街16号
邮　　编	100081
发行电话	010-62173865
传　　真	010-62179148
投稿电话	010-62176522
网　　址	http://www.cspbooks.com.cn

开　　本	720mm × 1000mm 1/16
字　　数	360千字
印　　张	24
印　　数	1—3000册
版　　次	2015年1月第1版
印　　次	2015年1月第1次印刷
印　　刷	北京盛通印刷股份有限公司

书　　号	ISBN 978-7-5046-6827-1/S · 585
定　　价	150.00元

《云南少数民族科技与文化》丛书编委会

诸锡斌
ZHU XIBIN

汉族，江苏无锡人，云南农业大学教授，云南省自然辩证法研究会理事长；曾任云南农业大学人文社会科学学院院长、科学技术史研究所所长、科学技术史一级学科硕士学位授权点负责人。长期从事科技史与科技哲学研究，先后主持国家社科基金等项目8项，编撰和参编著作、教材10余部。其中，国家“八五”重点图书《中国少数民族科技史丛书》获第三届国家图书提名奖；主编的《地学、水利、航运卷》获教育部研究成果三等奖；主编的《自然辩证法概论》教材获云南省哲学社会科学优秀成果二等奖。公开发表论文60余篇，多篇获奖。

《云南少数民族科技与文化》丛书序

生活于云南的各个少数民族是中华民族的重要组成部分，其中一些少数民族，如壮族、傣族、布依族、藏族、彝族、傈僳族、景颇族、哈尼族、佤族、怒族、拉祜族、独龙族、苗族、布朗族、德昂族、京族以及在中国目前还未确定为单一民族的克木人等作为跨境民族，其文明影响具有国际性；还有一些少数民族，如佤族、景颇族、傈僳族、独龙族、怒族、德昂族、佤族、布朗族、基诺族等则是直接由原始社会进入社会主义社会的少数民族，其文明状况具有明显的特殊性。正因为如此，云南作为认识和探索人类社会发展和人类文明进步的“宝地”，受到我国以至世界各国的关注。然而，长期以来，对云南少数民族及其文明的研究，大多集中在经济、政治、宗教、风俗、语言等方面，而对其传统科技的研究相对薄弱。事实表明，云南少数民族作为中华民族大家庭中不可或缺的成员，他们所创造的传统科技与文化，曾为中华文明做出了重要贡献。然而，遗憾的是，由于历史、自然、社会、经济等各种原因，很多少数民族的传统技术以口授言传的方式保存和应用于民间。随着我国经济建设的快速发展，城市化进程的增速，加之现代市场经济的冲击和传统技人的相继去世，保留于民间的传统技术以及与之相随的文化面临着加快消失的危险，如何保护和开发云南各少数民族优秀传统技术及其文化已不是讨论其是否具有意义的问题，而是一项十分紧迫的任务了。

当前，非物质文化遗产保护越来越受到各国政府和人们的重视，云南少数民族的传统科技与文化也日趋受到关注。尽管一些国内外学者已开始把眼光转移到对云南少数民族传统科技与文化的研究上来，在资料和文献的收集、整理方面取得了较好的成果，发表和出版了一些有价值的论文与专著，并且在关于中国少数民族科技史以及人类学的国际学术讨论会和国内的各种会议上，云南少数民族的传统科技与文化也一直是人们关注的兴奋点。但是，面对如此广阔的研究领域，如何抢救、保护和开发云南少数民族优秀传统技术的研究却一直较为薄弱。由于云南少数民族传统科技与文化不仅大部分属于非物质文化遗产，而且许多还是物质文化遗产，是亟待加强研究和开发的领域，它需要自然科学、社会科学、人文学科以及与这些学科相关的技术等的相互配合，开展综合性的研究，其难度显而易见。尽管如此，我们必须明确，既然中华文明是中国各民族创造的文明，那么发掘与弘扬云南各少数民族的传统科技文化，就是事关中华文明之大事，不能因难而退，而应看清自己作为一个中国人身上所承担的责任，这也是具有良知的学者之本分。

为此，一批有志于为少数民族的传统科技与文化的研究和开发做出奉献的工作者，无论是官员还是教授，也无论是年轻的学者，还是一般的工作人员，在共同理想的推动下，走到了一起，或借助各类科研课题和项目，或利用各种机会和业余时间，深入基层、农村，进深山、下田野，走村串寨，采访调查，进行了艰苦的研究和探索。开展这一工作的重点，就是要将云南少数民族传统科技放到不同民族特定的文化背景中去，不仅形成抢救性的学术研究成果，而且力图把对云南少数民族传统科技与文化的开发利用作为重要支撑点，以此来提高研究成果的可应用性，使其在新的时代背景下，发挥多方面的效用。这套丛书的出版，正是基于这样的目的，凝聚了各位作者的心血和期盼。

值得庆幸的是，该丛书作为一个开放的体系，并不因为业已完成著作的出版而结束，而是期待着更多这一方面优秀的作品加入，使之在不断的发掘与探索中完善、深化和发展。我们期待着这棵稚嫩的小苗，能够成长为参天大树，为前行的开拓者遮风避雨，使他们能够由此得到启发，毅然前行。

《云南少数民族科技与文化》丛书编委会

2014 年 6 月 12 日

自序

傣族是我国历史上早期种植水稻的民族之一。在长期的水稻种植中，傣族形成了一整套完整而行之有效的以分水、配水、灌渠修理为核心的传统灌溉技术。这一传统灌溉技术成为傣族稻作农业中十分重要的技术，甚至是傣族稻作农业得以延续的重要环节，对傣族社会的政治、经济、文化、伦理、习俗的形成与发展产生了十分深刻的影响。直到20世纪80年代，这一技术体系仍在发挥着它的积极作用。

我国在20世纪50年代曾对傣族社会进行过广泛的社会调查，对傣族传统水利灌溉技术也有零星的描述，20世纪80年代开始有一些专项研究，并获得了较好的成果。但是，由于农田水利灌溉技术不是一项单一、孤立的技术，而是一个完整的技术工程体系。它由一系列技术环节、技术过程构成。这些技术环节、技术过程之间有着内在的逻辑联系，是一个完整的技术系统；同时，水利灌溉技术又是一种公共技术，具有较强的社会属性，是一种社会合作性质的技术。它与当地民族的社会结构有着直接的联系，如村社土地制度和村寨社会关系、土司制度、宣慰署司对水利的管理制度等。这些制度曾经是长期维系傣族传统水利灌溉技术体系的直接因素。因此，开展傣族传统灌溉技术的研究就不是单一的，它需要自然科学、人文学科和社会科学通力合作才能达到目标。因此，这将是一项学科交叉性十分突出的研究项目，其难度是可想而知的。

2006年，由诸锡斌教授申报的国家社会科学基金项目（项目号：06XMZ035）“傣族传统灌溉技术的保护与开发”得到批准。针对傣族传统灌溉技术长期以来没有开展较为系统、整体研究的实际，项目组决定相对集中地从傣族传统灌溉技术和傣族传统灌溉制度两个方面开展系统和全面的研究，确定诸锡斌教授除全面负责整个项目的研究外，还需主持对傣族传统灌溉技术的研究；同时，还确定由秦莹教授和李伯川副教授主持傣族传统灌溉制度的研究。在项目总主持人诸锡斌教授过去多年研究的基础上，两个项目组成员又重新多次深入西双版纳及有关地区，克服种种困难，按照研究计划，对濒临消失的傣族传统灌溉技术进行了相对系统的抢救性发掘、分析和整理；将调查结果与极其有限的历史文献相印证，并应用实际调查研究的第一手资料来弥补文献的不足，力争较为全面和客观地反映傣族传统灌溉技术的原貌，使研究成果贴近实际和具有说服力；同时，在研究中加强了社会科学与自然科学相结合的综合方法的应用，力争使研究成果较好地体现多重学术价值和应用价值。通过 4 年的努力，历经艰辛，终于完成了这项研究。这项研究成果引起了当地政府的重视。中共西双版纳州委、州政府政策研究室认为“所形成的研究成果不仅具有较强的理论性，而且对于保护傣族优秀文化、开发西双版纳旅游资源，推进我州的农业发展都具有明显的实用性”。“为我州下一步的发展规划提供了很好的思路，同时也为今后边疆少数民族传统技术的保护和开发提供很好的借鉴。”并希望能够“共同推进这一项目研究成果的实际应用”。之后，在进一步整理研究成果的基础上，终于完成了《傣族传统灌溉技术的保护与开发》和《傣族传统灌溉制度的现代变迁》两本书的初稿，并将初稿上报全国哲学社会科学规划办公室。经全国哲学社会科学规划办公室聘请专家审阅、评审，再次修改，通过两年的努力和再次实地调研、补充和完善，终于成稿。尽管由于各种因素的制约，研究中还存在着许多不足之处，但是毕竟播下了一颗充满生机的种子，只要土壤和生长环境适合，我们相信中国少数民族传统技术研究这颗弱小的种子一定会成长为茂盛的大树。愿后来者在此基础上奋勇前行。诚然，在出版和修订书稿的过程中，也得到了中国科学技术出版社的高度重视和热忱支持，得到了王晓义编辑的关爱，才最终使这一研究成果得以和读者见面。

诸锡斌

2013 年 5 月 10 日

目录 CONTENTS

第二章 保护与开发傣族传统灌溉技术的价值与意义

第三章 云南稻作农业与傣族概述

第四章 傣族传统农业与水稻栽培技术的演变

第五章 西双版纳傣族和他们的灌渠

第六章 分水器——西双版纳傣族特有的配水设施

第七章 “根多”的历史演变及其现实应用

第八章 傣族传统灌溉技术存留至今的原因分析

第九章 保护和开发傣族传统灌溉技术的可行性

第十章 保护与开发傣族传统灌溉技术

引 言

中华民族是一个具有 5000 年文明历史的勤劳民族。千百万年以来，在与大自然的生死搏斗中，她不懈地追求和探索着，用辛勤的汗水浇灌出了灿烂的中华文明之花，创造了曾为世界所瞩目的科学技术。但需要指出的是，中国科学技术的产生和发展与其悠久的历史文化相一致，并不为某个单一民族所创，而是凝结了祖国各族人民的睿智和艰辛，是民族大融合的结果。

显然，要研究和认识中国的科技，就必须研究中国少数民族的各种文化和传统科技。然而遗憾的是，长期以来，“我们的通史和文化史，实际上主要是汉族的历史。”① 这种历史现状，一直限制着客观、全面地认识中国文化及科技全貌，也制约着研究的深入。显然，如果不在少数民族传统科技方面有所突破，要想全面而客观地把握中国文化和技术发展的全貌，那是很难设想的。

现今，我国少数民族大多聚居在祖国的边疆地区，由于人类社会发展存在的不平衡性和各种复杂的自然、历史等原因，以至于今日在一些少数民族地区尚留有大量人类早期活动的活史料，它为研究和考察我国古代科

① 程志方．论中华彝族文化学派的诞生［C］// 云南社会科学院楚雄彝族文化研究所．彝族文化研究文集．昆明：云南人民出版社，1985：369.

技状况提供了极其宝贵的资料。但值得注意的是，随着现代科学技术的迅速推广和渗透，许多宝贵的历史实物和资料正在此“压力”下加速消失，加之有关少数民族科技方面的文字记载不仅在汉文典籍中十分缺乏，即使在少数民族文献中也寥寥无几，况且现今在世的有经验或是对传统技术比较熟悉的老人也已为数不多并减员很快。因此，如何尽快推进这一领域的研究和尽快开发这一领域，已不是讨论其有无价值，而是一项带有抢救性质的任务了。更何况对中国少数民族传统科技的研究不仅可以填补我国甚至国际上科技文化史研究中的某些空白，而且对提高民族自信心和增强民族团结，建设和谐边疆、稳定社会具有特殊的作用，不仅为我国政府重视，也为国际上关注。

当然，中国少数民族科技的研究内容涉及相当广泛的领域和学科，由于“农业是整个古代世界的决定性的生产部门”[①]，从而在少数民族科技的研究中，对传统农业科技进行研究必将占有相当重要的地位。

目前，世界上的许多国家对稻作文化的研究颇感兴趣，不少学者认为中国的云南省是亚洲栽培稻的重要起源地之一[②]。因此，云南也成了稻作文化研究所不可忽视的地区。恰恰世代生活于云南省西部、南部的傣族，“自古就是农业民族”[③]，其稻作历史可上溯至新石器时代[④]，“在云南各民族中，成为植稻最早的民族”[⑤]。作为一个具有悠久稻作历史的民族，傣族不仅创建了稻作农业，而且发明了具有自身民族特点的与稻作农业相适应的灌溉技术。由于“作为东方农业基础的水利灌溉事业，傣族在这方面

---

① 江应樑. 傣族史［M］. 成都：四川民族出版社，1983：11.

② 我国柳子明教授认为亚洲栽培稻源自云贵高原；日本渡部忠世教授认为起源于印度阿萨姆和中国云南；汪宁生、李昆声认为起源于云南的可能性最大；日本的鸟越宪三郎主张稻作是起源于云南昆明的滇池一带；游修龄教授根据酶谱变异分析，也倾向西南起源中心说。

③ 同①。

④ ［日］鸟越宪三郎著. 倭族之源—云南［M］. 段晓明，译. 昆明：云南人民出版社，1985：30—31.

⑤ 中国少数民族简史丛书《傣族简史》编写组. 国家民委民族问题五种丛书之一：傣族简史［M］. 昆明：云南人民出版社，1986：35.

就有着卓越的成就”，[1] 从而为我国农业发展和稻作文化做出了重要的贡献。但遗憾的是，由于自然、历史等各种复杂原因，这一内容丰富、生动具体的传统农业生产技术却未能充分引起人们的注意。事实表明，存留于这一地区傣族民间的各种早期灌溉技术遗迹和实物以及运用方法是非常丰富和有价值的。对此进行系统研究，不仅可为我国古代农田灌溉技术的研究提供具体的、活生生的资料，而且对认识我国南方水田农业的发展也颇有益处，更何况它可以对合理利用有限水资源这个目前被列为世界瞩目的十大问题之一的研究提供有益的借鉴。因此，对这一早期灌溉技术的研究，就不仅具有“史”的意义和文化、学术的意义，而且对开发少数民族地区的经济也具有非常现实的意义。鉴于目前人们对这一传统技术了解甚少且大量有价值的活史料正在迅速消失，所以本项研究力图应用这一地区实际考察所得的资料，系统介绍、分析和论证这种在傣族历史上曾被广泛运用的灌溉技术，以便有可能为我国农业科技史和水利史的研究提供有价值的史料。同时，通过分析和研究，以引起人们对傣族传统文化和传统技术的注意，为保护和开发傣族优秀的民族文化遗产和传统技术提供有益的借鉴，并有意为当前稻作文化的研究和水利资源的合理利用提供有益的线索。

诚然，要开展这项研究，困难是很大的，不仅存在语言方面的障碍，而且资料奇缺，研究人员不够。因此，如果跟着古人走，依然把眼光停留于对文献和史料的考证，则显然已走进了死胡同。这就迫使人们不得不跳出常规的范围，以新的方法去开辟新的领域。范文澜先生曾深刻指出：“我们研究古代社会发展的历史，总喜欢在画像上和《书经》《诗经》等中国的名门老太婆或者希腊、罗马等外国的贵族老太婆打交道，对眼前还活着的山野妙龄女郎就未免有些目不斜视，冷清无情，事实上和死了的老太婆打交道，很难得出新的成果，和妙龄女郎打交道却可以从诸佛菩萨的种种清规戒律里解脱出来，前途大有可为。”[2] 很清楚，具备历史学、民族学、社会学、自然科学技术、农学理论和农业技术等多学科理论的知识结构是开

① 江应樑. 傣族史［M］. 成都：四川民族出版社，1983：11.

② 范文澜. 介绍一篇待字闺中的稿件［N］. 光明日报，1956-05-24，《史学》专栏.

展这项研究必须具备的基础；走出书斋，长期深入少数民族地区开展实地调查，把调查结果与挖掘的历史文献资料相结合，把采访笔录与实物收集相印证，把文物考证与调查结果相对照，将实物整理与理论分析相结合，把现实地区发展需要与社会长期发展要求相统一的方法，乃是开展这项工作的基本方法；而坚持辩证唯物主义，把归纳与演绎、分析与综合等方法辩证地贯穿于整个研究过程，则是完成这一研究的思想保证。

该研究项目正是遵循这一原则，在多年研究成果的基础上，按照项目研究的要求和计划，多次深入西双版纳地区考察，通过大量资料的收集与分析整理，并结合现实需要和长远利益，经过艰苦努力，克服了种种困难，才最终得以完成。

保护与开发中国

傣族传统灌溉技术是我国少数民族传统技术中一个重要的部分，也是中华民族灿烂文化中一枝艳丽的奇葩。但是，在目前我国已建立了社会主义市场经济体制的时代条件下，傣族传统灌溉技术正在被现代化的灌溉技术和现代化的灌溉设施迅速取代，尽管国家对我国的传统文化，尤其是少数民族传统文化和少数民族的传统科技给予了高度重视，并采取了有力的措施，使我国少数民族的非物质文化遗产保护取得了重要的成绩。然而，由于市场经济所带来的现实后果对人们思想观念的猛烈冲击，以及现时代条件下思想观念的转变，如何看待传统文化以及如何保护和开发传统科技，尤其是在保护和开发我国少数民族传统科技的认识和观念上仍然存在着许多误区。在日常生活中，一些人认为，我国的传统技术，主要是由先进的汉族创造和发明的，少数民族主要是接受和吸取了我国汉族的先进技术来发展自身的，因此少数民族就没有什么值得研究的科学技术；也有一些人认为，少数民族虽然有自身发明创造的技术，但是少数民族所应用的这些传统技术与现代科学技术相

第一章
少数民族传统文化与传统技术

较而言，是属于淘汰的、已丧失了保留和应用价值的技术，没有必要再投入财力、物力和人力来进行研究；更有一些人则认为开展少数民族传统技术的研究，就是对财力、物力和人力的浪费。令人欣慰的是，随着我国社会主义文化建设的不断深入和科学发展观的提出，在建设社会主义和谐社会的进程中，人们越来越清晰地看到了少数民族传统技术在弘扬中华民族优秀文化中所具有的重要作用，看到其在我国非物质文化遗产中的重要地位，并对少数民族传统技术的研究给予了高度的关注和支持。我国 1—10 届中国少数民族科学技术史国际学术讨论会的召开，以及各类有关少数民族传统技术的研讨会的频繁举行，说明了这一领域的研究工作正向着令人欣喜的方向发展。但是，关于如何进行少数民族传统技术保护方面的研究，却仍然十分薄弱。傣族传统灌溉技术的保护同样也面临这样的问题。要解决好这个问题，就必须在思想上认识和明确中国少数民族传统技术研究的价值，并由此来正确对待傣族传统文化和傣族传统灌溉技术，以及与之相关的保护与开发。

第一节 开展少数民族传统技术研究的价值

目前，面对已逐步完善的社会主义市场经济体制，如何开展我国少数民族传统技术的研究？如何将少数民族传统技术与市场经济接轨？如何使少数民族传统技术更好地为现实服务？少数民族传统技术研究的价值及其发展的前景如何？诸如这样的一系列问题越来越困扰着正在这一领域努力工作的人们，同时也成为当前迫切需要解决的问题。

一、少数民族传统技术研究价值的多元性

科学有别于技术，这已是不争的事实。而把科学技术作为自然科学技术来对待，也似乎成了约定俗成的习惯，如果不做专门的说明，通常指的就是自然科学技术。本书就按约定俗成的习惯来分析一下开展少数民族传统技术研究的情况。

少数民族传统技术是于特定的历史、自然地理、民族风俗等条件下形成的特殊的传统技术，它具有自己的发展历史，从而对少数民族传统技术的研究就既要涉及自然科学的范畴，又要涉及大量人文社会科学的内容。因此，对少数民族传统技术的研究究竟属于自然科学研究领域，还是属于人文社会科学研究领域，也即它是属于理科性质，还是属于文科的性质，就很难确

定。由于这门学科的研究既需要应用自然科学的理论与方法，必要时还需要进行有关的技术鉴定和实验；同时，又需要充分应用各种人文社会科学的理论和方法，因而对少数民族传统技术的研究就兼有了文、理两者的性质，为此称其为交叉学科是恰当的。正因为少数民族传统技术研究具有这样的特点，进而决定了少数民族传统技术研究具有突出的价值多元性。

就价值而言，它产生和决定于主体与客体的关系，少数民族传统技术研究的价值体现也同样如此。我们知道人类诞生以后，面对的就是人（主体）与自然（客体），以及人（主体）与社会（客体）这两个最基本的现实关系，并由这两个关系，形成了最明显的两大价值。一方面，人类为了使自身能够从大自然的“奴役”下解放出来，最终找到了科学技术这一有效的开启通往自由王国的“金钥匙”，也即科学技术具有认识和改造自然界的价值，现今这一价值体现越来越充分；另一方面，使用科学技术的主体是具有社会属性的人，为了协调人与人的关系，并以此保证社会的有序发展，人类又不得不依靠人文社会科学，从而人文社会科学的价值也日趋凸现出来。而这两大价值，对开展少数民族传统技术研究兼而有之，也即开展少数民族传统技术研究具有最基本的二元价值，并且这种二元价值又可以从更为具体的许多方面体现出来，进而形成更具体的多元价值，它的研究将具有十分广阔的前景。

1. 开展少数民族传统技术研究具有认识的价值

少数民族传统技术是少数民族睿智的结晶。在长期的生产与生活实践中，少数民族传统技术较好地展示了不同地区和时代条件下，特定的民族自身思维和行为的精华。然而，这些精华是如何形成和发展的？其形成和发展是否具有内在的规律？诸如此类的问题研究，都需要人们花费大量的时间和精力去挖掘和整理，需要人们耐心、细致地于不同地域去搜寻特定民族文化背景下特定传统技术发展历程中所留下的各种史料和实物以及与此相关的各种信息，并由此找出它们之间的线索，进而使对传统技术的认识明晰起来。其实，无论是牛顿的力学定律，还是爱因斯坦的相对论以及今天的任何科技成果，实质上都是历史的产物，只要它是现实的，实质也就是历史的。也正因为如此，开展少数民族传统技术的研究，实际上也就展示了不同民族对自然界的认识是如何由浅入深地不断深化的历程，并以此揭示了不同层次的规律以及特定技术自身发展的规律。它所具有的认识价值是显而易见的，尤其在当今知识高度综合和信息爆炸的时代，这一价值更是不可低估。

2. 开展少数民族传统技术的研究具有促进先进伦理道德形成的价值

伦理道德是时代的产物，文化的产物，它与科学技术的发展直接相关。由于特定的生产力水平决定着特定的生产关系，特定的经济基础决定特定的上层建筑，而科学技术又是生产力的重要决定因素。就此而言，尽管少数民族在长期历史发展中科学技术水平相对落后，但是由其发明创造的传统技术对作为上层建筑的伦理道德的发展状况所具有的重要作用却是显而易见的。纵观科学技术的发展可以看出，不同社会形态下的科学技术水平不同，则其所形成的伦理道德也不同，犹如封建制度下的伦理道德与资本主义制度下的伦理道德不同一样，它与科学技术的水平密切相关。今天，科学技术已经发展到可以开展对动物甚至对人进行“克隆”的高度。面对这样的新形势，旧的伦理道德已出现许多它所无法解决的问题，只有以科学的态度来调整人与人的道德规范，形成与时代发展相一致的伦理，才是最终合理的结论[①]。为此，开展少数民族传统技术研究，不仅可以使人们正确认识少数民族科学技术发展的特点，正确认识传统技术对少数民族社会形态形成的决定作用，而且可以通过对少数民族传统技术的研究，找出传统技术对其伦理道德形成所具有的内在联系，这将有利于促进符合新时代需求的伦理道德形成。这对于社会进步将是十分有利的，其价值不容忽视。

3. 开展少数民族传统技术研究具有促进和弘扬科学精神与人文精神的价值

少数民族传统技术的形成与发展，实质也是不同少数民族认识自然和改造自然的实践史。这部实践史活生生地记载了大量为人们所不知的少数

① 诸锡斌. 自然辩证法概论［M］. 昆明：云南科技出版社，2004：271—279.

民族不同阶层的人士为促进自身社会的稳定与发展，为推动对物质生产和认识自然规律不惧艰险、求真务实、开拓创新的艰难历程，通过具体的少数民族传统技术，它鲜明地体现出人类社会发展中的科学精神和人文精神。毋庸置疑，开展少数民族传统技术的研究对于认识我国不同民族对中华民族的贡献，对于促进民族团结和边疆稳定，对于树立和弘扬科学精神、人文精神都具有重要的价值。

4. 开展少数民族传统技术研究具有重要的经济价值

通过对少数民族传统技术的研究人们不难发现，少数民族传统技术闪烁着不同民族的智慧，是中华民族浩繁的科学技术活动及其成果中不可或缺的组成部分，实在是一座潜力巨大的宝库，具有重要的开发与利用价值。事实表明，通过不懈的努力，我国在开发传统中医理论技术、传统手工技术和传统农业技术以及其他行业中的优秀传统技术方面，已经取得了令人鼓舞的成绩。实践证明开展少数民族传统技术研究不仅具有重要的学术价值，而且在社会主义经济建设中也有着重要的应用价值。尤其在我国全面贯彻科学发展观的大好形势下，加快和加大科学技术史的开发性研究，充分将其转化为现实的经济价值，是当前开展少数民族传统技术研究时务必给以高度重视的一项紧迫任务。

二、少数民族传统技术研究的价值结构

开展少数民族传统技术研究的价值体现尽管是多方面的，但却并非处于同一层面，而是以结构体现出来。如前所述，开展少数民族传统技术研究的价值体现，在今天的文化背景下，从宏观上说是器物方面和思想文化方面。而从其结构的形成来说，可以分为器物的层次、理论的层次、教育的层次、制度的层次、伦理的层次、精神的层次等不同的价值层次，并由这些不同的层次形成了开展少数民族传统技术研究的整体价值[①]（见下图）。

① 诸锡斌. 开展少数民族传统技术研究的价值［J］. 哈尔滨工业大学学报，2009（1）：19—25.

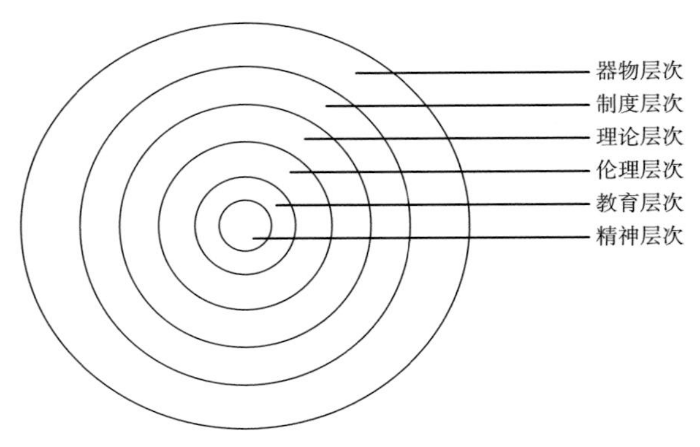

开展少数民族传统技术研究不同层次价值示意图

由上图可知，按照少数民族传统技术研究在社会进步中由其功能发挥所形成的价值层次来说，最外层是第一价值层次，也即器物层次。其表明了开展少数民族传统技术研究具有外显的实用特点，集中地体现在通过对传统技术的挖掘，进而在现实条件下对其进行改造利用，最终达到可实际操作的程度，以实现改造世界的目的。显然，这种价值具有浓厚的功利色彩，并最容易为人们所接受。由于它不受社会制度制约，可以为所有国家和民族所接受，这将有利于促成不同国家和民族相互间的交流与合作，成为不断增强其价值含量的一种价值。因此，如何提高少数民族传统技术研究器物层次方面的实用性、功利性，将其转化为现实生产力就成为这一层面研究的重点和核心内容。

开展少数民族传统技术研究的第二个价值层次是制度层次。科学技术与人类相伴而生，共同发展，是与人类一定时代条件下的制度分不开的。制度作为一种保证科学技术活动得以有序开展的社会条件，自20世纪以来，越来越受到人们的重视，无论是科学共同体的形成与发展，还是科学技术活动的有序进行，都需要通过制度来实现。目前，世界上STS以及与之相关的各类研究的兴起，说明人们已充分认识到了协调各种社会因素对科学技术、对人类进步具有的重要性。因此，在开展少数民族传统技术研究中，跨越器物的价值层次，将制度对少数民族传统技术发展的促进、制约和影响作为研究的重要突破口，是改进和完善甚至是促成现时代有效保障技术运行机制的一条重要途径。它不仅具有实用性，而且是理性思考的成果，其价值是显而易见的。

开展少数民族传统技术研究的第三个价值层次是理论的层次。在人类历史的长河中，不同国家和地区的各个民族都不同程度地对客观自然界的规律作出过自己的回答，尽管这种回答的完满性、预测性在程度上不同，但它毕竟是指导人们如何去面对大自然，如何去实施相应的技术以改造自然，进而达到自身目的的一种理性思考和合理的行为方式。显然，不同民族对自身所应用的技术都有过各自的解释和回答，有的甚至被披上了宗教的外衣，但无论如何，这种“理论”作为一种认识客观自然规律的知识体系，其价值并不具备功利的色彩，而是以内在的理性思维制约和指导人们的行为，鲜明地体现出了认识中的合规律性。因此，开展这一层次少数民族传统技术的研究，不是也不可能是以追求直接的功利价值为目标，其核心是要对人类历史中合理的理性思想进行挖掘和整理。整理得越全面、越完整，就对现今的认识越有借鉴意义，也就越能从更合理的理论高度去指导人类的活动，其价值也就越大。

开展少数民族传统技术研究的第四个价值层次是伦理的层次。纵观科学技术的发展可以看出，科学技术水平的高低，决定着生产力水平的高低，也就决定着社会形态的发育程度的高低。如前所述，不同社会形态下的科学技术水平不同，则其所形成的伦理道德也不同，就犹如封建制度下的伦理道德与资本主义制度下的伦理道德不同一样，它是随着科学技术的发展而发展的。今天，科学技术已大大改变了人类的生活方式和观念，出现了诸如人类能否保持生态平衡，如何建设生态文明，如何保持人与自然和谐相处的关系以及人类能否“克隆”人类自身等一类新的问题。这已不是单一的科学技术本身的问题，而是一个人类如何规范自己的合规律性活动的伦理问题。目前，纷纷兴起的科学伦理学的研究已充分说明了这一点。从而开展这一层次的研究，可以通过发掘少数民族传统技术中的合理成分，总结人类科学活动认识中的经验与教训，结合当今的实际，潜在地从意识方面为规范人类的行为方式和从相应制度的制定方面体现出它应有的价值来。

开展少数民族传统技术研究的第五个价值层次是教育层次。这一层次更多地强调在培养和提高人类科技文化综合素质中所具有的价值。人类社会进步的标志并不仅仅只有一个经济指标，而是以人的全面发展为标志的。在当今强调“以人为本”的时代条件下，开展少数民族传统技术研究所具有的教育功能正好符合这种教育的需求。因此，进行这一层次的少数民族传统技术研究，其价值就在于能使受教育者通过学习、研究少数民族传统技术而从文、理两个方面使人们认识科学技术所具有的改造自然和促进社会发展的功能，在进一步认识科学技术是第一生产力和先进生产力的同时，充分体验辩证唯物主义和历史唯物主义，使受教育者的自然科学与人文社会科学的知识充分结合，并得到恰当的训练。尽管这一层次的价值是潜在的，没有直接的实用特点，但却它往往制约和促进以上几个层次价值的发挥，是更深刻的一个价值层次。

开展少数民族传统技术研究的第六个价值层次是科学精神的层次。人类所面对的整个世界，最终就只有物质的世界和精神的世界。而开展少数民族传统技术的研究，就是要充分体现人类如何统一这两个世界，由于少数民族传统技术活生生地记载了人类在统一两个世界过程中所走过的曲折道路，记载了各不同民族在探索自然规律和推进社会进步不惧艰险、求真务实、开拓创新的艰难历程，使人们看清科学精神和人文精神对人类社会和科技进步所具有的重要性。这一层次的价值，不仅超越了器物的层次，而且超越了理论的层次，从世界观、人生观方面为人类提供了合理的依据，是开展少数民族传统技术研究价值的重要体现。

三、器物价值的全面实现是少数民族传统技术研究价值的制约因素

开展少数民族传统技术研究的价值层次结构表明，不同层次分别从不

同的侧面体现着研究的功能，进而在整体上体现着它对社会和科学技术进步所具有的价值。一方面，从最外层的器物价值层次到最核心的科学精神价值层次，体现的是人类对人与自然和人与社会关系价值的规律性认识的递进过程，递进程度越高，其规律的运用性越广，价值的普适性也就越强。对此，我国少数民族传统技术的研究已取得了可喜的成果，有代表性的是结合科学技术史研究而出现的中国少数民族科学技术史的进步、科技人类学研究的兴起、关于少数民族科学伦理学的探索、针对少数民族的 STS 的研究，以及其他相关学科的展开。它们从宏观和微观的理论层面推动着社会的进步，有效地促进了科学发展观的形成，推动了可持续性发展战略实施的进程。这标志着从最外层的器物价值层次提升达到最核心的科学精神价值层次的递进，在我国已出现了强劲趋势。

另一方面，从最核心的科学精神价值层次一直到最外层的器物的价值层次，实际上表现为少数民族传统技术研究从最高的哲学精神层次到最基本的物的需求层次的还原。这个还原的趋向是理性认识的物化过程，其特点是还原程度越高，则物化越具体，可操作性越强，越能给人类带来可以感觉和体会到的实惠。因而这是最为广大人民群众所接受和认可的直观价值趋向，毕竟科学技术作为生产力是必须物化为改造自然和社会的力量而还利于人类自身的。然而，遗憾的是，在目前社会经济飞速发展的今天，少数民族传统技术研究在这方面的进展并不令人满意。大量事实表明，并不是少数民族传统技术研究没有能力转化为现实的生产力，而是在现实社会中由于研究路线上出现的偏差而导致了这一功能的发挥不尽如人意。这不仅制约了少数民族传统技术研究的深化，而且成为困扰少数民族传统技术研究工作者的一个难题，不突破这一障碍，少数民族传统技术的价值就无法得到较好的实现。

事实说明，任何一个民族都在其漫长的历史发展过程中发明和创造过自己的文明，都曾应用过与其自身生存和发展相适应的科学或传统技术，这些科学技术在维持和促进特定民族的稳定与发展中所具有的作用是不可低估的。例如，由彝族所发明和创立的十月太阳历[①]，现今已引起国际上的关注，西双版纳傣族历史上所发明和创造的、应用于农田水利灌溉的“分水器”及其与之相配套的灌溉制度，1980—1990年仍在农业生产中广泛使用[②]。至于各个不同民族所发明的纺织技术、造纸技术、酿酒技术、医疗技术、栽培技术等，更是数不胜数。为了挖掘和整理各个民族的传统技术，大量的少数民族传统技术研究人员深入社会和农村以及民族地区进行调查，同时对历史文献进行了卓有成效的整理，形成了数量可观的成果。但是，这些成果仅仅是认识上的成果，如何对其进行改造、利用，将其转化为现实中可以应用的技术资源和可以利用的社会资源却往往被人们忽略了，或者是由于转化研究存在较大的难度而使一些研究人员退却了。

目前，有人针对这一现象，提出了将少数民族传统技术研究产业化的观点，力图通过这一途径来推进少数民族传统技术研究向器物层次的转化，并以此来体现它应有的价值。尽管这种看法强调了少数民族传统技术研究的物质性功能，淡化了少数民族传统技术研究具有的其他各个不同层次的功能，尤其在强调“以人为本”和用科学发展观来指导人们行动的今天，独断地推行这一做法并不令人满意。但是，针对所存在的制约少数民族传统技术研究的这一瓶颈问题，却又是我们在研究中不得不加以重视和认真对待的，毕竟如何将少数民族传统技术的研究成果转化为具体的经济效益，涉及思想的、心理的、制度的、体制的等各方面的因素。无论如何，少数民族传统技术研究具有这种转化潜力是客观存在的。因此，认真总结转化的成功经验，探索少数民族传统技术的研究成果如何向器物层次转化的方式、方法，并将如何转化自身作为一个问题来确实加以研究，是当前少数民族传统技术研究工作者所肩负的一项重要任务，也是全面体现少数民族传统技术研究价值的关键所在。

---

① 刘尧汉，卢央. 考古天文学的一大发现—彝族向天坟的结构与功能［C］// 云南楚雄彝族文化研究所. 彝族文化研究文集. 昆明：云南人民出版社，1985：177—224.

② 诸锡斌. 分水器与傣族稻作灌溉技术——西双版纳农业史研究［C］// 李迪. 中国少数民族科技史研究（第二辑）. 呼和浩特：内蒙古人民出版社，1988：168—181.

第二节 对实现少数民族传统技术器物层次价值的思考

如前所述，既然在开展少数民族传统技术研究中，向器物层次价值的转化存在的问题是制约全面实现少数民族传统技术研究价值的瓶颈问题，那么我们应如何对待，如何来解决呢?

一、有必要更新观念

我国少数民族创造的传统科学技术，是我国少数民族于各自不同的区域、不同的条件下，在长期的生产劳动和生活实践中积累和完善起来的有效技术，它曾经为少数民族地区的经济发展做出了重要的贡献。因此，更新观念，以热情、积极的态度来认识和开展少数民族传统技术在我国经济建设中所具有的地位和作用的研究，是扩大其应用范围和增强其器物层次价值功能的一个不可缺少的内容。长期以来，我国少数民族传统技术的研究，重心在于总结和整理祖国遗产，开展了卓有成效的工作，取得了丰硕的成果，不仅引进了大量优秀的国外相关著作，同时也出版了具有自身特色的高质量的专著，为非器物层次价值的实现创造了良好的基础。但是，无论是对遗产的整理，还是国外研究成果的引进，往往其目的仅仅满足于一种学术的需求，或者是一种认识上或文化建设上的需要。诚然，学术、认识和文化建设的需求是少数民族传统技术研究不可缺少的重要内容。但是，面对社会主义市场经济体制已经建立的现实，我们研究的目的决不能忽略了要创造条件使研究成果转化为直接为社会服务的现实生产力、转变为最直接的物的价值这一重要内容。因此，对少数民族传统技术的研究态度，就不是那种将自己封锁于象牙塔中的清高态度，而是必须打破传统的思维模式，充分将其与现实的需要结合起来，跨越学术的殿堂，深入社会和实践之中，尤其是需要深入边疆民族地区，并以此来推进研究成果向经济效益的转化，进而开辟出一块充满生机的领域来。

二、对少数民族传统技术研究方法本身进行全方位的研究

方法是实现目的的必备环节，没有方法的实际应用，达到目的就是一句空话。由于认识、保护和开发少数民族传统技术是一项十分复杂而艰巨的工作，其方法的运用也将十分丰富和复杂。因此，对少数民族传统技术研究方法的产生和应用进行探索，本身就是一项研究内容。显然，对少数民族传统技术研究方法本身进行全方位的研究本是在情理之中。

首先，在对少数民族传统技术的研究方法进行系统研究的同时，尤其应注意对少数民族传统技术的应用型方法开展研究。对于传统的史料研究方法，目前已基本成熟。但是，如何将少数民族传统技术的应用方法完善，却需要花较大的力气。大量的事实表明，如何对传统的科学技术进行改造利用，不仅存在着观念上的差异，而且在具体的操作过程中也往往出现很多问题。因此，对少数民族传统技术应用型方法的研究，首当其冲应从研究怎样切入开始，它包括了研究的选题、对资料的获取、目标的确立等方面，需要从少数民族传统技术器物价值如何实现方面来进行认真考虑，以确定它的经济价值大小和社会意义的大小，学术价值不在选题的首要地位。

其次，是从可行性方面出发，确定可行的研究路线。由于要对传统的

技术进行改造利用，而很多传统技术又多存在于传统工匠和传统艺人手中，所以除了对史料的整理、挖掘和研究外，全面开展田野调查和社会调查是开展这项研究所必不可少的环节。这将与传统的纯理论的研究以及纯史料的研究相区别，它不仅需要有较强的科学技术的应用成分，而且也需要有其他相关学科的配合。只有使这种研究的价值充分在器物的方面体现出来，才能说少数民族传统技术研究的应用方法是可行的。

再次，无论从史料挖掘而得的线索，还是实际调查而得的结果，都需要设计相应的实验（试验）来进行检验。这不仅是认识上的需要，更重要的是有利于揭示传统技术内含的客观规律，进而有利于将传统技术的合理成分提取出来加以改造利用。在应用社会调查等社会科学方法的同时，自然科学技术方法的运用是必须的，它可以为传统技术的“新生”奠定可靠的基础。

最后，成果的推广将是最困难、也是最有意义的一个环节，它涉及社会现实需求的程度以及对成果的理解程度，同时也与政策、社会心理等因素有关。正因为如此，少数民族传统技术研究方法的应用，只能是多学科的综合性系统工程方法的应用，是多学科和多领域的合作，对其艰巨性应有充分的思想准备。

三、发挥少数民族传统技术文化功能来实现器物层次的价值

少数民族传统技术文化功能具有自身的经济价值和社会价值，从而有必要在重视发挥少数民族传统技术具有的自然属性方面的功能并体现其价值的同时，注意发挥好少数民族传统技术文化功能，并以此来提升经济价值和社会价值是不可忽略的。关于少数民族传统技术研究所具有的改造自然的价值前面已作了较多的论述。其实，除此之外，少数民族传统技术研究具有的文化功能也是显而易见的。这种文化功能是否也可以转化为器物

方面的价值呢？回答是肯定的。其中，最为典型的是在文化产业化的过程中，少数民族传统技术研究在发展旅游业中，它本身就具有的重要地位和它独特的作用。例如，在建设云南旅游大省的过程中，云南省凭借着自身丰富的自然资源和人文资源，建设了大量别具一格的旅游景点。这些景点为云南省旅游业带来了较好的经济收入，并且还带动了其他有关行业的发展。事实表明，各不同民族的传统技术，如纳西族传统的城镇设计技术、傣族的传统稻作技术和灌溉技术、白族的木雕技术、哈尼族的梯田技术等内涵丰富、民族色彩浓郁的别具一格的传统技术，以及这些技术所带来的文明进步，都体现着少数民族深邃的智慧。这些传统技术往往都被融入目前深受人们热爱和所向往的旅游景点之中。可以说，没有这些传统技术和文化，这些景点的魅力将受到削弱。然而，值得注意的是，尽管少数民族传统科技具有较好的旅游资源开发的潜能，但是就目前的情况看，在我国所建设的许多旅游景点中，设计上更多突出的是民族歌舞、娱乐、自然风光、民俗、民风一类的特色，而对于民族传统科技的体现显得相对薄弱。如何在旅游业中充分发挥少数民族传统技术的文化作用，从不同的角度，根据具体情况进行开发和利用，将是旅游业急需重视和开展的一项内容，也是少数民族传统技术研究实现其器物价值的重要方面。

四、重视少数民族传统技术研究在历史文物保护和开发中的作用

历史文物和历史遗迹所具有的文化功能和它的经济价值往往是一致的，这在当前发展文化产业的新形势下，这种一致性更为突出。为了更好地保护历史文物和历史遗迹，长期以来许多人采取了被动的封闭、隔离等方法，以尽可能地避免人为的破坏，其目的是使这些文物和遗址能长期地存在下去。为此，国家投入了大量的资金和人力。然而，被动的保护并不是最佳的方式，许多新的实践和经验证明，将保护与开发结合起来，走以经济开

发来保护文物，以保护文物来促进经济发展的道路，是一条较合理的可持续的发展道路。例如，云南丽江古文化和传统科学技术的保护就是得益于对这片热土的旅游开发。正是由于旅游开发让当地的人们和政府及各地的游客认识到这些正在迅速消亡的传统文化和传统技术的价值，以及它所带来的巨大的经济利益。因此，一旦人们看清了这种历史文物和遗迹所具有的器物的价值，也就直观而有效地引导人们认识到保护传统文化和传统技术文化的必要性，就会激发出巨大的热情和自觉性，形成保护历史文物和历史遗迹强有力的力量。显然，少数民族传统科技的保护与开发这一领域的研究，恰好是少数民族传统技术研究的重要内容。少数民族传统技术研究如何介入这一领域，如何使少数民族传统科技的文化功能转化为经济效益，将是今后研究应注意的一个重要方面，这也是少数民族传统技术研究如何实现其器物层次价值的重要环节。

五、充分发挥少数民族传统技术在资源保护及其利用中的独特作用

我国是一个资源丰富，但人均资源占有量较低的国家，今后如何合理地利用和开发资源，是我国面临的一项艰苦的研究任务。回顾我国资源开发的状况不难看出，长期以来，在资源的开发过程中往往忽略了对特定地区、特定民族传统文化、传统科学技术的作用。其实，在历史发展的长河中，不同地区、不同民族都曾创造出了大量合理的传统技术和与之相吻合的文化，并且这些技术和文化对于资源的保护和开发都发生着十分明显的作用。因此，要有效地保护和开发资源（包括自然资源、文化资源、传统科技资源等），就必须认识特定地区、特定民族传统文化、特定传统心理、特定传统技术的历史，否则这种保护与利用是很难做到持续、长久的。诚然，资源开发与资源保护是一对“孪生兄弟”。但毕竟保护的最终目的是为了利用，而要实现这一目的，缺少了具有特定民族文化传统、特定心理、

特定传统技术的当地群众的配合，资源的保护和开发就将成为一句空话。因此，针对不同地区和不同少数民族的实际，开展少数民族传统技术研究，挖掘和整理他们的传统技术与文化，用历史的、发展的眼光来审视和处理资源保护及其利用的问题是值得关注的方面。对此，弘扬少数民族传统技术，并开发少数民族传统技术对于保护和开发资源中具有的合理因素，正是少数民族传统技术研究的优势和长处。尤其是在目前已充分认识到人与自然和谐相处和树立科学发展观重要性的今天，少数民族传统技术研究又为何不可以以资源的保护与开发为切入点来实现其器物层次的价值呢?

六、发挥少数民族传统技术研究在社会、经济和科技进步以及社会发展中的作用

器物价值的实现是具有功利色彩的，但这种功利价值必须符合社会经济和社会进步的总体需要，必须符合科学的发展观。由于少数民族传统技术研究具有文科和理科的综合功能，在认识自然和社会方面就有它独特的综合优势。这种优势表明少数民族传统技术研究可以并且应该在科学决策中发挥它应有的作用。这就要求少数民族传统技术的研究应更加突出地将相应的研究成果转化为可行的政策、措施和具体的方法，使其器物的价值与其他方面的价值有效地统一起来。

总之，少数民族传统技术研究具有自身的价值结构和价值的多元性，相互联系和制约的不同层次的价值归纳起来，总体上可以区分为非器物性的价值和具有功利性的器物的价值两大类属，是综合价值的体现，必须全面地认识和看待。只要我们正确认识了少数民族传统技术研究的价值，就有可能形成新的研究路线和新的切入点，就有可能在新的经济和社会发展中不仅有效地发挥好它的非功利性质的功能，而且能够结合实际充分体现出它所具有的器物性质的价值来，使少数民族传统技术研究的价值得到全面体现。

保护与开发

傣族是我国历史上最早种植水稻的民族之一。历史上傣族有“滇越”、“掸”、“金齿”、“百夷”、“摆依”等多种称呼①。在长期的生产活动中，傣族人民发展出有自身民族特色的水利灌溉技术和稻作文化，这些技术和文化融合了当地自然地理、气候、动植物特性，具有明显的民族地方特色。作为

① 根据国家民委组织编写的中国少数民族简史丛书《傣族简史》（云南人民出版社 1985 年出版）的记载，公元前 1 世纪时，《史记 · 大宛列传》《汉书 · 张骞传》曾将傣族称之为“滇越”，《后汉书 · 和帝本纪》称傣族为“掸”；唐代以后，称傣族为“黑齿”、“金齿”、“银齿”或“绣脚”，也有称其为“茫蛮”或“白衣”的；宋代沿称傣族为“金齿”、“白衣”；元明时期“金齿”沿用，“白衣”则写作“百夷”或“佰夷”，李元阳所修《万历云南通志》则将“百夷”改为“僰夷”；清代以后，大多习惯将傣族称为“摆夷”；中华人民共和国成立以后，按照傣族人民的意愿，正式定名为“傣族”。

第二章

傣族传统灌溉技术的价值与意义

一个种植水稻的民族，水利灌溉技术也反映了傣族人民对生存环境、自然界的认识和控制程度。这一技术体系支撑了傣族数千年的发展，直到20世纪80年代，这一技术体系仍在发挥着它的积极作用。我国学者曾于20世纪50年代对傣族社会进行过广泛的社会调查，对傣族传统水利灌溉技术有零星的揭示，20世纪80年代开始有一些专项研究，并获得了较好的成果。然而，对这一技术全貌至今仍没有较为系统性、整体性的研究。

调查表明，傣族传统农田水利灌溉技术由一系列技术环节、技术过程构成，这些技术环节、技术过程之间有着内在的逻辑联系，是一个完整的技术系统。同时，水利技术又是一种公共技术，具有较强的社会属性，是一种社会“合作”性质的技术，它与当地民族生产生活的自然环境、社会结构、社会制度特征和稻作文化相关，并表现出多种的价值和意义。

第一节 保护与开发傣族传统灌溉技术的文化与学术价值

文化作为一种稳定的社会现象，往往是特定的时代条件和物质生产方式以及由此而产生的精神等因素共同作用的结果。而其中保持和维系文化得以不断延续，使之得以“遗传”的“基因”，却是与其最基本的物质生产方式分不开的。傣族文化的产生与延续，又何尝不是如此呢？研究结果充分说明，傣族文化的核心及其特点，主要表现在两个方面，一是它所体现的水文化，二是它所体现的佛文化。正是水文化与佛文化的结合，推动和保证了傣族文化的不断延续。然而，这种文化的存在与发展却奠基于物质基础和稻作农业的基础之上。这不得不促使人们由此去探寻傣族带有决定性的文化遗传的稳定“基因”，并由此来寻找、认识和揭示这一文化的深刻内涵，以最终体现出其文化与学术的价值。而其中，通过对傣族传统灌溉技术的挖掘、研究来推进傣族稻作文化研究，并由此探索保护与开发傣族文化的途径，不乏为切入这一研究领域的突破点。

一、保护和开发傣族传统灌溉技术以推进傣族文化研究

水是人类社会得以存在和发展的基本条件。我国是一个历史悠久的农

业大国，从大禹治水到都江堰的修建，以至于今天的三峡水利工程的建设，漫长的历史进程无时无刻地在警示人们，水是人类社会中最基本的要素，更何况农业这一关乎人类生存与发展的最基本生产领域。但是，随着现代社会的到来，水利条件和设施得到了充分的改善，农业的现代灌溉技术得到了迅速的发展，传统的灌溉技术以及与之相关的灌溉制度、管理措施已经远离人们而去。铭刻于都江堰墙壁的“深淘滩、低作堰”几个醒目大字，似乎也仅仅成为一种历史的回忆和技术操作的简单描述。至于其所带来的深刻的文化内涵和这种文化所具有的社会影响，已经被现实市场经济的大潮冲刷得日趋苍白。

值得庆幸的是，在现代化进程的大潮中，云南边疆西双版纳傣族地区由于其特定的自然环境、稻作文化传统、相对封闭社会状态以及各种复杂的原因，使傣族的传统灌溉技术相对完整地保存了下来，几乎成为现今人们认识和揭示傣族社会和文化，甚至是揭示我国南方农业发展和社会演化的一块“活化石”。众所周知，傣族作为“百越”的一个部分，其文化具有“百越”的特征，这一特征不仅是属于中国的，而且涉及诸如泰国、缅甸、老挝等国家和地域。实际调查表明，从西双版纳傣族的传统灌溉仪式一直到它的技术操作的各个环节，以及具有明显生活情趣的“泼水节”、宗教仪式，水都是这些活动的核心，水文化已经从生产领域走进了傣族生活的各个方面。值得注意的是，与西双版纳傣族农业生产密不可分的傣族传统灌溉技术，已不再是一项与社会无关的孤立技术或简单的技术操作。它作为一个相对完整的体系，渗透了人们的情感、“法律”的威严、宗教的虔诚，成为人们认识傣族社会和文化的重要环节。当然，人类社会是不以人的意志为转移地向前发展的，现代化的脚步不会停止。现代科学技术、现代生活方式、现代思想观念正在深刻地改变着西双版纳傣族的传统灌溉技术，改变着傣族的传统文化、传统观念、传统生活和传统的生产劳动方式等方方面面。尤其是随着社会主义市场经济体制的建立，这种影响更显得突出和有力，它正迅速地摧毁着旧有的传统，同时也摧毁着曾经使傣族引以为自豪的传统灌溉技术及其灌溉制度。但是，作为一个曾经为这一地区

的生产、生活、社会进步和社会稳定做出了积极贡献、具有傣族自身文化特质的传统灌溉技术体系，却不应该因为现代化的实现而荡然无存，毕竟它渗透着傣族人民千百年来的智慧，是中华民族睿智的一个部分，甚至是人类文明的一个重要部分，其所具有的研究价值和文化价值是不言而喻的。如何采取有效措施来保护现今这一已经奄奄一息的傣族传统灌溉技术及其灌溉制度，应该是一个负责任的政府和民族所应该担当的任务，也是有良心和远见的学者应尽的责任。

二、发掘傣族传统灌溉技术是认识农业灌溉发展史的需要

“水利是农业的命脉”，这是家喻户晓的通俗道理，无论是北方旱地农业，还是江南稻作水田农业，它们的产生与发展都无不与农田灌溉技术紧密相连。但是由于不同地域自然条件存在着差异，受其制约，人类与自然界的矛盾在不同地区也将各有不同的特点，呈现出农田灌溉技术的多样性来。

然而，这里要提出的是，考察我国灌溉技术的历史可以发现，记载北方早期灌溉技术的史料往往比记载江南的为多，以致相当一段时期内人们在分析中国农业及其经济发展状况时，片面地强调北方农业技术的产生比江南农业技术产生较早和较先进。但现今的考古材料和实物以及相应发掘的稻作文献资料、有关的田野调查和研究都表明，我国南方稻作农业同样具有相当悠久的历史，而与之相适应的农业技术与北方农业相比并不落后，甚者比北方农业更为先进。

过去，人们常常把江南的“火耕水耨”与“刀耕火种”相提并论，把二者看成是最早的原始耕作方法。历史上曾有“楚越之地，地广人稀，饭稻羹，或火耕而水耨”[①] 的史料记载。尽管现今这种耕作方式已几乎不见

① 赵敏俐，尹小林．国学备览——史记・货殖列传第六十九［M］．北京：首都师范大学出版社，2007：1237.

了，但令人欣喜的是，通过对傣族传统稻作农业的研究可以发现，这一历史文献记载的情况与早期傣族先民稻作生产的具体方法有相似之处。进一步的研究表明，这种把“火耕而水褥”的方法与“刀耕火种”的方法相提并论、同等对待的看法和做法是不妥当的。研究表明，“所谓‘火耕’，是指播种前烧去田间杂草；所谓‘水褥’是指水稻生长期间铲去田间杂草，放水淹灌，使之腐烂成为肥料。它是江淮以南水稻生产比黄河流域农业最具特色的两个环节……也不是水稻种植的最原始方法，它已带有若干进步的因素。例如，实行这种耕作方式的前提是具备农田排灌的水利设施。”[①]另外，越人作为现今傣族的祖先，精于水田耕作尚有史料可以证明：“《史记·河渠书》载，武帝时，曾在河东郡开渠黄河及汾水灌溉皮氏、汾阴、蒲坂等县、‘发卒数万人作渠田’，几年以后，因河改道，‘田者不能偿种’，汉武帝只得迁于越后裔的闽越和瓯越的部分人，到河东郡耕种那些濒于荒废的渠田，‘令少府以为稍入’。在汉族田者耕作不能偿种的情况下，越人耕种，还能有所入于少府，可见当时种植水稻以越人为精。”[②]从这些历史文献的记载和研究结果不难看出，由于不同地区的自然、社会条件等不尽相同的多种因素存在，往往形成不同的农业类型，并产生出与之相适应的不同的农业技术和这些技术的特点来。即使对于早期农业来说，江南稻作农业技术与北方旱地农业技术相比，也有其先进的一面。当然，“水”是其最具特色的环节之一。

就水而言，水利灌溉不仅决定着农业的命运，而且体现着不同地区农业的特点。“但是，从近几年来出版的一些农业历史著作来看，似乎把这个命脉的作用理解得过于狭窄和过于肤浅了些。在不少著作中，关于水利一节，只是列举几项水利工程，与一般的水利史专著看不出有何差别。至于水利与农业发展的关系，也只是从‘有收无收在于水’的观点出发，来说

① 李根蟠. 我国少数民族在农业科技史上的伟大贡献（中篇）[J]. 农业考古，1985（2）：272—280.

② 吕名中. 百越民族对祖国经济文化的重要贡献[J]. 民族研究，1985（6）：26—33.

明水利对于农作物增产的促进作用，这显然是不够的。”[①] 这就需要进一步深入探讨传统农田水利灌溉技术，加强对农田水利灌溉技术史的研究。然而，令人遗憾的是，仅就南方早期的稻作灌溉技术来说，由于缺乏史料，很难找到具体线索。恰恰于此，实地调查中，西双版纳傣族地区为我们提供的传统稻作灌溉技术及其具体实物和设施，为我们认识和了解稻作农业早期历史阶段的技术状况提供了宝贵的实物和实实在在的线索及资料。加之 20 世纪 80 年代以来的研究表明，亚洲栽培稻的传播路线，云南是这一“稻米之路”的重要源头之一。而傣族又是云南最早的种稻民族，仅以这点来说，对其传统灌溉技术进行研究，也具有特殊的意义和价值。显然，如果这一技术具体的发明年代能进一步被证实，则无疑是对农业灌溉技术史的一个补充。它将有力地说明，江南稻作农业的发展，在其自身特定自然环境条件下，同样与黄河流域为代表的北方旱地农业一样，具有悠久的历史和其发展的特点。当然，它还将清楚地表明，中国的农业发展史，就是一部将中华各民族智慧融合一体的活生生的发展史，各个民族都为此付出了汗水，做出了自己的贡献。正是从这一基本认识和学术研究的需要出发，千方百计对傣族传统灌溉技术及其灌溉制度进行研究、认识，以达到对其保护和开发利用，对于今天迅速发展的现代社会来说，其价值也是十分突出的。

① 汪家伦．浅谈农田水利史的几个问题［J］．中国农史，1986（1）：107—109.

第二节 保护与开发傣族传统灌溉技术的实际应用价值

傣族传统灌溉技术是傣族人民在长期生产实践中总结和发明的技术。尽管这一技术在今天已显得落后，但是它至今尚未消失，仍然存在于西双版纳地区，并还在生产实际中应用的事实表明，这一傣族自身发明的灌溉技术有着它存在的合理性。值得注意的是，随着现代化进程的加快，尤其是社会主义市场经济建立起来以后，随着傣族地区人民思想观念的嬗变，使这一传统灌溉技术也面临着消失的危险，能否通过有效可行的措施和途径来解决这一问题，使这一宝贵的傣族遗产保存下去呢？其中一个值得关注的方面，就是通过对这一传统灌溉技术进行发掘和改造，使它所具有的实际应用价值得到体现。这对于在市场经济条件下如何实现对传统灌溉技术的保护乃至发展，应是一个新的视角和一条新的有效途径。

一、发掘、改造傣族传统灌溉技术以实现其实际应用价值

黑格尔认为：“凡是合乎理性的东西都是现实的，凡是现实的东西都是

合乎理性的。”① 任何事物的产生与存在，都有其自身的根据。既然存在于西双版纳地区的傣族传统灌溉技术能够延续至今，就一定有其得以存在的理由。除去各种复杂的社会、政治、经济、文化、制度等原因外，仅就这一传统灌溉技术而言，其所具有的简单性、合理性是显而易见的。一方面它十分符合西双版纳地区的地理和气候条件；另一方面，它在长期的傣族稻作农业生产中，早已为西双版纳地区傣族，尤其是傣族中长期从事农业的成年人所熟悉，成为傣族认可和承认的技术，以至于今天仍然在农业生产中发挥着作用（图 2-1）。

图 2-1　仍在应用傣族传统灌溉技术的“闷南永”（创业大沟）灌渠
（诸锡斌 2008 年摄于西双版纳景洪县嘎栋乡曼沙寨）

首先，傣族是一个具有悠久水稻种植历史的民族，在其创立自身稻作农业的同时，建立起了与自己稻作生产相一致的、具有自身民族特色的稻作文化。从目前尚遗存于西双版纳地区的传统稻作生产情况看，与这一稻

① 黑格尔. 法哲学原理［M］. 北京：商务印书馆，1979：11.

作农业及其稻作文明息息相关的傣族传统灌溉技术，现今仍然在生产中发挥着作用。对傣族这一传统灌溉技术的基本原理进行分析不难看出，西双版纳傣族传统灌溉技术是一个环环相扣的体系，大量的调查表明它与西双版纳傣族传统文化相呼应，即使在现今科技高度发达的情况下，仍然于现实生产中发挥了不可忽视的作用。既然这种传统技术的合理性潜在地存在着，那么如何发掘其合理性就具有现实价值，它为进一步利用和开发傣族传统灌溉技术奠定了基础。

其次，仅就傣族传统灌溉技术中的分水技术而言，它属于有压式的涵管分水形式，而这种分水方式对于今天水资源越来越紧张和匮乏的现实来说，以及相较于用水泥、混凝土建造的那种所谓“三面光”的明渠分水形式来说，这一技术也具有自身的合理性。从基本原理来看，这种技术在输送灌溉水时，不仅一定程度上可以减少灌水向渠堤的渗透，从而具有保护渠堤的作用；并且这一传统灌溉技术可以有效提高灌溉水的输送效率，减少灌溉水不必要的浪费。这与当前世界上所提倡的节水农业的理念十分吻合，表明它已经具有了可以进行改造和利用的价值。当然，由于傣族发明的这种传统灌溉技术的应用是建立在经验基础之上的，例如，它所运用的各种分水器具——“南木多”和“根多”都是因地制宜地采用竹和木料来制作的，其制作的工艺也显得比较粗糙，这对已进入了21世纪的农业生产而言，这种传统灌溉技术存在的缺陷是显而易见的。因此，我们在充分认识这一技术具有的合理性的同时，找出其存在的问题，进而对其加以改造，使之成为在现实中可以运用的实用型稻作灌溉技术，并以此来实现其自身的价值，显然是一条可行的途径。与此同时，如果经过改造的这一傣族传统技术的实用价值能够实现，本身也就有效促进了对这一传统灌溉技术的保护。

最后，灌渠的修理和灌渠修理质量的检验是傣族传统灌溉技术中的一项重要内容。因此，在进行灌渠的修理、检验过程中，如果将已深为傣族熟悉的各种灌溉规章和民约中的合理因素进一步加以吸收，那么在现今西双版纳傣族地区以及其他傣族地区，若以傣族文化的深刻背景来改进和完善现今推行的水利灌溉制度，是否可以更加有利于灌溉技术的应用和促使灌溉的效果更符合现代灌溉的目的和理念呢?

如此诸多问题，都有待从过去僵化思维方式中走出来，把传统与现实结合起来去思考和探索。其实，传统的不一定就是落后的，在积淀着傣族智慧的传统灌溉技术的背后，往往透射着某种规律和人们对规律的经验性利用，只要将这种规律从传统的经验技术中分离出来，理性地用它来指导、改造和完善传统技术，则这种转化就将使传统的变为现代的，落后的变为先进的。既然傣族传统灌溉技术内含着许许多多的合理性，那么我们就有责任和有可能去挖掘它的合理性，理性地分析其内在的规律，以有效地实现其具体的实际应用价值。

二、傣族传统灌溉技术可以转化为特色旅游资源

傣族是一个具有悠久稻作历史的民族，而被傣族人民发明和创造的传统稻作灌溉技术则是傣族人民聪明睿智的重要体现。因此，认识、考察这一传统灌溉技术不仅具有充分展示傣族稻作生产、稻作文化特点的性质，而且是认识傣族社会的一个重要的切入点和窗口。人们知道，水是生命的源泉，也是稻作生产中最基本和具有决定性的因素。而由最基本的生产和生产关系中产生出来的傣族社会的形态及其特点，是离不开物质生产这一核心的。与其他地区和我国黄河流域的情况和历史进行比较不难看到，以水稻生产为核心和特色的傣族农业生产，从一开始，水利灌溉在傣族社会的存在和发展中所具有的核心地位就没有动摇过。傣族有句谚语说：“建勐要有千条沟”。“勐”在这里应被理解为地方政权甚至国家的雏形。由此也可以看到，以水稻种植为生产和生活核心的傣族农业社会从其国家形态产生出来的那一刻起，水利灌溉就是它的基础和决定性的因素。如果简单而直观地描述，傣族的国家形式实质就是一个由许许多多大小不等的灌渠联系起来的大灌区，统治者最重要的任务之一，就是组织和确保水利灌溉的实施，并由此来保证稻作农业的顺利发展，保证自身的经济利益以及稳定

和巩固其对傣族社会的统治。“从西双版纳的水利灌溉事业受到最高领主召片领及其召勐的重视和干预程度，以及自下而上发展起来和自上而下层层控制的垂直管理系统来看，与其说种植水稻的水利灌溉是国家形成的经济条件，不如说是国家形成的组织和政治条件。”[①] 这也正是古代东方亚细亚生产方式中，将人工灌溉公共工程作为国家产生的重要因素。

目前，各国都将旅游业作为经济发展的重要产业，我国也不例外。但是在我国的旅游发展中，尤其是云南省作为具有民族多样性优势的边疆省份，在开发的人文旅游资源中，大多是与民族歌舞、艺术、风俗、饮食等有关，而对民族传统技术的内涵开发却存在着较大的差距，以致目前国家所公布的两批非物质文化遗产目录中，有关这方面的项目云南省寥寥无几，成为云南开发旅游资源中急待解决的问题。正是在这样的情势下，开发和展示傣族传统灌溉技术，把其作为一项特色旅游资源来看待和对待，将具有重要的价值和现实意义。一方面，通过展示这一传统灌溉技术，可以让人们认识傣族历史、傣族社会和傣族稻作文化，以实实在在的形式让人们接触和体验到傣族农业生产的特殊性和所具有的科技特点，鲜活地体验傣族的民族风俗、生活情趣、聪明睿智。甚至可以让人们感触到历史上亚细亚的农业生产形式，体现出多方面的旅游价值来；另一方面，通过对这一传统灌溉技术的复原和展示，也有助于为云南省旅游资源的开发和应用，尤其是为如何深化和丰富云南省众多的民族旅游资源和民族文化的内涵探索一条可行的途径。当然，如果将这一传统灌溉技术作为旅游资源来开发，其实质也就蕴涵着必须对这一传统灌溉技术和与之相适应的傣族稻作文化进行保护，也即使傣族这一宝贵的民族文化遗产在开发中得到保护。

① 高力士. 西双版纳傣族传统灌溉与环保研究［M］. 昆明：云南民族出版社，1999（2）：99.

第三节 保护与开发傣族传统灌溉技术的特定政治意义

我国是一个多民族的国家，云南省 5000 人以上的民族就有 26 个，是我国民族种类最多的边疆省份，这在世界上也是十分罕见的。同时，云南省又是与东南亚不同国家直接接壤的省份，从而云南省的稳定，尤其是边境少数民族地区的稳定和繁荣，将对我国的社会主义建设产生直接的影响。在努力建设社会主义和谐社会的过程中，值得注意的一个重要内容，就是必须尊重和正确看待不同少数民族的文化。这是实现边疆稳定和民族团结的基本条件，其中也包含了对傣族传统灌溉技术的尊重、保护和开发利用。仅以此而言，尊重和保护傣族传统灌溉技术所具有的政治意义应该引起关注。

一、尊重傣族传统灌溉技术有利于促进民族团结和边疆稳定

云南省与我国新疆、西藏、东北等边疆地区不同的一个重要特征，就是不同的少数民族多为杂处，同一个地区往往有多个少数民族存在。由于云南山高坡大，地理条件复杂，从而形成了主要生活、居住于山地和主要生活、居住于平坝的两大类民族，西双版纳也同样如此。目前，西双版纳

地区主要生活于山区的民族有哈尼族、布朗族、拉祜族、基诺族、佤族等不同的少数民族，而生活于坝区的民族则主要以傣族为主。

在长期的历史演化过程中，西双版纳地区的不同少数民族之间曾经有过流血的争斗，也曾有过和平的交往，而最终是傣族统治集团取得了对西双版纳的统治权。为什么傣族会取得这样的统治权呢？其中一个十分重要的原因，就在于傣族在与其他民族的较量中具有自身先进的农业生产技术和经济实力。显然，傣族的稻作农业与山区民族的狩猎、采集生产方式相比，与“刀耕火种”山地农业相比，具有自身的优越性。正是由于傣族在历史进程中形成了相对先进的生产力，进而最终推动傣族成为了这一地区的先进代表，形成了它所具有的独特优势。恩格斯认为“人们必须首先吃、喝、住、穿，然后才能从事政治、科学、艺术、宗教等”①。随着傣族相对先进的稻作农业的不断巩固和发展，傣族最终在其相对发达的经济和生产力的基础上，创立了本民族的文字，成为西双版纳地区唯一具有本民族文字的民族，并推动了具有该地区特色的稻作文化的形成。也正是由于傣族具备了相对优越的物质基础，进而为佛教在这一地区的传播提供了有利条件，以至于在历史演进的过程和不同文化与经济的相互交流与融合过程中，将自身形成的稻作文化与佛文化相结合，逐步演变和诞生出了这一地区占统治地位的思想意识形态；这样的意识形态和文化又反过来影响和吸引着相对落后的其他民族，内聚力不断得到强化，以至于成为稳定、促进和制约西双版纳地区经济、政治、文化和社会发展的重要力量。

由此不难看出，与傣族稻作农业休戚相关的灌溉技术，在傣族文化的形成中的地位是不能忽视的。它不仅对该地区的经济发展具有重要地位，而且对傣族文化和思想观念的形成具有重要的作用，毕竟物质生产对于精神生产而言是基础，傣族传统灌溉“这只无形的手”，潜在地对西双版纳社会发挥着十分深刻的影响，以至于如何对待这一传统技术，已经远远超出了单一的灌溉技术的范畴，而与这一地区的民族心理、社会心理直接相

① 马克思，恩格斯. 马克思恩格斯选集（第三卷）[M]. 北京：人民出版社，1972：574.

关，尤其与占主导地位的傣族的心理和文化的联系更为直接，显得十分敏感。1986 年，作者曾对西双版纳进行过实地调查，结果表明，按现今的科学技术条件和内地对边疆的支援来说，把现代流量计应用于水量分配，应是比较先进的。然而奇怪的是，类似这样的先进仪器和技术却得不到推广，反而传统的“根多”、“南木多”却取代了这些仪器而深受欢迎。按照科学理性的认识来看，并不是流量计不好，除去具体的科学知识、科学水平等因素外，长期形成的深入人心的传统灌溉技术已适应于这一特定地区的社会心理、民族心理、民族文化，进而在特定民族文化、习俗、心理推动下，保证和促使傣族传统灌溉技术能够有效的普及和应用应是必须考虑的重要原因。因此，尊重和正确对待傣族的传统灌溉技术，充分肯定和挖掘其所具有的积极因素，除了可以有效地对传统技术进行改造和利用外，更深刻的内涵，还在于是可以调动傣族的积极性，增强傣族自身的自信心，使傣族人民能够正确认识和对待自身的传统技术，有利于在民族平等的基础上增加不同民族之间的亲和力，尤其是增强与汉族这一作为我国主体民族的亲和力。此外，由于傣族是西双版纳地区的主体民族，傣族对其他民族的影响是十分明显的，因而我们在促进这一地区和谐社会的建设过程中，正确对待傣族的传统灌溉技术，对于促进各民族的团结和巩固边疆的稳定具有不可忽视的作用。

二、保护和开发傣族传统灌溉技术是弘扬优秀民族传统科技的需要

中国是 56 个民族的大家庭，中国的现代化，必然是 56 个民族共同的现代化，但是由于历史以及其他各种复杂的原因，在努力实现现代化和努力实现小康社会的进程中，出现了明显的不平衡性，尤其对于云南边疆少数民族地区，这种不平衡性显得更突出。如何尽快改变这种不平衡性，我们必须认真思考。

目前，西双版纳已成为云南省对外开放的前哨。随着对外开放的不断扩大，傣族的传统文化不仅被越来越多的国内人士所关注和认识，而且也日趋为国外的人士认识，尤其对东南亚国家中与我国傣族有着历史渊源的国家，如对泰国就有着更为强烈的吸引力。尽管傣族传统科技涉及方方面面，但是稻作农业的传统技术却是带有根本性、影响最为深刻的技术，仅针对西双版纳的稻作农业来说，西双版纳傣族的传统灌溉技术以其独特的科技内涵，显现出了诱人的魅力。当然，这项传统技术与今天的现代科学技术相比，无论在发明的出发点、创造的思路，还是实施的操作规则等方面都有着明显的区别，况且这一传统技术长期以来也只是经验性地在西双版纳地区广为运用。但是，通过分析，人们可以惊奇地发现在这一传统灌溉技术的背后，却蕴藏着十分合理的科学原理和稻作文化的底蕴。如果我们能够应用今天所掌握的科学知识来诠释这一传统灌溉技术，揭示其所遵循的科学规律，无疑对于更全面地认识农业灌溉技术的深刻本质以及弘扬和传承傣族优秀文化都具有十分深远的意义，毕竟民族传统文化的精华之一就是民族的传统科学技术。

当然，弘扬和传承傣族优秀的传统灌溉技术这一民族遗产不能只停留于理论阐述和宣传，更重要的还在于将这种传统技术转化为先进的生产力。由于边疆民族地区的特殊性，从而边疆地区的现代化不能、也不可能不顾边疆民族的文化背景、特定的风俗等具体社会条件而简单地依赖于外部的力量，它最终必须靠民族自身的力量来真正实现。因此，弘扬和传承傣族优秀的传统灌溉技术的同时，因势利导地应用现代科学技术原理来指导，并合理地对其加以改造，使之成为符合民族地区实际、具有民族特色的技术，就更容易事半功倍地促进民族地区现代化发展，也有利于民族地区的和谐进步。至此，传统与现代的结合，也就找到了合理的现实根据。

第四节 保护和开发傣族传统灌溉技术的生态价值

傣族传统灌溉技术的发明与应用，是与特定的自然环境密切相关的。由于西双版纳地处北回归线以南，纬度低、日照强、雨量大，形成了良好的热带雨林。而茂密的热带雨林和良好的生态环境，又为稻作农业生产蓄积了丰富的灌溉水。显然，森林与傣族稻作农业的生产密切相关，更是传统灌溉技术得以存在的基础。

一、保护傣族传统灌溉技术有利于完善傣族合理的生态观

傣族认为人是自然的产物，“森林是父亲，大地是母亲，天地间谷子至高无上”。在人与自然和谐共处的关系中，几大要素的排列顺序是：林、水、田、粮、人，“有了森林才会有水，有了水才会有田地，有了田地才会有粮食，有了粮食才会有人的生命”。在“生命与水，树与人相依”的朴素信念指导下，傣族人自古就养成了爱种树木花草、喜傍水而居的好习惯，制定了诸如“开田不与林争地，修路不堵水之源”的乡规民约。从人与自然相互关系的排列顺序可以看出，人与自然和谐共处的关键取决于森林生

态的状况。另外，在傣族人民的观念中，与人的生存关系最密切的林、水、田、粮 4 种自然物都有各自的神灵。其中，树神“绿哈丢瓦达”最大，土地神“埔麻丢瓦达”次之，再次是山神“芭爸丢瓦达”，然后是水神“蛇达”。人们必须保证与这些神灵和谐共处，才能在神灵的保佑下获得生存的食物，因此人与自然的关系往往也就是人与鬼、人与神和谐共处的关系。如果对自然物施加破坏，就将触犯神灵，不仅会受到自然的报复，还会受到神灵的惩罚。[①] 大量的事实说明，傣族崇拜水，主要是为了让水给他们带来好处，同时也是为了在遇到伤害的时候获得保护。傣族谚语说道：“没有一条河流，你不能建立一个国家；没有森林和群山的山脚，你不能建一个村寨。”当傣族建立一个新的村寨时，最理想的居住地，往往就是背靠群山或山脚，前临一片平坦土地的地方[②]。这种观念和思想，在这里不仅仅体现在规模较小的村寨建设上，而且已经上升到与国家相关的层面了。傣族稻作农业的稳定发展正是得益于这种生态自然观的作用。毕竟在傣族历史的长期演进过程中，良好的生态带来的充足水源，保证了农业的灌溉之需，成为傣族传统灌溉技术得以保存和运用至今的一个重要因素（图 2-2）。显然，傣族传统灌溉技术的生存发展离不开与之相配合的傣族传统生态自

图 2-2 水是傣族农业和社会最重要的基础（诸锡斌 2008 年摄于西双版纳）

① 郭家骥. 西双版纳傣族的稻作文化研究［M］. 昆明：云南大学出版社，1998：121—122.

② 郑晓云. 傣族的水文化与可持续发展［J］. 思想战线，2005，31（6）：76—81.

然观，因而当人们在保护这种传统灌溉技术的同时，实际上也就必然对傣族传统生态思想进行保护。就此而言，在现代化进程中，正确认识和发掘傣族生态思想，并以新的方式来充实和完善傣族传统自然观的合理成分，是完全可以为现今的生态保护提供有益借鉴的。

二、开发傣族传统灌溉技术有利于发掘和利用傣族合理的传统灌溉制度

傣族传统灌溉技术的运用，离不开一系列相应的灌溉制度。这些制度或以乡规民约的形式，或以官方颁布的命令、文告等形式，从不同的方面共同保证和促进了传统灌溉技术的应用。但这些制度和乡规民约的背后往往渗透着傣族朴素的生态思想以及对生态资源进行管理的行为规范。

傣族人民在与自然的长期相处过程中，深刻认识到没有森林就没有水源，没有水源就没有水稻田，没有水稻田就没有人们赖以生存的鱼和米，人类就不能繁衍生息。傣族谚语说："建寨要有林和箐，建勐要有河与沟。"傣族非常崇拜水，并像保护生命一样保护水资源。因此，要保护水源，就必须重视保护包括"垄林"[①] 在内的生态环境。作为水源林，"垄林"数百年来一直维护着当地的生态环境。西双版纳傣族村寨的勐规规定，"垄林"中的树木不能砍，寨子内其他地方的龙树（神树）也不能砍。调查表明，包括傣族在内的几乎所有的少数民族村寨的村规民约中都有保护森林，特别是神山、神林的内容。并且对随意破坏神林、砍伐神林树木的处罚，远远高于《中华人民共和国森林法》（简称《森林法》）的处罚，其威慑力和认同感比《森林法》更有效。因为这种村规民约已经成为村民的一种生态

① 西双版纳有30余个大小不等的自然勐（区域），每个勐都有"垄社勐"（勐神林）；有600多个傣族村寨，每个村寨都有"垄社曼"（寨神林）。"垄林"即"垄社勐"和"垄社曼"，是勐神、寨神居住的地方。垄林内的一切动植物、土地、水源都是神圣不可侵犯的，严禁砍伐、采集、狩猎、开垦，即使是风吹下来的枯枝干叶、熟透的果子也不能拣，而是任其腐烂。为了乞求寨神、勐神保佑人畜平安，五谷丰登，人们每年还要以猪、牛作牺牲，定期举行祭祀活动。

伦理行为准则，得到村民的共同参与和监督。[1] 而这些具体实施的规则往往也被包含于传统灌溉技术运用的制度之中。因此，从这一角度来分析不难得出结论：保护和开发傣族传统灌溉技术，实际上也就蕴涵着对傣族生态资源管理传统制度的保护。如果能够对这些传统生态管理制度进行合理的改造和完善，不仅可以形成符合傣族稻作文化和社会需求的合理制度，还可以推进傣族传统灌溉技术的改造利用，进而从更高的层面发挥民族优秀传统技术及其文化在现代进程中的作用。

总之，保护与开发傣族传统灌溉技术的价值与意义是多方面的。①就其文化与学术价值而言，傣族传统灌溉技术作为今天尚存的宝贵资源，具有活化石的特征；对这一难得的活化石进行探索，可以补充甚至填补灌溉技术史研究以及傣族文化研究中的一些空白。②就其实际应用价值而言，运用现代科学原理对傣族地区特定的这一传统灌溉技术进行改造，完全有可能将其转化为适用于傣族文化背景下的农田实用灌溉技术，进而为农业生产服务；同时，这一现存的活化石本身具有的旅游资源潜质的实用价值也是不言而喻的。③就其政治意义而言，尊重傣族创造的这一技术，并进一步对其保护与开发，无论从民族心理还是社会心理来说，都有利于民族的团结和少数民族对主体汉民族的认可，有利于边疆的稳定以及中华民族大家庭中不同民族优秀文化的弘扬。④就其生态价值而言，傣族合理的生态观和与之相适应的传统灌溉制度所导致的促进生态保护，尤其是有利于森林生态平衡的客观事实表明，分析和汲取傣族传统灌溉制度应用中的合理成分，还可以为今天的生态保护提供有益的借鉴。

---

① 施晓春，周鸿. 神山森林传统的传承与社区生态教育初探［J］. 思想战线，2003，29（1）：51—54.

我国是最早发达起来的农业国家，是世界农业起源中心之一。在近代农业出现以前，我国农业一直处于世界领先地位，其对人类文明作出的贡献，并不亚于中国的四大发明。其中，稻作农业在整个中国农业的发展中又具有举足轻重的地位。时至今日，稻谷作为最重要的一种粮食作物，“全球有半数以上的人口以稻米为主粮，目前世界稻谷有93%以上是在亚洲栽培和消费。”[①] 这足以说明稻米在这一地区所占有的特殊地位，它对亚洲经济及其文化的产生和发展，无疑起了十分重要的作用。日本鸟越宪三郎博士认为：“特

① 申戈，樊少骥. 种稻、植棉、住干栏［J］. 民族文化，1983（2）：7.

第三章 云南稻作农业与傣族概述

殊的生产方式，必将培养出与之相适应的特殊文化。”① 既然生产是文明产生的基础，那么稻作农业生产在相当长的时期内给中华民族所带来的影响必然是深刻的。不仅如此，由于远在数千年以前，亚洲栽培稻就已传播到了世界上很多地区，它对世界，特别是对亚洲的影响也是不可低估的。以至于“稻作文化”这一概念，现今正为世界上愈来愈多的人所承认。既然如此，那么亚洲栽培稻农业的产生和演化情况又怎么样呢？是哪些古代民族最先将野生稻驯化？稻作农业发展过程中，还有哪些技术尚未被发掘，如此等等，无不强烈地吸引着人们去思考和探索。显然，这是一个十分有趣和具有重要价值的课题。

① ［日］鸟越宪三郎．倭族之源——云南［M］．段晓明，译．昆明：云南人民出版社，1985：2．

第一节 云南与稻作农业的发祥

我国稻作农业的历史非常悠久，自20世纪中叶以来，在有关稻作农业起源的激烈争论中，形成了各种不同的观点和假说，先后有华南说、云贵高原说、黄河下游说、长江下游说、长江中游说和多元说等，迄今尚未定论。但在不同的“一元说”的争论中，总的发展趋势是由单一的“一元说”向“多元说”发展。由于中国地域辽阔，自然条件千差万别，对稻作农业起源的探讨将成为一个内涵十分丰富，但又艰难、复杂的问题，它不仅涉及自然地理条件、稻的野生资源状况，而且涉及人类的生产、生活活动、稻作遗存、由稻作农业导致的社会特征、稻作文化等政治、经济和社会状况。因此“不能简单地转化为内涵单一的何处有最早的稻作遗存问题”[①]。正是基于这一出发点，云南对于稻作农业起源和发展来说，无疑具有十分重要的研究价值，成为世界关注的地区。

---

① 管彦波．云南稻作源流史［M］．北京：民族出版社，2005（3）：46.

一、云南是稻作农业起源地之一的考古发现及有关稻作野生资源和自然环境的证据

据古文献《山海经 · 海内经》载："西南黑水之间有都广之野，后稷葬焉，爰有膏菽、膏稻、膏黍、膏稷，百谷自生，冬夏播琴。"研究表明，黑水就是现今的金沙江流域。这说明早在战国时期以前，云贵地区就已经有了野生稻的记载。从现今云南出土古稻谷的 11 个地点来看[①]，以宾川县白杨村出土的最早，"距今大约四千年左右"。[②] 诚然，仅以古稻谷来历看，出土年代不及河姆渡久远，但是现今的考古发现并不能排除以后云南还会出土比此年代更早的稻谷。值得注意的是，作为栽培稻祖先的野生稻，现时尚存的 3 个种：普通野生稻（Oryra · Sativa）、疣粒野生稻（O · meyeriana）和药用野生稻（O · ofricinailis），只有云南和海南岛同时存在，并且"云南发现的野生稻，主要是疣粒野生稻和药用野生稻，普通野生稻仅在南部的景洪、元江两县有零星分布，每个点的覆盖面积也都较小"[③]。对此，严文明先生认为，从元江到广西百色历经多次调查都没有发现普通野生稻，可见云南普通野生稻与华南的野生稻不相连续，本来就不在同一分布区。由于景洪、元江分别位于澜沧江和红河谷地，两河都向南流入印度支那半岛，那里恰巧是普通野生稻分布的另一个中心，所以云南的普通野生稻应该和印度支那半岛同属一个分布区。无论从文字记载、考古发现，还是历史语言、野生稻资源等方面也都证明了云南是亚洲稻的重要起源地。而"日本学者用脂酶同功酶的分析，根据亚洲各地 776 个水稻品种的同时酶酶谱，加以整理归纳，分析水稻品种的遗传变异与地理分

① 即云南剑川海门口、元谋大墩子、宾川白羊村、晋宁石寨山、昆明滇池官渡、耿马石佛洞、耿马南碧桥、江川头咀山、曲靖珠街、凤庆昌宁 11 处。

② 李昆生. 云南在亚洲栽培稻起源研究中的地位［J］. 云南社会科学，1981（1）：69—73.

③ 管彦波. 云南稻作源流史［M］. 北京：民族出版社，2005（3）：63.

布，认为我国云贵高原等地是稻种变异中心。……至今未见有能否定此说的新论据出现”[①]。另外，就云南高原的特殊地理状况而言，由于长江（上游为金沙江）、湄公河（上游为澜沧江）、萨尔温江（上游为怒江）均发源于青藏并贯穿云南高原而分别流向我国东部和印度支那半岛；而珠江干流西江（上游为南盘江）、红河（上游为元江）、伊落瓦底江（上游东源为恩梅开江）等河流，也都在云南高原分别具有源流，它们在流经我国南部、越南北部和缅甸南部后，最终注入大海。这些大江河流形如扇骨而向广大区域伸展。对此，日本东京都大学南亚研究所所长渡部忠世教授通过近20年的悉心研究和实地考察，形象地把云南看成是“亚洲大陆的水塔”，认为稻谷正是在“水塔”的作用下，沿着这些水系传播到华中、华东、华南地区以及泰国、缅甸、越南、柬埔寨诸国。因此，“在亚洲大陆，稻米从热带诸国传向南方、东方和西方的复杂途径，追根寻源，无不起源于阿萨姆（印度的一个地区）和云南，这是很清楚的”。[②] 以至于他所提出并流行于世的“稻米之路”的学说，最终把云南看成是“稻米之路”的一个重要起点。研究表明云南正是稻作农业的一个重要发祥地。

二、云南是稻作农业起源地之一的不同民族的神话依据

神话是人类早期生活、生产的精神产物，它往往蕴含着大量现今不为人知的真实信息。云南不同民族关于自身农业生产的神话，同样也体现了这样的特质。李子贤先生曾经把谷物生产的神话大致分为自然生成型、飞来型、动物运来型、死体化生型、英雄盗来型、祖先取回型、天女带来型、

---

① 李根蟠，卢勋．我国原始农业起源于山地考［J］．农业考古，1981（1）：31．注释（17）；或参看《国外农业科技资料》1972（2）．

② 渡部忠世．稻米之路［M］．尹绍亭，等，译．程侃生，校．昆明：云南人民出版社，1982：146．

穗落型、神人给予型等九类[①]。这些神话故事从不同的侧面十分生动地反映了云南原始农业起源的状况，其中也包括了与稻作农业起源相关的早期状况。

滇池地区的彝族神话传说中，有这样的流传，认为在原始母权时代，在滇池沿岸的沼泽地中生长着一种水生的野稻，在氏族女酋领的带领下，氏族成员到水中收取、采食、储存，以后在氏族长老的引导下，最终培养出了可以栽培的水稻。[②] 傣族的《一棵萝卜大的谷子》中也曾经记载，傣族祖先在远古时代主要靠打猎和捕鱼过日子。有一天，正在打猎的人们忽然闻到一股清香味，于是跟踪寻找，在山坳的水塘里看到许多又高又密的野生稻，剥开来看，稻米又香又甜，于是给它取了个名字叫“香稻米”。从此以后，人们肚子饿了就来摘香稻米吃。日子一长，人越来越多，香稻米就一天天少了下去。这时，一个聪明的人教给大家：“你们看，落在土里的那些香稻米长出来了，我们为什么不学着种一些在田里呢？将来一颗结几百颗，我们就吃不完了。”于是，人们开始摘一些香稻种在田里，小心培育，香稻米不仅长出来了，而且比野生的还要壮实。[③] 尤其值得注意的是，广泛流传于我国西南地区和东南亚一带的飞来型谷物类的神话，内容都大同小异，说的都是原先稻如同鸡蛋、南瓜或萝卜一样大小，成熟后会自动从田里滚到主人家的粮仓。这么大的谷粒被人打破，或飞到天上，或逃到海上，或变成其他东西。人无奈只好请狗或其他动物去寻找，将谷粒带回人间。因此，谷粒就变成了现在这样的大小。[④] 而此类神话的流传地区，正好是国内外学术界主张的亚洲栽培稻的起源地及其周围地区，似乎与亚洲稻作农业的起源有着某种内在的联系。如柬埔寨的《水稻的来历》、越南

---

① 李子贤．探寻一个尚未崩溃的神话王国［M］．昆明：云南人民出版社，1991：238—260.

② 张福．彝族古代文化史［M］．昆明：云南教育出版社，1999：47.

③ 傅光宇，等．中国少数民族民间文学丛书·故事大系·傣族民间故事选［M］．上海文艺出版社，1985：10—11.

④ 张玉安．东南亚古代传说神话（下）（东方神话传说，第七卷）［M］．北京：北京大学出版社，1999：13—14.

的《稻子的来历》就是这类的神话。我国西双版纳布朗族地区的神话故事《谷种来到人间》讲到，是老鼠将稻谷种咬碎吃了，跑到田里屙屎，谷子被屙了出来，并发芽长大，结出了像老鼠屎一样大小的稻种，人们以此为食，从此成为栽种的作物。傣族创世史诗《叭塔麻嘎捧尚罗》有这样的记载，原来，傣族不会种稻，也没有稻种，是老鼠和雀鸟偷吃了神播下的谷种，把粪便屙到了田地上，使稻种在水沟边长大，进而在傣族首领帕雅桑木底的带领下，傣族才最终学会了种稻。

诸如此类的神话传说在西南地区的其他少数民族中还有很多。但无论是已经提及的彝族、傣族、布朗族，还是没有提及的哈尼族、壮族、怒族，以及其他诸如佤族、拉祜族、阿昌族、德昂族等少数民族，实际调查表明这些民族都以不同的神话方式朴实地保存了早期稻作农业产生时的情况，为人们认识云南稻作农业的萌芽、创立、发展提供了不可多得的佐证。

三、云南是稻作农业起源地之一的语言学证据

语言是对人类实践活动的客观反映。农业作为人类最基本、最重要的生产实践活动，作为一个最悠久的产业，从它诞生的时候起，就必定在语言中得到应有的反映。也正因为如此，研究稻作农业的起源，语言学的证据就有着重要的地位。

自古以来，我国西南地区与东南亚就有着紧密的地域联系，不仅这一区域都有稻作农业的共同传统，而且云南的普通野生稻和印度支那半岛又同属一个分布区。在探讨稻作农业的传播历史时，语言学的研究成果，往往可以起到有效的说明。因此，结合稻作农业的传播开展泰缅语与壮傣语的语言关系的研究，不失为一条有效的途径。对泰、傣、壮3种语言词汇的比较研究结果显示，在2000个常用词汇中，泰、傣、壮3种语言词汇约有500个相同，泰和傣语言词汇大致相同的约有1500个，并且3种语言都相同的词是基本的单音节词根。这表明3种语言起源于共同的母语——越语。这3种语言中都没有“冰”、“雪”一类寒冷地区的词语，却共同具有

"船"、"田"、"芭蕉"等一类热带地区的语言词汇，表明他们的祖先一直生活在温暖多雨的南方。① 对以"那"字为地名的地区分布情况的研究表明，恰巧是壮族、布依族、傣族，越南的侬族、岱族，老挝的老龙族，泰国的泰族等民族分布的区域。所收集的壮侗语 7 个民族有关稻作的词汇就高达 228 个，并且这些民族语言，尤其是壮傣语支和侗水语支，内部的词汇相同和相近率极高，涉及稻作农业的各个方面，反映了稻作农业从生产到加工，一直到生活中以稻米为主食的全过程，并自成系统。说明它们的原始母语在分化为各民族的语言之前，就已经经历了稻作农业的悠久历史。② 此外，游汝杰先生从历史比较语言学和地名学的角度出发，考察了壮侗语族"稻"字读音的分化和演变，以及带"那"字地名的分布情况，同时结合野生稻的地理分布进行比较，认为"中国广西西南部、云南南部、越南北部、老挝北部、泰国北部、缅甸掸邦是亚洲栽培稻的起源地之一"③，这些观点"与学术界广泛认同的以长江流域以南地区是亚洲稻作起源和传播的核心区域的观点不谋而合"④。这其中云南具有十分重要的地位。

大量的研究结果和事实说明，无论从历史文献记载、考古发现、语言学考证等方面开展研究，还是从野生稻作的原始资源、原始稻作农业的自然条件和生产条件等方面进行研究，都证明了云南是一个值得关注的亚洲栽培稻的重要起源地；不同学科的研究和事实均表明，云南就是一个稻作农业的重要发祥地。

---

① 王军. 傣族源流考［M］// 中国百越民族史研究会，朱俊明. 百越史研究［M］. 贵阳：贵州人民出版社，1987：274—295.

② 覃乃昌. 壮族稻作农业独立起源论［J］. 农业考古，1998（1）：316—321+311.

③ 游汝杰. 从语言地理和历史语言学试论亚洲栽培稻的起源和传播［J］. 中央民族学院学报，1983（3）：6—17.

④ 管彦波. 云南稻作源流史［M］. 北京：民族出版社，2005（3）：75.

第二节 傣族是云南稻作农业的创始者

任何一种作物的产生，都是人类在改造自然的长期实践过程中，驯化和利用生物资源的结果。水稻也同样如此，它包含着自然的客观因素和人类的主观因素两个方面。就水稻生产和稻作农业得以形成的客观自然条件来说，云南可以说称得上是得天独厚。但人类活动的情况又怎样呢？是什么人或民族最早开创了云南的稻作农业呢？

一、民族学、考古研究表明傣族是云南稻作农业的创始者

百越族群既是我国古代南方一个较大的民族集团，也普遍被认为是最早驯化野生稻的民族。“越”作为族称，在商代已有记载，“按越族之越，甲骨文作戉，字形作[illegible]，盖象斧戉之形”。[①] 它是我国南方一个庞大的族群，因其部族众多，故“统而言之，谓之百越”。[②] 现今的壮、傣、侗、水、

① 罗香林. 越族源于夏民族考［M］// 江应樑. 傣族史. 成都：四川民族出版社，1983：26，注释① .

② （明）欧大任. 百越先贤志提要［M］. 北京：中华书局，1985.

布依、毛南、仡佬、黎、高山等族即为其后裔。它的分布地域“自交趾至会稽七八千里，百粤杂处，各有种性，不得尽云少康之后也”[①]。依我国的出土文物来看，百越族群主要居于江苏、浙江、福建、广东、广西、云南等省区。而我国考古出土的古稻谷，恰好也都集中于古代百越民族集团居住的广袤地域。其中，以1976年于浙江余姚县河姆渡村新石器时代文化遗址出土的人工栽培稻最具有代表性，这一“籼稻型栽培稻经C14测定确定是公元前四千多年（距今6700年以上）的遗物”，[②] 然而，随着考古和研究工作的不断深入，不仅久为人冷落的云南愈来愈成了研究亚洲栽培稻起源的瞩目之地，而且傣族在稻作农业中的地位和贡献也越来越引起了人们的重视。

从目前考古出土的文物来看，亚洲的古人类化石以云南为多，曾相继发掘出开远森林古猿、禄丰腊玛古猿和西瓦古猿等化石。1965年，位于金沙江畔的云南元谋出土了被定名为“直立人 · 元谋亚种”的早更新世晚期人类化石，其绝对年代为距今170万年前。1987年，又在元谋出土了被命名为“东方人”的人类化石，距今250万年以前，这“是迄今为止世界上所发现的最原始的人类化石”[③]。“据上述考古发现的各个时期文化的连续性看来，我们完全有理由推断这一地区是古代人类发祥地之一”[④]。有人类，必有人类活动的遗迹，生产工具则是最好的证据。从新石器时期的考古来看，云南“在全省三分之一的县、市范围内发现了百余处遗址和地点”[⑤]。其中，值得提出的是除云南滇池、洱海、滇东北等地区外，新中国成立后在现今“百越”族后裔之一的傣族主要居住地西双版纳及澜沧江沿岸，陆续发现了大量石器生产工具，并且具有典型“百越”文化特征的

① 《汉书 · 地理志》，颜师古注引臣瓒语。交趾为现今越南地域，会稽为现今我国浙江地域。

② 《作物栽培学 · 南方本》编写组. 作物栽培学 · 南方本（上册）[M]. 上海：上海科技出版社，1980：25.

③ 何斯强. “东方人”的遗址和遗迹 [J]. 思想战线，1987（3）：54+封一.

④ 百越民族史研究会. 百越民族史论丛 [M]. 南宁：广西人民出版，1985：78.

⑤ 李昆生. 云南农业考古概述 [J]. 农业考古（创刊号），1981（1）：70.

有肩石斧及其他石器的出土表明，当广泛的百越地区（江、浙、两广、闽、台、滇）的农耕社会向前发展的时候，“傣族的农耕水平绝不会落后于它们”。[①] 联系考古出土的大量古稻谷，进一步对其生产方式进行考察很容易发现，水稻耕作就是当时主要的农耕内容。对此，日本大阪教育大学名誉教授鸟越宪三郎博士在对云南出土文物进行分析、研究后指出：“实际上，看一下新石器时代的石锄，其锄面也是宽幅的，从形式上看，很明显，这些石锄不是用于耕作荒地，而是用于水田的……直到青铜器时代，从贮贝器上看到的人物所持的铜锄，都是扁宽的水田用具。仅从这点看，也会明白，那时的农业是以水稻农耕为中心的，没有必要把水稻农耕推迟到蜀汉时代，上溯到新石器时代，很清楚，水稻栽培就是稻作最初的形式。”[②] 云南省博物馆李昆生馆长在对各种考古文物进行长期研究后得出最后结论：“最早驯化野生稻的民族是古代百越民族，就云南而言，是今天壮、傣先民。”[③] 对此，有人进一步推测：“稻是壮、傣语各族（傣、壮……）和孟高棉语各族（佤、崩龙……）的先民首先栽培成功然后才传入内地的。”[④] 显而易见，要研究早期稻作农业的历史和科技状况，云南将成为一个重要的区域。而考察历史上作为稻作农业主体的百越民族，“从民族学材料来看，百越后裔在云南最大的民族——傣族”[⑤] 又具有特殊的地位。日本佐佐木高明曾明确认为，尽管“关于傣族的详细历史情况现在还不明确，但至少在考虑以云南为中心的中国西南部的水田稻作文化形成和发展的时候，就必须首先想到它与傣系诸民族的关系”[⑥]。显然，各种研究表明，“傣族是我

---

① 国家民委民族问题五种丛书之一，中国少数民族简史丛书《傣族简史》编写组．傣族史简史［M］．昆明：云南人民出版社，1986：35.

②［日］鸟越宪三郎．倭族之源——云南［M］．段晓明，译．昆明：云南人民出版社，1985：30—31.

③ 李昆生．云南在亚洲栽培稻起源研究中的地位［J］．云南社会科学．1981（1）：73.

④ 汪宁生．远古时期云南的稻谷栽培［J］思想战线，1977（1）：98—102.

⑤ 李昆生．云南考古所见百越文化［J］．云南文物，1983（14）：42.

⑥［日］佐佐木高明．寻求照叶树林文化和稻作文化之源［J］．民族译丛，1985（1）：45.

国植稻最早的民族，也是云南植稻最早的民族”。[①] 傣族是云南稻作农业的创始者和稻作文化的奠基者。

二、现今我国傣族的分布情况

我国的傣族，现今主要聚居在与缅甸、老挝、越南接壤，与泰国邻近的云南省西部和南部边境。这里得天独厚的地理环境十分有利于稻谷种植和发展稻作农业。世代繁衍生息于这块土地上的傣族人民，“自古就是农业民族，而水稻成为傣族农业的主体作物”。[②] 2008年《云南统计年鉴》数据表明，截至2007年，生活于云南境内的傣族有1318321人[③]，主要居住在4个地区：云南省南部的西双版纳傣族自治州，1990年有270531人；西部的德宏傣族景颇族自治州，1990年有289678人；南部的耿马傣族佤族自治县，1990年有43459人；孟连傣族拉祜族佤族自治县，1990年有22075人。云南省傣族主要聚居区基本情况可见表3-1。除此之外，1990年全国第四次人口普查的结果表明，云南的傣族尚分布于景谷傣族彝族自治县，有51950人；新平彝族傣族自治县，有39094人；元江哈尼族彝族傣族自治县，有21444人；金平苗族瑶族傣族自治县，有15188人；双江拉祜族佤族布朗族傣族自治县有8391人；滇南思茅地区有126354人；滇西南的临沧地区有92334人；滇东南红河州有85238人；滇西保山地区有34594人。其中，以西双版纳州和德宏州最具有代表性，耿马傣族佤族自治县和孟连傣族拉祜族佤族自治县次之。

尽管傣族现今人口与汉族相比十分单薄，并且随着交通条件的改善以及社会进步，傣族人口流动更加明显，以至今天傣族在云南省的分布范围更加广泛（2007年云南傣族人口分布情况见表3-2），并且民族融合的速度加

---

① 《傣族简史》编写组. 傣族简史［M］. 昆明：云南人民出版社，1986（4）：34.

② 江应樑. 傣族史［M］. 成都：四川民族出版社，1983：11.

③ 云南省统计局. 云南统计年鉴（2008）［M］. 北京：中国统计出版社，2008：596—611.

表 3–1　云南省傣族主要聚居地区基本情况

聚居地名称	地理位置		1982 年人口	1990 年人口	面积（平方千米）	所属水系	主要方言
	北　纬	东　经					
西双版纳	21° 10″ — 23° 40″	99° 55″ — 101° 50″	225488	270531	19700	澜沧江	傣　泐
德　宏	23° 53″ — 25° 50″	97° 32″ — 99° 45″	232327	289678	11526	怒江、伊落瓦底江	傣　那
耿　马			35653	43459	3837	怒江、伊落瓦底江	傣　那
孟　连			18799	22075	1957	澜沧江	傣　泐

注：表中居住地区所属水系根据《云南农业地理》（云南出版社 1981 年出版）的资料，1982 年的人口及相关各项目根据《傣族简史》（云南出版社 1986 年出版）的资料，1990 年的人口根据第四次人口普查资料而制作。

快。但是，在漫长的历史发展过程中，傣族所创立的稻作农业以及与之相配合的稻作灌溉技术，尤其是现今还于西双版纳地区存在甚至应用的传统稻作灌溉技术，正无言地述说着千百年来傣族为我国农业和中华文明做出的贡献，述说着傣族人民的勤劳与智慧。

表 3–2　2007 年云南傣族人口分布情况

地　区	人口数	地　区	人口数
昆明市	16378	楚雄彝族自治州	21605
曲靖市	979	红河哈尼族彝族自治州	108753
玉溪市	77333	文山壮族苗族自治州	16025
保山市	42733	西双版纳州	365726
昭通市	227	大理白族自治州	3695
丽江市	11119	德宏傣族景颇族自治州	384930
思茅市	152597	怒江傈僳族自治州	426
临沧市	123209	迪庆藏族自治州	17
总　计	1318321		

资料来源：云南省统计局 . 云南统计年鉴（2008）[M] . 北京：中国统计出版社，2008：596—611.

总之，云南南部和云南西部边境优越的自然条件，为傣族创立自身的稻作农业奠定了坚实的基础。无论是自然科学还是人文社会科学，大量不同学科的研究结果充分证明，不仅云南是亚洲栽培稻的一个重要起源地，而且傣族就是云南最早的稻作农业的创立者。傣族作为“百越”的后裔，在漫长的历史进程中，较好地保持了自身的文化传统，成为引人注目的稻作农业和稻作文化研究的对象。尽管现今随着现代化进程的加速，傣族与各民族之间，尤其是与汉族之间的融合更加迅速，但无论如何，傣族所创立的稻作农业以及与之相配合的稻作灌溉技术，尤其是现今还于西双版纳地区存在甚至应用的传统稻作灌溉技术，为我们研究和认识传统农业、民族文化，为我们改造和利用传统农业技术提供了难得的范例。

傣族

第四章 传统农业与水稻栽培技术的演变

傣族以水稻种植而闻名，但是傣族稻作农业的形成并不是一朝一夕形成的，它经过了漫长的历史过程。根据目前的研究成果来分析，其农业历史经历了旱地农业形态向水田农业形态的转变，而与之相随的耕作方式也经历了山地“刀耕火种”的农业耕作时期、象和牛的水田踩田耕作时期，最终进入到了相对先进的犁耕农业时期（水利灌溉技术为主）。随着生产力水平的提高，耕种农具也逐渐改进，耕作方法不断成熟，不仅采用的品种逐渐趋于稳定，而且随着傣族水田农业的不断进步，傣族的传统灌溉技术日趋重要，并逐步得到了发展和完善。

第一节 傣族农业耕作方式的变迁

尽管傣族稻作的历史现在无法给予一个非常明确的时间，但是却能在追溯历史的过程中看到傣族农业耕种并不是一开始就有了灌溉技术，而是经历了山地农业形态向水田农业形态、“生荒耕作制”（“抛荒制”）[①] 向“熟荒耕作制”（“轮闲制”）[②] 转变的漫长过程后才出现的。具体说，傣族的农业技术经过了山地耕作方式，象和牛的水田踩田耕作方式，进而向“火耕水耨”的耕作方式的转变，最终才完成了向水田犁耕农业（灌溉农业）的转变。这是生产力发展的必然，也是特定自然条件选择的结果。傣族稻作农业以及与之相随的灌溉技术及其传统耕作方式，正是在各种社会和自然综合因素作用下逐渐形成的。

一、山地农业耕作阶段

傣族作为“百越”的后裔，种水稻和住干栏被认为是其重要的文化特

① “生荒耕作制”也称“撂荒耕作制”，即在未开垦的生荒地上垦殖，三五年后土壤变瘠、杂草滋生、产量降低时，即撂荒原耕种土地，而迁地再垦生荒地。待土壤肥力自然恢复后，再到撂荒地上垦殖。原始社会人口稀少，土地公有，工具原始，常采用撂荒耕作制。

② 夏、商、周时期，熟荒耕作制盛行，而且技术上得到进一步发展，有计划地耕种和休闲，地力不像以前那样完全靠自然的过程来恢复，采取了“肖田”、“灌茶”、“烧剃行水”的措施，在休闲地里烧草木，以助地力的恢复。

征。但是，各种线索显示，傣族曾经有过最初山地农业阶段。与傣族的山地农业相一致，傣族也曾有过巢居和穴居的历史，他们最初的干栏也不是建在江边、河边或是湖泽低地，而是建在山上。一位佚名的傣族学者于傣历 903 年（公元 1542 年）在用傣文写的《谈寨神勐神的由来》中曾提道："《沙都加罗》一书说：傣族祖先居住的地方，'森林风很大，山洞是人家，没有火取暖，没有布遮身，大的搂着小，小的靠着大，以己身取暖，祖先苦不完'。"[①] 傣族古歌谣《摘果歌》这样写道："我们住在山脚，我们睡在山洞，两边都是大森林。大森林里野果多，有甜的有酸的，有红的有绿的，有大的有小的。"[②] 反映傣族先民生产生活的傣族古歌谣《酒醉歌》则写道："鸡一叫，就起来，挎起刀，扛上锄，进山去砍树。酒醉醒过来，力气大得很，谷子我们种，甘蔗我们植，酒糟我们酿……靠双手劳动，谁说不喝酒。"而傣族古歌谣《挖井歌》则唱到：未打井前，"打水要到山脚下，来回走，路曲弯，一次要去大半天。"打好井以后，"从此不缺水，寨子更安定，人们好上山，安心种瓜果。"[③] 这些古歌谣和文献记载，明晰地透露了这样一个事实，即傣族曾经生活于山地，并于此发展他们的农业。

另外，从有关傣族迁途的历史研究最新成果来看，尽管存在不同的观点，但是大量的资料说明，哀牢人曾是傣—泰民族的先民，并且哀牢人的先人是从古代百越的故土——我国华南一带迁徙而来的。当时，傣—泰先民中的一支估计在公元前 8—前 2 世纪这 600 年的某一时段由岭南来到了云南哀牢山一带，哀牢山由此得名。后来，被称为哀牢的傣—泰先民的一部分继续向南和向西发展，向南发展的哀牢人迁徙到了现今西双版纳和境外的老挝以及中南半岛，逐步形成了现今西双版纳的傣族、老挝的老族和泰国的泰族；向西迁徙的哀牢人抵达现今云南省的德宏瑞丽江一带，并逐

① 祜巴勐. 论傣族诗歌［M］. 岩温扁，译. 北京：中国民间文学出版社，1981：97.

② 李根蟠，卢勋. 中国南方少数民族原始农业形态［M］. 北京：中国农业出版社，1987：178.

③ 李根蟠，卢勋. 中国南方少数民族原始农业形态［M］. 北京：中国农业出版社，1987：150.

步形成了德宏一带的傣族和境外缅甸的掸族。[1] 显然，哀牢山是大山，其地理状况决定了当时的农业形态是山地农业形态。此外，从不同历史阶段对傣族的不同称呼来看，及至明代万历以前，分布在现今云南省德宏地区、西双版纳地区的傣族被通称为“百夷”。而这些“百夷”又有大百夷和小百夷的区分，其中被明代称为大百夷者，清代称之为“旱百夷”，近代则称之为“大傣”的，其主要居住地在现今德宏地区；而小百夷近代则称之为“小傣”，主要分布在现今西双版纳地区。《云南通志》引《伯麟图说》称：“旱摆夷，山居，性勤。”嘉靖《临安府志》卷十八纳楼土司条也记载：“居山者为旱百夷，种旱稻，用火耕。”[2] 由此可见，旱百夷从事的是山地农业，甚至是刀耕火种的山地农业。从旱百夷—水百夷，大傣—小傣相对应的称呼，也似乎印证了山地农业曾经是傣族农业发展的早期形态。

从生产力发展的过程来分析，原始的山地生产方式，往往与刀耕火种的生产方式相联系。尽管早期的傣族山地农业是否就是刀耕火种，由于资料不多，不好妄下结论，但是从嘉靖《临安府志》卷十八纳楼土司条记载的“居山者为旱百夷，种旱稻，用火耕”来看，似乎傣族先民采用刀耕火种的耕作方式是很有可能的。毕竟在人利用火这一自然力来“征服”自然的过程中，干旱的山林在利用火的时候，其达到的效果往往要比在湖泊和沼泽多水的地区效率要高。由此不难想象，在原始生态中，无论对于山地森林还是对于茅草众生的沼泽，面对的是盘根错节的植被，在劳动工具十分原始的情况下，想要开辟出有用的田地，是十分艰苦的劳动，而选择利用火的威力来开辟旱地，以获得相对多的劳动收获，这在逻辑上也是顺理成章的。据有关学者的研究，与很多南方少数民族一样，傣族山地农业延续了很长一段时期，直到唐代才进入了犁耕农业的发展阶段。[3] 显然，山地农业是发展傣族稻作农业的前奏。

---

① 何平. 从云南到阿萨姆——傣—泰民族历史再考与重构［M］. 昆明：云南大学出版社，2001：129—215.

② 纳楼土司辖境为现今元阳县至绿春县边境一带。

③ 杨文伟. 傣族古代农业的起源与发展［J］. 云南林业，2002，23（2）：28.

二、象和牛践踏水田的耕作阶段

原始山地农业生产方式曾经是农业发展过程中的初级阶段，随着认识的深化和生产力的发展，与“刀耕火种”相配合的撂荒耕作山地农业的弊病日趋暴露出来。由于开山辟地使得森林逐步减少，而人口不断增加，土壤肥力越来越不能满足农业生产的需要，所以寻找更有效的农业生产方式理应成为维系傣族生存的重大问题。恰好，水田的情况与山地耕作不同，山洪冲下的土壤，往往可以为水田农业提供很好的沃土，加之水稻种植又相对稳定，无论对于生产还是生活来说都更具有优势，更何况在长期的劳动实践中，劳动工具也比以前进步了。在这种情况下，傣族于自然地理十分优越的地区，较早放弃山地农业而建立起稻作农业，应是明智的选择，也是发展的必然趋势。

当然，在早期生产工具相对落后的情况下，要开辟和治理水田绝非易事，只能因地制宜地利用特定的条件来进行稻作生产。据唐代《蛮书》记载：“开南以南养象，大于水牛，一家数头养之，代牛耕田。”估计至迟到唐代的时候，傣族已能够因势利导地于低洼之处充分应用驯象的成果来为水田农业服务了。其实，“以象耕田”是一种十分简单但又十分有效的水田耕作方式。笔者曾于20世纪70年代插队于云南省德宏州瑞丽县。当时，这里属于相对封闭但又十分典型的傣族农业区，在农业生产劳动中，笔者曾亲身体验了这种“以象耕田”的劳动方式，只不过所驱使的不是象，而是牛。其基本做法是，对于那种水多泥陷、田水不易排出，以致人和牛都容易被陷进去的田块，由于牛无法拉犁耕作，从而采取驱牛入田，以牛踩田的方法，将田中的杂草踩入田泥中，使得草尽泥化，进而达到耕田的目的。无独有偶，这种耕作方式在海南黎族地区也曾采用过，“耕作亦不施犁耙，而是采用牛踩田的办法，即把牛群赶到‘田’里践踏，直到水成稀泥状为止。《黎岐纪闻》谈到清代部分黎族地区水田生产时说：‘……不识耕作法，亦无外间农具。春耕时，用群牛践地，践成泥，撒种其上。’”[①] 这似乎表明，以象耕田的耕作方式，是包括傣族在内的一些南方少数民族曾经应用过的水田耕作方式。

三、“火耕水耨”[②] 耕作阶段

在长期的农业劳动过程中，傣族最终开辟出了相当数量的农田。傣族创世史诗《巴塔麻嘎捧尚罗》中的《迁徙篇》曾记载了这样的过程。有个傣族先祖首领帕雅桑木底，率领众人来到了一个有草、有水、土软、风和，“种谷能长穗，饲养不愁喂，打猎有动物”的地方，于是男男女女拔草、砍树、建寨，开辟水田种谷子，饲养家畜，并把这个地方取名为“勐泐龙”（傣族居住的广阔地方）[③]，由此结束了如东汉王充所描述的那种“象自踏土，鸟自食萍，土厥草尽，若耕田状，壤糜泥易，人随种之”的状况，进入了一个新的农业耕作阶段。这时，尽管劳动工具十分简单，但毕竟有了相应的水田农具，至于是否出现了牛耕，不敢妄加定论，但可以明确的是“火耕水耨”的耕作方式应是存在的。所谓“火耕水耨”，简单说来，也即用火来耕田，用水来除草。据应劭的《史记 · 平淮书》注中所言：“烧草下水种稻，草与稻并生，高七八寸，因悉芟去，复下水灌之，草死，独稻长，所谓火耕水耨也。”这种耕作方式，曾是南方水田农业特有的耕作方式。对这种耕作方式，笔者于 20 世纪 70 年代云南省德宏州瑞丽县插队时，有幸亲身体验了。瑞丽是傣族的聚居地，这里气候炎热，雨水充沛，稻和草的生长都十分迅速，而傣族所选种的水稻品种，也即老品种，大都可以长到一人高，但尽管如此，如果在水稻生长苗期，水稻若不能压过草的生长，

---

① 李根蟠，卢勋．中国南方少数民族原始农业形态［M］．北京：中国农业出版社，1987：154.

② “火耕水耨”与“象和牛践踏水田的耕作”亦有可能为同一阶段，至于哪个阶段在前还需要进一步研究。这里为论述的需要将其分为两个阶段。

③ 范宏贵．壮族与傣族的历史渊源及迁徙［J］．思想战线，1989（增刊）：63.

就会被迅速生长的草覆盖，进而无法形成水稻人工生态，当然也就不可能有收获。因此，在一年一度的稻作生产中，傣族必须要做好两件基本的工作：一是在收获了头年的水稻稻穗之后，傣族需要充分利用火的威力将存留于田中高高的稻茬烧尽（由于傣族栽种的水稻老品种可以长到一个成年人的高度，从而在收割水稻时，往往只将其稻穗割下，留在田中的稻秆仍然高约1米）。因为这些高大的稻茬无论对于犁耕，还是对于"象耕"来说，都是极大的障碍。为此，傣族往往在公历1月份，待收割稻穗后，让残留于稻田中高大的稻茬经过3个月左右日晒，当田和稻茬都已晒得干透时，一把火烧得漫天通红，烧后的稻灰作可作为肥料，同时又达到了清理田地的目的，这即是"火耕"。二是于已经清理出来的田中播撒稻种，并以此作为又一轮水稻生产的开始，待水稻发芽与草竞相生长之时，再适时放水将草淹没。由于水稻为水生作物不惧水，而与之共生的草将会有相当部分被水闷死，进而形成有利于水稻生长的环境，并最终在人工的干预下形成压倒杂草的水稻生态，这也就是"水耨"。通过这样的农耕技术操作，能够有效地保证水稻的顺利生长发育，加之先天优越的自然条件，进而成功地使傣族能够以较少的劳动投入，通过"火耕水耨"农耕方式来获取较大的经济收入，其对于傣族地区的农业发展发挥了重要作用。当然，我们也可以由此看出，这种耕作方式是少不了最起码的水利条件的，它从一个侧面展示了傣族稻作农业早期的灌溉雏形以及这一雏形形成的过程。

四、水田犁耕农业时期

据相关文献记载，大致到了唐代，结合有关历史文献和相关的出土文物进行分析，"说唐代傣族使用牛耕，绝不是一种假设"。[①] 而到了明代，牛耕已在傣族地区推广开来，《西南夷风土记》曾载："五谷惟树稻，余些少种，自蛮莫以外，一岁两获，冬种春收，夏作秋成。孟密以上，犹用犁

① 傣族简史编写组. 傣族简史［M］. 昆明：云南人民出版社，1986：49.

耕栽插，以下为耙泥撒种，其耕犹易，盖土地肥腴故也。凡田地近人烟者，十耕其二三，去村寨稍远者，则迥然皆旷土。”这一记载表明，随着犁耕技术的推广，傣族的稻作农耕技术逐步开始成熟。此时，傣族不仅由过去的撒种进入了插秧的水稻种植方式，而且熟荒耕作制度得到进一步的发展，靠近内地的傣族地区在不断吸收内地先进农业生产技术的过程中，出现了一岁两获，冬种春收，夏作秋成的稻麦两熟耕作制度。同时，还出现了以一季中晚稻为主的“连作制”。诚然，这一阶段，水利灌溉事业也逐渐发展起来，由傣族从实际生产实践中发明的传统灌溉技术和与之相配套的灌溉制度越来越发挥出积极的作用，它十分有效地保证了傣族稻作农业的有序发展，成为稳定傣族社会的重要因素。直到新中国成立以后，傣族农业才逐步缩小了与内地农业的差距，并以政府为主推行灌溉工程改造，现代水利和灌溉技术得到了发展，有效地改变了傣族传统农业的面貌。

从有关资料和调查的情况来看，近代以来，直至新中国成立前，傣族传统农业主要以水稻种植为主。由于当时这一地域相对封闭，地广人稀，人均拥有的耕地数量相对多，以西双版纳来说，新中国成立前最为繁华的政治经济中心景洪，人均大约有 2 亩的耕地，而相对边远的地区，大约人均少则 4 亩，如勐海坝；多则约 15 亩，如勐遮。[①] 由于气候炎热，农业种植主要以水稻为主，单季种植，不种小春。于每年傣族的开门节过后，在公历 4—5 月份开始犁耕、撒秧，5—6 月开始插秧，10 月左右开始收割。农耕的具体情况大致如下。

1. 犁田

每年在 11 月水稻收割完毕后，此时已进入旱季，经过 2 个月左右太阳的暴晒后，放火烧稻茬，大致在 1 月份田地中的水分落干，但还潮湿的时候开始犁田，即俗称“犁板田”。耕犁后的田地经过进一步的日晒，直到傣族开门节过后，大致在清明节前后，放水入田浸泡 10 天左右，开始犁第二次田，同时开始用耖将田中杂草耖净。以后接着犁第三次田，耕犁后再用

① 江应樑. 傣族史［M］. 成都：四川民族出版社，1983：75.

耙将田耙平，使田平整泥化，这时就可以开始插秧了。一般而言，傣族地区耕犁的过程起码要经过“三犁两耙”，甚至更多。

2. 育秧

傣族在长期的农业生产过程中积累了丰富的经验，为了获得良好的稻种以促进增产，他们往往采取以平坝稻种换山地谷种来种。在傣族民间也流传“下肥不如换种”的说法。当然，选择头年籽粒饱满的稻种作为籽种，也是通常的做法。大致在谷雨节令的时候，将谷种暴晒一天，然后放入水中浸泡两天，去除杂物、瘪壳以及不太饱满的谷粒，再把稻种捞出用清水清洗后放干落水一夜。这些程序完成后，稻种已开始“露白”（芽已萌动），便可以将稻种撒播于整理好的肥沃秧田中。待秧苗长出约 3 天后，便白天放水，傍晚撤水，以此大约进行三次操作后，便延迟撤水时间，及至约 25 天后不再撤水，直到 45 天左右，就可进行移栽了。当然，为了应对特别的干旱年份，西双版纳傣族还发明了“两段育秧”的方法。对于“两段育秧”将在下一节专门论述，这里不再阐述。

3. 插秧

傣族传统水稻生产所采用的水稻品种往往是老品种。这些老品种都长得比较高。与此相一致，这些老品种的秧苗也长得比较大，从而当水稻秧苗到了移栽时节时，秧苗一般都在 33 厘米（1 尺）以上，这时拔出秧苗，并将秧苗的叶子剪短，送至大田进行栽插。栽插时往往是 4 苗一丛插入泥中，行距也较宽，大约 33 厘米（1 尺）。栽插时大田控制的水深 33 厘米（1 尺）左右，秧苗全部淹没于水中也没有关系。正常情况下，秧苗栽插到大田以后会迅速生长，大约 20 天以后，已是一片葱绿壮观的水稻生态了。这时可以开始薅第一遍秧。以后，根据实际需要和能力状况，还会有 1—2 次的薅秧。

4. 收获

水稻老品种移栽到大田后，往往 120 天左右即可成熟。由于新中国成立前傣族地区人少地广，水稻种植面积人均相对较多，因而从栽插到收割的时间间隔也相对长。往往最早栽插的稻秧与最后插下的稻秧之间的时间间隔有 1 个月甚至更长，从而这也决定了收割的时间将在 1 个月以上。收割时，一边收割一边就将收割的水稻捆成束立于田中晒晾。收割完成后，傣族往往于不同区域耕地上选择相对干而平整的地方，整理出堆放稻谷的场地。场地整理好后，傣族往往将稻谷束用尖担挑至场地进行堆放。堆放时，根据区域田块的大小，以堆放地中央某一点为圆心，将每个人挑来的稻束，由低向高逐步堆成一个中空圆柱形谷堆，并用稻束来给谷堆封顶，顶为锥形以利于流淌雨水。谷堆堆好后，于谷堆附近拍打并整理出一块相对干的用于打谷或用牛踩谷的场地。打谷场（牛踩谷场）修整完成后，需要抓紧时间，利用旱季的有利时机，每天将谷堆上的稻束逐步取下部分，或堆积起来让牛踩，或将谷穗放于竹席上用曲棍、竹片怕打。当然，先进一点的地区也有用人力于惯斗上摔打的情况。水稻脱粒后，扬净晒干，仔细收拢，当日即用箩筐挑回各自家中，放进竹篾编成的“屯子”里贮藏。

从上述傣族传统稻作农业及其耕作技术的形成来看，其农业曾经历了一个漫长而艰辛的创立和发展历史过程，才最终从自身所处的地理环境出发，选择了适合本地区的水稻作为其农业生产的基础和核心，创立了自身的稻作农业。在傣族稻作农业形成之后，对水利灌溉的依赖越来越突出，无论是对灌溉技术，还是对灌溉制度都提出了更为严格的要求，无形中有效地推进了傣族水利灌溉事业的发展。

第二节 傣族优秀的传统稻作农业技术——“教秧”

“教秧”是西双版纳傣族历史上长期应用的传统稻作育秧方法，它与西双版纳的特殊地理条件相适应，由傣族于长期农业实践中发明，是一种先进的传统稻作栽培技术之一。“教秧”，西双版纳傣语称之为“嘎盏”或“盏嘎”，“嘎”意为“稻秧”，“盏”意为“培养”或“教育”，“盏嘎”也即经过人工驯化、培养后的秧苗之意，是傣族稻作农业进入到较高阶段后出现的一种移栽式育秧技术。

一、“教秧”的产生

有关稻作秧苗移栽技术出现于傣族地区的确切时期，目前还须进一步研究。不过，由于汉文献中关于边疆少数民族情况的记载不仅这方面的内容奇缺，就是涉及少数民族社会早期的史料，现今也为数不多。从有关傣族的史料来看，较为具体的记载最早见于西汉时期。据《史记 · 大宛列传》载：“昆明之属无君长，善盗寇，辄杀略汉使。然闻其西千余里，有乘象国，曰滇越。”这一史料具体记载了汉武帝为开辟四川至印度的交通道路而派出汉使四处探路的情况。当时，其中一路汉使行抵金沙江时，曾为昆明族部落所阻，不得前进，然而，汉使却由此得知了古滇越乘象国的存在。

及至唐时，樊绰《蛮书》卷七又载："象，开南[①] 已南多有之。或捉得人家多养之，以代耕田地。"同书《名类》第四亦载："茫蛮部落[②]，并是开南杂种也。……象大如水牛，土俗养象以耕田，仍烧其粪。"由此可知，世代居住于云南边疆的傣族，其从事农业种植的历史至唐时已进入了畜力耕作阶段。尽管目前对以象耕田的详细情节尚待进一步考证，但无论采取以象"蹈土"而使"土厥草尽，若耕田状，壤糜泥易，人随种之"的方式进行耕作，还是假设其曳犁进行耕作，均说明了唐朝时期傣族地区已广泛实行了适合于自身地理环境和农业特点的畜耕事实。加之《蛮书》卷七"云南管内物产"尚有"开南已南养象，大于水牛，一家数头养之，代牛耕也"的记载，就更进一步说明，运用象力大体重的特点来代替牛耕的技术，当时曾一度在这一地区广为运用，以至于被看成为"土俗"。这就清楚地提示我们，至迟在唐朝，牛耕就可能已在这一地区出现了，象耕则有可能是对牛耕方式的补充，否则何有"代牛耕也"的说法。这就必然为其他诸如栽培、灌溉等农业技术的发展创造了较为有利的条件。

值得指出的是，傣族地区农业及其耕作技术的内容自始至终都是以稻作为核心而展开的。对此，明朱孟震《西南夷风土记》曾载："五谷惟树稻，余皆少种，自蛮莫[③] 以外，一岁两获，冬种春收，夏作秋成。孟密[④] 以上，犹用犁耕栽插，以下为耙泥撒种，其耗犹易，盖土地肥腴故也。"从这段历史记载可以看出，不仅傣族"五谷惟树稻"的稻作农业随生产技术和畜耕的发展已经出现了"一岁两获"的双季稻种植技术，而且有关于"犁耕栽插"、"耙泥撒种"的稻作栽培方式亦明确见于史书了。它清楚地说明，这一时期虽然在距孟密较远的边远地区仍在实行"耙泥撒种"的粗放耕种方式，但同时也肯定了在孟密以上与内地相接近的较为先进的傣族地

---

① 开南于元代时为开南州，明代改为景东府，现为云南省景东县，其南边为西双版纳，为傣族集聚地。

② 江应樑先生认为，唐代的茫蛮即现今的傣族先民。

③ 明万历年间曾置蛮莫安使府，其地现位于缅甸境内的蛮哈山下。

④ 明成化 22 年曾置孟密安使府，其地现位于缅甸北掸邦境内。

区，稻作栽培方式业已由过去的直播撒种过渡到了育秧栽插的新阶段。而“教秧”传统技术，正是傣族在这种不断进步的生产实践基础上发展起来的先进稻作育秧方法。

二、“教秧”技术的应用

水稻育秧是稻作技术中的重要内容之一，水稻秧苗的好坏，直接影响着水稻的生长与水稻的产量。事实表明，不同地区，不同民族往往在自身长期的农业生产中，结合特定自然环境，发明了形式各异的育秧方法。由西双版纳傣族所发明的“教秧”技术的产生同样如此。

西双版纳傣族“教秧”技术的应用一般有以下主要环节。

首先，培育幼秧。调查表明，长期以来，西双版纳傣族已习惯于栽培传统的诸如被傣族称之为“毫勐享”、“毫勐腊”、“毫波整”等由本地选育出来的籼型感光晚熟品种。这些传统的地方品种秆高、粒大、分蘖力强，一般均有一人多高（1.5 米以上）。根据当地气候特点和傣族传统习惯，这些品种的播种期通常在公历 4—5 月（傣历 7 月中旬前后），也即在旱季与雨季交接时期开始撒种。根据新中国成立初期对西双版纳勐养曼景罕寨的调查，当时撒种 8 斗，即可栽 25 亩的面积。撒种之后，秧龄一般控制在 1 个月以内，且多采用水育秧方式培养。

其次，实行“教秧”。撒种以后，秧苗开始茁壮生长。20—25 天时把生长良好的秧苗从原来的秧田里拔起来，移植到水利条件较好的水田中密植。这种用于“教秧”的田块，不仅要求田平、泥化、肥力高，而且要求易于控制灌水和排水量。移栽时，其密植程度一般为大田传统栽插密度的 4 倍以上。调查中，西双版纳勐海县景龙寨的康朗庄老人曾对笔者介绍，栽插“教秧”时，不能深插，只需轻轻按下即可，秧栽下去 8 天之后，必须一直保水以保证秧苗正常生长。如果管理得当，5—10 天以后，“教秧”业已“返青”，再经 10—15 天的寄植，即可拔起正式移栽于大田了。

最后，大田移栽。西双版纳傣族稻作区多处于河谷平坝，这里沼泽、浅塘遍布，土壤肥沃，“教秧”又最适宜栽种于田烂、肥力高的田块。由于所栽传统品种植株高大，从而当地经寄植后的“教秧”拔起移栽时，秧苗已成为粗壮的“壮秧”了。因此，当地傣族往往不是用箩筐去挑秧，而是把这些大约 1 米长的秧苗用竹篾捆成捆，然后用两头削尖的竹尖担一头叉一捆挑至大田栽插。根据当地习俗和傣族的生产经验，为使秧苗移栽大田后能顺利生长，在拔起“教秧”之后，还必须保持根泥和秧根的湿润，这就加大了每挑“教秧”的重量。为促进稻秧的迅速生长，往往需要截去所拔“教秧”的部分秧根并剪去部分叶尖，同时也减轻了每挑秧的分量，但尽管如此，一些力气小的傣族妇女有时仍挑不动一挑“教秧”。

诚然，采用这种育秧方法需经过育苗、教秧、大田栽插三道环节，增加了农业生产中的劳动量，但由于其具有省水、省田和便于秧田集中管理等优点，加之采用这一方法能较大幅度提高粮食产量。所以，这项技术并未因它费工、费时而被冷落，相反却逐渐受到傣族的重视和欢迎，从而在长期农业生产实践中得以世代相传和普及。仅以 20 世纪 50 年代初期西双版纳勐养景曼寨的情况来看，当时这里的育秧同时存在着水秧、旱秧和教秧三种方式，而这三种方式中，又以教秧方式最为省种且产量最高（表 4-1）。

表 4-1　20 世纪 50 年代景曼寨 3 种育秧方式经济效益对照

育种方法	大田栽插面积（亩）	用种量		大田平均用种量（斤/亩）	产出量	
		（石）	（斤）		（石）	（斤/亩）
水　秧	25	1.2	300	12.0	30—40	300—400
旱　秧	25	1.5	375	15.0	35—40	350—400
教　秧	25	0.8	200	8.0	50	500

注：①表中数据根据国家民委民族问题五种丛书之一，中国少数民族社会历史调查资料丛刊：云南省编辑组编. 傣族社会历史调查（西双版纳之八）[M]. 昆明：云南民族出版社，1985：161 页所提供的资料整理而得。②该地区 1 石稻种一般重约 250 斤，表中斤（1 斤 =0.5 千克，本书中重量用市制单位——出版者注）、石换算以此为标准；1 亩 =666.7 平方米。

由 20 世纪 50 年代景曼寨教秧技术相对经济效益表（表 4–1）中统计数字可知，在同等土地、环境、稻作品种以及传统栽培技术条件下，采用“教秧”方法可促使稻作增产的幅度在 20% 以上，甚至可达 40%。而它的籽种播量却最少，仅及水秧籽种用量的 66%，省种 33%；仅及旱秧籽种用量的 53%，省种 47%。同时，从 3 种育秧方式用种量与产量的比值亦可看出，水秧为 1∶25—1∶33；旱秧为 1∶23—1∶27；教秧则大致为 1∶63，是投入最少而收获最大的高效率丰产措施（表 4–2）。除此而外，西双版纳景董的曼旷寨，50 年代由于采用“教秧”和三犁三薅，每亩产量高达 1000 斤以上，一般都在 600 斤左右。这在当时生产技术水平条件下，已是相当可观的高产了。而在大多数地方，“水稻田凡经过教秧的，单位面积产量一般都增加了 30%—50%。”① 这一情况，与笔者 1988 年的实际调查结果基本相符。显而易见，“教秧”方法的发明和普及，对推动这一地区的农业发展起了重要作用。然而，这项技术又是如何产生和发明的呢？

表 4–2　20 世纪 50 年代景曼寨教秧技术相对经济效益

育种方法	大田用种量（斤 / 亩）	大田产量（斤 / 亩）	教秧相对经济效益			播种量：产量
			用种（%）	省种（%）	增产（%）	
教　秧	8.0	500	—	—	—	1:63
旱　秧	15.0	350—400	53	47	20—30	1:23—1:27
水　秧	12.0	300—400	67	33	30—40	1:25—1:33

注：（1）教秧相对用种效益 = 教秧用种量 / 对照用种量 ×100%

（2）教秧相对省种效益 =（对照用种量 − 教秧用种量）/ 对照用种量 ×100%

（3）教秧相对增产效益 =（教秧产量 − 对照产量）/ 教秧产量 ×100%

① 《民族问题五种丛书》云南省编辑组．傣族社会历史调查（西双版纳之二）[M]．昆明：云南民族出版社，1983：56.

第三节
“教秧”技术的合理性分析

事实表明，“教秧”技术的产生和运用绝非偶然，它是傣族根据特定自然环境和气候条件，从长期稻作生产实践中摸索和总结出来的一项先进育秧技术。

一、“教秧”技术产生的自然原因

就西双版纳地区所处的地理位置而言，其位于北纬 21° 10′ —23° 40′，东经 90° 55′ —101° 50′，地处热带北部边缘，北有哀牢山、无量山为屏障阻挡南下寒流；南面东西两侧靠近印度洋和孟加拉湾，夏季受印度洋西南季风和太平洋东南气流的影响，造成了高温多雨、干湿季节分明的气候特点。正是这种特定的自然环境，制约和推动了“教秧”技术的产生和运用。仅对与水稻生长关系最密切的光、温、水这 3 个因素进行分析亦可知道，西双版纳年平均日照已高达 2058.8 小时，为我国稻作区之冠；而年平均积温（≥ 10℃）则达 7361.0℃，超出了制定三季稻种植区的基本参数界限，温度条件相当优越；再从降水量来看，这一地区年降雨量为 1374.9 毫米，大于华南地区的平均值。显然，西双版纳为水稻生长提供了十分优越的自然条件。但是，进一步的分析则表明，在这些因素的综合作用中，降雨特征又是关键的限制因素。以景洪地区的气象水文资料来看，其降水多在5—10月，占全年降水量的85%，而其中仅7月、8月两个月就占了5—10月这一时期降水量的50%弱，几乎为全年降水量的40%以上；反之，在当年11月—来年4月这半年时间内，降雨量只有全年降水量的14%。由于从旱季向雨季过渡的4—5月正是稻作农业生产需水量较迫切的犁田、插秧季节，因此从宏观上看，虽然这一地区降水量十分充沛，却仍出现因旱季雨量极少和雨季延迟而导致不能及时耕作，尤其是不能育秧和插秧的被动局面。

二、“教秧”技术的发展

针对这一自然环境特点和为了改变等雨栽秧的被动局面，傣族从稻作生产实际需要出发，因地制宜地采取了种种措施来克服自然环境造成的不利条件。“教秧”的问世，正是在认识和改造自然的过程中逐步发展和完善起来的抗旱增产技术。它的发展历程，大致可分为两个阶段。

首先，“教秧”技术产生的初期阶段。最初，西双版纳傣族并未把这种措施作为专门的增产技术，而仅将其权作克服旱季少雨危害的临时手段。传说，过去这里雨水来得晚，有时看着秧苗要干死了，为了救活秧苗，有人把秧苗拔起来放到有水的田里寄养起来[①]，而“教秧”方法也正是由此而发展起来。1988年，笔者在西双版纳景洪景糯乡勐满寨实际调查中看到，由于该地的地理位置海拔相对坝区较高，属山间沟坝地区，田高水低，灌溉条件不利。因此，长期以来，这里在枯水季节无法进行耕作栽培，大片土地任其荒着，不仅双季稻无法种植，就是一季晚稻也经常受到雨季迟来的威胁。为了有效避免旱象危害，以保证水稻栽插按节令顺利进行，这里的傣族已广泛采用了“教秧”措施来延迟大田的栽插时间。一般来说，如遇旱情较重的年份，采用这一方法，大致可以延迟栽插时间20—30天。这就为大田栽插赢得了宝贵时间，基本上解决了旱季与雨季衔接期间稻作栽

① 教秧在西双版纳也有称为“寄秧”的。

培过程中节令与干旱少雨的矛盾，保证了稻作生产的正常进行。

由此可以看出，“教秧”方法的产生，并非一开始就是专一的增产技术，而是傣族人民为使其基本稻作生产得以顺利进行，根据当地气候特点采取的一项延长大田栽插时间的被动抗旱措施。

其次，“教秧”技术的完善阶段。随着“教秧”技术不断运用到实际生产中来，傣族群众发现，通过“教秧”不仅可以避开干旱危害，而且还能改善稻苗的生长环境，有利于培养健壮秧苗。实践表明，当把育好的“教秧”移栽到大田中去之后，秧苗发棵好（分蘖力强），形成有效的穗数增加，不仅减少了稻穗空秕率，同时还具有抗倒伏和抗病虫害的优点，可以不同程度地提高产量。因此，这项原先仅为抗旱而采取的临时措施，在当地傣族的关心扶持下，不断得以补充、总结而逐渐完善起来。这样，“教秧”技术就越过早期被动抗旱的保苗阶段而发展成为一项无论雨水来迟、来早，均通过这一方法来达到高产的技术手段。它比早期“教秧”方法大大迈进了一步，初步形成了一套诸如关于秧龄、栽插方式、评价标准、品种特点、运用范围等相对完善的技术规范。

诚然，关于“教秧”技术的详细历史状况，尚待进一步研究。但从20世纪50年代初的调查材料中普遍都有关于“教秧”方法的零星报道来看，至迟在50年代初或更早一个时期，“教秧”就已作为增产技术在这一地区广为运用了。例如，当时景洪嘎东曼沙寨的老农波玉砖介绍“教秧”情况时就曾说：“撒下秧20天后，拔起来插在田里，插得很密，再过20天后，又拔出来插一次，这样每箩种子可以收获40挑。”并且埋怨“现在小孩子（指下辈）出来种田，田埂不糊泥，秧撒了25天或30天拔出来插一次就算完事，所以一箩种子才收30挑了。”显然，这一埋怨说明，早在50年代初，“教秧”方法就已成为傣族的传统稻作技术而深入人心了；相反，内地通常运用的一次育秧方法，老一辈傣族不仅不愿意接受，而且将其看成是懒惰的行为和导致减产的原因。这就更证明了“教秧”技术的运用在傣族地区所具有的悠久历史及其在农业生产中具有的重要地位。

三、“教秧”技术具有的合理性

为什么傣族采用“教秧”技术可以增产呢？其关键就在于抓住了培育壮秧这个重要环节。如前所述，傣族大多习惯于栽培传统的感光籼型晚熟品种。由于这类品种对秧田日数的感应度不敏感，也就是说，由于这类品种生育期较长，所以秧田日数的延长对水稻生育变化的影响较小，不易引起早穗现象。然而，早穗却与秧田撒种的疏密程度有关，撒种密度越大，秧苗个体的营养面积越小，生长条件的恶化时期亦将随之提前。因此，如能利用晚熟品种对秧田日数反应不敏感的特点，采取适当延长秧龄并配合其他措施来解决好秧苗个体的营养状况，就不仅不会给水稻生长带来不良影响，反而能育成壮秧和有利于夺取高产。“教秧”方法正是抓住这个关键，通过二次育秧，把原来生长较密的秧苗，稀植到一个营养条件较好的环境中继续培育，一方面解决了秧苗生长过程中争肥抢水的问题；另一方面，由于采取了移植措施，从而有效地控制了秧苗在水肥条件相对好的情况下茎叶的疯长，有利于根部的良好发育。这样培育出来的、适当延长了秧龄的壮秧，其干物质积累较丰富，将其移植于大田之后，尽管一开始叶片萎蔫，光合作用强度下降，但凭着苗期积累的营养物质和健壮的植株，亦能较好地渡过移栽时带来的暂时营养不济，还可促进根部迅速生长和恢复根部吸收能力，有效地保证了秧苗尽快返青，这就为水稻一生的良好生长和之后的增产打下了坚实基础。

值得一提的是，20 世纪 70 年代初，我国长江流域稻作区在大面积推广双季稻三熟制的过程中，“为了克服晚栽条件下造成迟熟、不稳产的矛盾……在吸取与综合秧苗带土浅栽及水育大秧、传统寄秧等方式优点的基础上，发展了两段育秧法。”[①] 这种两段方法把传统的一次育秧改为二次培育，即把育秧过程分为小苗培育和寄秧培育两个阶段。这一方法成功地解

① 南京农学院，江苏农学院，《作物栽培学 · 南方本》编写组. 作物栽培学 · 南方本（上册）[M]. 上海：上海科技出版社，1979：97.

决了晚茬口后季晚稻的高产难题，从而在我国南方许多双季稻种植省份得以迅速推广，为我国的农业发展做出了重要贡献。然而，究其方法实质和技术原理，却与傣族传统的“教秧”相似。对两段育秧方法的研究表明，这一方法除具有培育壮秧、节约用水的特点外，还“能起到迟栽高产，早熟避灾的作用，不仅能显著增产，而且能使晚季中籼及旱季旱籼品种适当延长秧龄后不易早穗，中糯等容易延迟抽穗的品种适当迟栽不易翘穗头。”[①] 这种育秧方法“一般可以比通常育秧法增产6.56%—10.85%”。[②] 而这些特点，与傣族应用“教秧”方法的技术效果不谋而合。因此，如果说70年代出现的两段育秧新技术是现代稻作技术中的一项重要创造的话，那么西双版纳傣族50年代以前就已广泛运用“教秧”技术的事实则表明，早在两段育秧技术出现之前，其技术原理就已为西双版纳傣族经验性地应用了。

事实表明，不仅西双版纳傣族长期以来应用了“教秧”技术，而且在一些不同地区和不同民族的历史上，也都曾应用过名称各异、具体环节存在差异但本质却一致的二次育秧技术。如广东在种植双季稻的过程中，就曾运用了类似于传统“寄秧”方法的“学老禾”和“砍头禾”的特殊育秧方法[③]；而世界上的其他国家，如菲律宾等，“也有采用二次移植方法的，与我国当前提出的两段育秧法基本相同，是一种适应雨季迟来节约大田用水的特殊育秧方法。”[④] 由于两段育秧新技术继承和吸收了传统育秧技术的优点和合理之外，因此，“教秧”和其他传统的两次移植育秧法都有可能成为两段育秧法得以产生的技术前提。它表明新技术的产生同样离不开特定的历史和技术背景，离不开人类共同的文明大道。虽然两段育秧新技术与

① 南京农学院，江苏农学院，《作物栽培学·南方本》编写组. 作物栽培学·南方本（上册）[M]. 上海：上海科技出版社，1979：97.

② 中国农业科学院. 中国稻作学[M]. 北京：农业出版社，1986：469.

③ 丁颖. 中国水稻栽培学[M]. 北京：农业出版社，1961：327.

④ 华中农学院，江苏农学院，湖南农学院，浙江农学院. 水稻栽培（援外水稻技术人员进修班试用教材）[M].（内部资料），1973：129.

傣族“教秧”技术二者间的历史承继关系目前还有待进一步发掘和探讨，但在科技发展和各民族文化不断融合的历史长河中，傣族为我国农业科技和中华文明曾书写过美好的一页则是确定无疑的。

总之，傣族不仅较早创立了稻作农业，而且在自身长期的稻作农业生产实践中，形成了一套相对完善的稻作生产规范。尽管这些生产规范存在许多不尽如人意的地方，但毕竟促使傣族的传统灌溉技术和与之相配套的灌溉制度不断进步，并最终成为了稻作农业生产的关键因素，成为傣族稻作农业发展的必备条件。也正是在长期的农业生产实践中，傣族群众从西双版纳特定的自然条件和节水抗旱以保证稻作生产能顺利进行的实际出发，逐步探索并发明了“教秧”技术。虽然“教秧”这一具有合理性的先进技术只被西双版纳傣族经验性地应用，但是研究表明这一技术基本与现代先进的“两段育秧”技术相吻合，不仅可以解决水稻“抢栽抢插”农忙季节时的争水、需肥的矛盾，而且通过二次育秧，促进了壮秧的成长，明显提高了大田的水稻产量，成为西双版纳傣族地区一项有效的增产技术措施。这一优秀的傣族传统稻作育秧技术与傣族传统灌溉技术相配合，为这一地区的稻作生产和经济发展做出了重要的贡献。现今，这些技术中的科学原理，正被不断地揭示出来，成为人们认识傣族传统稻作农业的一项内容。

“夫民之所生，衣与食也；衣食所生，水与土也。”① 从古至今，水、土一直是农业发展的重要因素。可以这样说，农业发展史，就是一部人类在认识和改造水、土的基础上，利用和改造生物资源的发展史。关于“土”，古代文献记载颇多，而对于“水”，也不乏大量的资料。然而，其中大多数以水利工程为多，关于农业灌溉具体技术方面的资料就比较少了，并且以黄河流域的灌溉技术多有记载，至于南方早期的灌溉技术，即便散见于杂记和各

① 田晓娜. 四库全书精编（子部）—管子 · 禁藏第五十三［M］. 北京：国际文化出版公司，1996：284.

第五章 西双版纳傣族和他们的灌渠

种地方志等资料里，也是零散而未成集，似乎是登不上大雅之堂的。但是，稻作农业的显著特点，恰恰就在于它以水田农业技术为主，“水”在其农业的整体发展历程中，与北方旱地农业相比，具有更为重要的作用和明显的影响，从而考察农田水利灌溉及其技术状况，就不能不成为研究稻作农业和稻作文化的一个重要内容。对此，西双版纳傣族长期建立和发展起来的稻作农业及其文化，为我们考察研究早期江南稻作灌溉技术提供了新鲜而生动的史料。[①]

① 诸锡斌. 试析傣族传统灌渠质量检验技术［M］// 李迪. 中国少数民族科技史研究（第四辑）. 呼和浩特：内蒙古人民出版社，1988：118—128.

第一节 悠久的灌渠修理技术

稻作农业是我国南方农业的主要形态，但是稻作农业的存在与发展又与灌溉技术的产生和发展有着密切的联系。从这一意义上说，没有灌溉就没有稻作农业。西双版纳傣族稻作农业有着悠久的历史，而这一历史的延续，表达着傣族发明的灌溉技术以及与之相关的整个技术体系的不断进步。

一、灌渠对傣族稻作农业和社会的产生具有先决性

西双版纳傣族社会中，广泛流传着这样一句谚语："有了傣勐然后才有水沟，有了水沟然后才有田，有了田然后才有召，有了召然后才有领囡和洪海。"① "傣勐"意为本地傣族（土著），以后沦为农奴；"召"意为官（统治者），"领囡"又称"滚很召"，意为官家的人，即奴隶；"洪海"也称"卡召"，"卡"是奴隶之意，"卡召"意即主子家的奴隶，"洪海"或"卡召"意指地位比"领囡"更低的奴隶。

这一谚语精辟地向我们表明，傣族社会与人类社会发展规律相一致，

① 江应樑. 傣族史［M］. 成都：四川民族出版社，1983：225.

同样也经历了原始社会和奴隶社会的历程，并且西双版纳勐海县的傣文文献记载的有关傣族历史发展分期的史料，也证实了这一谚语的内容，即文献将傣族社会历史分为 3 个发展时期：第一个时期为“滇乃沙哈”，这个时期的社会“莫米召、莫米宛、莫米倘”意即“没有官、没有佛寺、没有负担（剥削）”，很明显，这是原始社会时期；第二个时期为“蓦乃沙哈”，这时社会“米召、米宛、莫米倘”，意即“有官、有佛寺、没有负担”，它表明，此时傣族社会已进入了部落组织的农村公社时代；第三个时期为“米乃沙哈”也即“米召、米宛、米倘”的时代，它表明已进入了“有官、有佛寺、有负担”的阶级社会。同时，根据此文献记载的傣历确切年代，对照公历推算，第一个时期应在公元 540 年以前（约为春秋战国之前）；第二个时期在公元 540 年至公元 700 年之间（约春秋战国至唐朝）；第三个时期为公元 700 年至公元 1950 年，[①] 尽管这仅是一种原始朴素的历史分期，但它还是概括了傣族远古历史的一般进程。

我们知道：“劳动，首先是人和自然之间的过程，是人以自身的活动来引起，调整和控制人和自然之间的物质变换的过程。”[②] 很清楚，劳动作为人类生存的第一手段，包含了人类对自然界的认识与利用，它是人类社会得以产生和历史得以向前发展的起点。而我们也正是“在劳动发展史中找到了理解全部社会史的锁钥”[③] 。基于这个前提，则上面所提到的傣族谚语无疑已向我们提示了一个十分深刻而重要的问题：首先，“有了傣勐然后才有水沟，有了水沟然后才有田”，就十分确切地告诉我们，远在没有“召”（剥削者）的原始社会时期，傣族先民已在劳动中充分认识到了水和田对于人类的重要性；其次，“先有水沟然后才有田”清楚地表明，水与田二者间，水沟成了决定性的因素；再者，联系云南出土的古稻谷，我们完全有

① 江应樑. 傣族史［M］. 成都：四川民族出版社，1983：144.

② 马克思，恩格斯. 马克思恩格斯全集（第 23 卷）［M］. 北京：人民出版社，1972：201—202.

③ 马克思，恩格斯. 马克思恩格斯选集（第 4 卷）［M］. 北京：人民出版社，1958：254.

理由认为，水稻种植正是这种水田农业生产劳动的核心内容。显然，傣族先民创造的这种水与田相结合的稻作生产形式，具有典型的江南种植农业的特征。其中，水沟和灌溉系统成了傣族稻作农业得以产生和发展的先决条件，它制约和推动着傣族社会和经济的发展，并以此为基础形成了傣族的社会心理及民族文化特点。这些特点至今尚体现于傣族社会的风俗习惯、文化、传说以及纪念活动等之中。例如，“泼水节”就形象地反映了傣族爱水的民族性格（图 5-1），也反映了他们对水的崇拜和水在其社会经济、稻作农业中所占有的特殊地位。而这些，又都可以概括为傣族人民对水和农事活动规律的认识，既然傣族对水的认识有这样悠久的认识，并利用这一资源来发展自身的农业，那么，傣族“在云南各民族中，成为植稻最早的民族”[①] 的结论也就有了依据。那是否可以依此为出发点，从中找出一些有价值的科技史料，得出一些规律性的认识呢？回答是肯定的。

图 5-1　傣族泼水节的欢乐场面（诸锡斌 2006 年摄于景洪市勐罕区）

① 《傣族简史》编写组. 傣族简史［M］. 昆明：云南人民出版社，1986：35.

二、灌渠对傣族稻作农业和社会重要性的历史文献印证

关于灌溉对农业社会的重要性，恩格斯曾指出："不管在波斯和印度兴起和衰落的专制政府有多少，它们中间每一个都十分清楚地知道自己首先是河谷灌溉的总的经营者，在那里，如果没有灌溉，农业是不可能进行的。"① 显然，傣族作为云南种植水稻最早的民族之一，对水利的灌溉功用有着深刻的认识，不像汉族那样是始于对水害的认识进而才发展成为对水利的开发，而是从傣族自身特定的自然环境和气候条件出发，于长期的农业生产实践中总结并形成了强调水的利用的思想。正是在傣族传统水利思想的引导下，西双版纳经过历代傣族劳动人民修沟筑坝，逐步建成了相对独立的景洪坝子、勐海坝子、勐腊坝子 3 个大坝子的灌溉系统。水利灌溉成了西双版纳全部经济与社会生活中的一件大事，因而西双版纳的封建领主十分重视对水利灌溉的控制和管理，几乎每年都颁布修水利的命令。其中，公元1778年4月28日（傣历 1140 年 7 月 1 日 ）西双版纳封建领主最高政权议事庭曾发布过一份修水利和农事生产的命令，参看图 5-2。

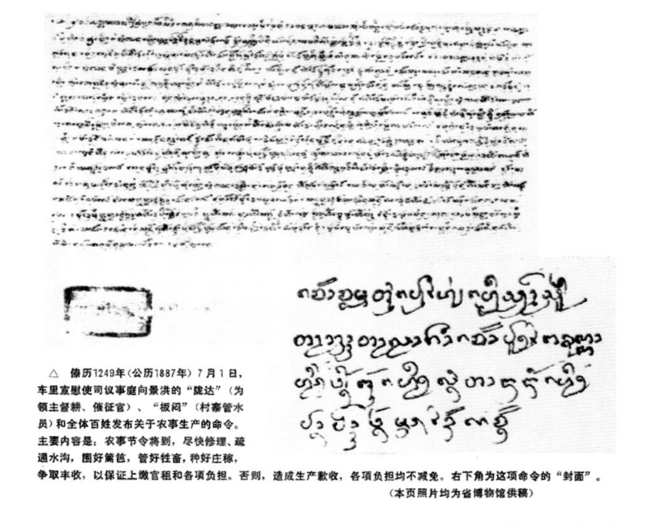

△ 傣历1249年（公历1887年）7月1日，车里宣慰使司议事庭向景洪的"陇达"（为领主督耕、催征官）、"板闷"（村寨管水员）和全体百姓发布关于农事生产的命令。主要内容是：农事节令将到，尽快修理、疏通水沟，围好篱笆，管好牲畜，种好庄稼，争取丰收，以保证上缴官租和各项负担。否则，造成生产歉收，各项负担均不减免。右下角为这项命令的"封面"。
（本页照片均为省博物馆供稿）

图 5-2　西双版纳最高政权机构议事庭向景洪颁布的关于修水利和农事生产的命令原件照片

---

① 恩格斯．反杜林论［M］．北京：人民出版社，1970：177.

这份命令由我国中央民族大学张公瑾教授于 1980 年翻译成汉文，由于其有较高的价值，现将其全文抄转如下：

议事庭长修水利命令：

召孟[①] 光明、伟大、慈爱、普施十万个勐。[②] 作为议事庭大小官员首领的议事庭长，遵照议事庭、遵照松底帕翁丙召[③] 之意旨颁发命令，希各勐当板闷和全部管理水渠灌溉的陇达[④] 照办：

一周年过去了，今年的新年又到来了，新的一年的 7 月[⑤] 就要开始耕地插秧了。大家应该一起疏通渠道，使水能顺畅地流进大家的田里，使庄稼茂盛地生产，使大家今后能丰衣足食，有足够的东西崇奉宗教。

命令下达以后，希勐当板闷及各陇达官员，计算清楚各村各户的田数，让大家带上园凿、锄头、砍刀以及粮食去疏通渠道，并做好试水筏子和分水工具，从沟头一直到沟尾，使水流畅通无阻。不管是一千纳[⑥] 的田、一百纳的田、五十纳的田、七十纳的田都根据传统规定来分，不得争吵，不得偷放水。谁的田有三十纳也好，五十纳也好，七十纳也好，如果因缺水而无法耕耘栽插，即去报告勐当板闷及陇达，要使水能够顺畅地流入每块田里，不准任何一块宣慰[⑦] 田或头人田因干旱而荒芜。

---

① “召孟”也即“召片领”，为傣语，是西双版纳傣族最高统治者。

② “勐”，傣语，意即区域或平坝之意。

③ “松底帕翁丙召”，傣语，即“召孟”或“召片领”之意，是西双版纳傣族最高统治者的佛称。

④ “勐当板闷”，傣语，意为管水员；“陇达”，傣语，是为领主督耕、催征的官员，有时也参与管理有关灌溉事项。

⑤ 这里说的是傣历年。傣历的 7 月大致为公历的 4 月。

⑥ “纳”，傣语，为西双版纳傣族常用的土地面积单位，一般 4—5 亩约为 1 纳。

⑦ “宣慰”，傣语，“宣慰田”意为西双版纳最高统治集团所据有的田。

各勐当板闷官员，每一个街期[①]要从沟头到沟尾检查一次，要使百姓田里足水，真正使他们今年够吃够赕[②]佛。

如果有谁不去参加疏通沟渠，致使水不能流入田里，使田地荒芜，那么官租也不能豁免，仍要向种田的人每一百纳收租谷三十挑。如果是由于勐当板闷等官员不分水给他，就要向勐当板闷收缴官租。如果是城里官员的子侄在哪一村种田，也要听勐当板闷的通知按时到达与大家一起参加疏渠。如有人贪懒误工，晚上喊他说没有空，白天喊他说来不了，就要按传统的规矩给予惩罚，不准违抗，这才符合召片领的命令。

其次，到了10月份以后，水田和旱地都种好了，让勐当板闷、陇达等官员到各村各寨做好宣传：要围好篱笆，每庹栽三根大木桩，小木桩要栽得更密一些，编好篱笆，使之牢固，不让猪、狗、黄牛、水牛进田里来。如果谁的篱笆没有围好，让猪、狗、黄牛、水牛进田来，就要由负责这段篱笆的人视情况赔偿损失。有猪、狗、黄牛、水牛的人，要把牲口管理好。猪要上枷，狗要围栏，黄牛、水牛和马都要拴好。如不好好管理，让牲口进入田地，田主要去通知畜主。一次两次若仍不理睬，就可将牲口杀死，而且官租也由畜主出。

以上命令希到各村各寨宣布照行。

傣历1140年7月1日写。[③]

以上修水利命令为我们勾画出了傣族历史上修理水利和进行农业生产的基本轮廓，也充分揭示了封建领主对水利和灌溉的严密控制和管理，并且在水利灌溉的管理和实施过程中，“板闷”扮演了十分重要的角色。关于“板闷”的产生，我们可以从傣族的民间故事中找到。“傣族民间普遍流传

① 按当地习惯，5天为一个街期。

② “赕”，傣语，西双版纳一切奉佛活动傣族称之为“赕”。

③ 张公瑾. 西双版纳傣族历史上的水利灌溉［J］. 思想战线，1980（2）：60—63.

的‘追金鹿’故事及‘叭阿拉武’[①]、‘板闷’[②]、‘波郎’[③]三人分田的故事，说明傣族最早定居时代，经过了由渔猎过渡到饲养动物和农业（畜牧业与灌溉的农业相结合）的阶段”。[④]显然，传说中的“板闷”，正是开发稻作农业的先驱和代表，而他最主要的贡献又在于对“水”的认识和利用。十分清楚，由于“先有水沟然后才有田”，因此，傣族稻作农业得以产生，一开始就是由水利灌溉决定的，它成了建立稻作农业的重要基石。一方面，由于生产的需要，导致了稻作灌溉技术的发明和“板闷”这一专门人员的出现；另一方面，水利灌溉又充分保证了稻作生产的顺利进行。然而，在长期封闭的西双版纳自然环境和社会状况制约下，与其低下的生产力相一致，这一传统的灌溉技术没有得到什么明显的改进，而是由“板闷”将其一代一代地继承和保留下来，从而为我们研究早期傣族稻作灌溉技术提供了可贵的活史料。

尽管以上修水利命令没有提及具体的水沟修理技术，但我们仍可以从中找出一些有价值的线索，其中，傣族特有的放水仪式就是一项不可多得的生动实例。

据傣族文献记载，傣历 132 年（公元 770 年），景洪的傣族首领帕雅桑目底曾分封了 12 位头目，要他们出钱“雇请百姓挖沟堵坝，放水注满长满杂草、竹蒿的荒坝，进行垦荒、填平烂坝、开垦农田”[⑤]。显然，“挖沟、堵坝”正是扩大水稻种植的第一步，而农业灌溉也正是在这样的实践活动中发展起来。“根据老傣文的《景洪的水利分配》一书的记载，傣历 826 年（公元 1464 年）时景洪有八条水渠，这八条水渠到解放时基本照样保留着，只是又增加了四条，共有十二条。……而且 30 华里以上的大沟仍只有五

① “叭阿拉武”是傣族传说中追金鹿的傣族酋长、猎人。

② “板闷”为西双版纳地区管水利的基层官员或运水员。

③ “波”，傣语，意为父；“郎”是牵牛的绳子，释义是牧人之父，引申为牧民之官。

④《民族问题五种丛书》云南省编辑委员会. 傣族社会历史调查（下双版纳之二）[M]. 昆明：云南民族出版社，1983：35.

⑤ 云南少数民族古籍整理出版规划办公室. 傣泐王族世系（云南少数民族古籍译丛第 10 辑）[M]. 昆明：云南民族出版社，1987：98.

条”。[①] 这说明，一方面，长期以来封建领主制度的顽固性和自然环境的封闭性极大地阻碍着农业和科技的发展，但从另一方面说，它又为我们考察西双版纳古代水利状况，留下了不可多得的具体实物。其中，景洪县的“闷南永”大沟，就是具有悠久历史的八条水渠之一，直到20世纪70年代，它仍灌溉着曼火勐、曼列、曼沙、曼依坎、曼回索、曼东老、曼拉、曼莫龙、曼莫囡、曼景囡、曼景兰等11个寨子，并提供景洪县城的用水。景洪县“闷南永”水渠（局部）现状参看图5-3。

图5-3 景洪县“闷南永”水渠（局部）现况（诸锡斌2008年摄于景洪县嘎栋乡曼列寨）

“闷南永”灌渠的水头寨是曼火勐，水尾寨是曼景兰。自古以来，每个村寨都设有分段管理水沟的“板闷”。其中，又有由景洪的最高权力机构——宣慰使司署封委的正、副两名管理这条水沟的官员或“板闷”。他们的职责是带领各寨“板闷”，动员各寨农民修沟，检查渠道，分配农田用水量，维护水规并处理水利纠纷。新中国成立前，这里仍根据传统古规，于“每年傣历5、6月，修理水沟一次，完工后，用猪、鸡祭水神，举行‘开水’

① 张公瑾. 西双版纳傣族历史上的水利灌溉［J］. 思想战线，1980（2）：60—63.

仪式，同时就进行一次对各寨修理水沟的工程检查。从水头寨（曼火勐）放下一个筏子，筏上放着黄布，板闷敲着铓锣，随着筏子顺水而下，在哪一处搁浅或遇阻挡，就饬令责任该段的寨子另行修好，外加处罚，筏子到沟尾后，把黄布取下，又去祭曼火勐的白塔”① 。每年傣历 5 月、6 月，正值西双版纳收获过后的旱季时节，在这个时期修理沟渠，既不误农事耕作，又避开了雨季带来的不利因素，是修理沟渠的大好时机。从前面提及的公元 1778 年 4 月 28 日（傣历 1140 年 7 月 1 日）西双版纳封建领主最高政权议事庭颁布的修水利命令中可以看到，为了修理沟渠，需要“让大家带上园凿、锄头、砍刀以及粮食去疏通渠道”。显然，这是一项繁重的劳动，它包括了许多内容。其一，由于西双版纳优越的亚热带气候，使各种杂草灌木生长十分迅速，尤其在水分充足的沟渠两旁，情况更为突出，它们往往对沟渠造成危害，因而清除这些杂草，乃是修渠的内容之一；其二，加固渠堤，排除隐患，修整弯道，清除沟中杂物，乃是修渠的基本内容；其三，在断水修理沟渠的同时，铲平沟底，于渠堤下取出旧的分水竹筒，换上新的分水竹筒并使分水处的渠堤加固也是其具有特色的重要内容（关于分水筒，后面将详谈）。至今，西双版纳地区，仍然保留了沟渠修理的传统习俗，并按照传统的沟渠修理规则进行一年一度的沟渠修理（图 5-4、图 5-5）。

图 5-4 “闷南永”大沟修理后的实况（诸锡斌 2007 年摄于景洪县嘎栋乡）

由于傣族人民历来十分重视水渠的维护与管理，并以水规

① 《民族问题五种丛书》云南省编辑委员会．傣族社会历史调查（西双版纳之三）[M]．昆明：云南民族出版社，1983：78—79.

图 5-5　景洪县勐罕区曼景寨进行灌溉水沟修理的实况
（诸锡斌 2008 年摄于景洪县勐罕区曼景寨）

的形式定下来，从而使他们的水渠在漫长的历史过程中完好地保存了下来。既然水渠在长期的生产实践中发挥着作用，那什么样的水沟才算合格？由于整条水渠按传统规定是由水渠受益各寨分段维修、管理，从而要使水渠既符合局部利益，又与全体水渠受益寨不相冲突。这就需要一个既符合事物自身客观规律，又符合人们共同需求的统一检验标准，而这一标准则通过竹筏子于传统的放水仪式中得以显现。

第二节 巧妙的灌渠质量检查技术

恩格斯说："一个部落或民族生活于其中的特定的自然条件和自然产物，都被搬进了它的宗教里。"① 傣族特有的放水仪式尽管带有浓厚的宗教色彩，但它却包含了傣族人民对农田水利的一定认识，并以此为基础发明了用竹筏来检查水渠修理质量的技术。根据西双版纳景洪县水电局 1985 年的资料，并将其与作者 1987 年 6 月（水稻大田栽插基本完成，总体需水量基本稳定时）实测"闷南永"水渠的相关数据进行整理，可形成"闷南永"水渠的水利简况表（表 5-1）。

据新中国成立初期的调查材料记载，历史上"闷南永"大沟（水渠）所灌溉的田块大约为 16950 纳。② 因为 4—5 纳约为现今 1 亩，故 16950 纳应折合为 3400—4300 亩。另外，根据现今的渠道流量的设计公式可知：

公式$_1$：$Q_{设} = \alpha \times m / 0.36 \times T \times t \qquad m = h \times S$

注：$Q_{设}$：设计流量（米^3/ 秒）；α 为某作物种植面积占总灌溉面积的百分数（%）；m：溉水定额（米^3/ 亩）；T：一次灌水的延续时间（天）；t：每天灌水时

① 恩格斯. 恩格斯致马克思的信（1846 年 10 月 18 日）[M] // 马克思，恩格斯. 马克思恩格斯全集（第 27 卷）. 北京：人民出版社，1972：63.

② 《民族问题五种丛书》云南省编辑委员会. 傣族社会历史调查（西双版纳之三）[M]. 昆明：云南民族出版社，1983：87.

表 5–1 “闷南永”水渠水利简况表

经流面积（千米^2）		79.8
渠长（千米）		31.5
流量（米^3/ 秒）	设 计	1.8
	现 存	1.0
灌溉面积（亩）	设 计	7000
	保 证	6000
	实 灌	4704
渠宽（米）		2.0
渠堤宽（米）		1.0
渠水深（米）		0.5

注：表中渠宽、渠堤高及水深为作者 1987 年 4 月份枯水季节实测的约数，其余为县水电局水管股股长林宏永 1985 年整理的数据。

间（小时）；h：灌溉面积水层深（米）；S：地积（亩或 666.667 米^2）。

以上公式$_1$为简化的计算公式，主要适用于面积较大（万亩）的总灌溉面积灌水流量的计算，“换句话说，就是把实际受水面积上所需要的灌水流量分摊到整个灌溉面积上去”。① 据有关试验结果表明，南方单季稻的 h 一般为 0.3—0.42 米。② 作者在 1987 年西双版纳调查时，这里仍然是以一年一季的水稻种植为其农业特征，所调查的灌溉区域，全部都已种植水稻，未见其他作物，也即 α 为 100%。如以 16950 纳为 4000 亩来算，按灌水 30 天（即 T 为 30），取灌溉面积水层深 0.4 米（即 h 为 0.4 米），地积（亩或米^2）为 666.667 米^2，将这些参数代入公式$_1$，则 4000 亩灌面所要求的流量为 1.03 米^3/ 秒，与上表中的现存流量相吻合；并且上表中现存流量相对应的实灌面积也与过去的灌溉面积出入不大。

公式$_2$：$Q_{设} = m.w/(86400 \times T \times \boldsymbol{\eta})$　　$m=h \times S$

注：$Q_{设}$：设计流量（米^3/ 秒）；m：溉水定额（米^3/ 亩）；w：种植面积（亩）；T：连续灌水时间（昼夜）；$\boldsymbol{\eta}$：渠道有效利用系数；h：灌溉面积水层深

① 华东水利学院. 灌溉与排水（水利水电系统干部培训教材）[M]. 北京：水利出版社，1982：38.

② 沈阳农学院. 农田水利学 [M]. 北京：农业出版社，1980：39.

（米）；S：地积（亩或 666.667 米^2）。

公式$_2$与公式$_1$不同之处在于其考虑了灌渠的有效利用系数，如果按照同样的条件进行计算，仍然依南方单季稻的 h 为 0.3—0.42 米；由于在一般管理水平下，干渠的 η 为 0.5—0.7。[①] 如仍然以 16950 纳为 4000 亩来算，按灌水 30 天（即 T 为 30），取灌溉面积水层深 0.4 米（即 h 为 0.4 米），地积（亩或米^2）为 666.667 米^2 代入公式$_2$，则 4000 亩灌面积所要求的流量为 0.82 米^3/ 秒，与表 5-1 中的现存流量相差不大；实灌面积也与过去的灌溉面积基本一致；加之小型水渠输水能力的最大断面形式以矩形来说，水力最优断面的宽深比（α）为 2（即渠的宽度大于渠内水的深度），它也与表 5-1 中所提供的最大过水断面相符合（因为实测渠堤高 1 米，渠宽 2 米，灌溉水深度 0.5 米）。这说明现今的渠道与过去相比是保留了其历史原貌的。由于这一分析与民间的实际调查相符合，从而我们可以根据实际存在的沟渠状况来进一步考察傣族检验水渠质量的技术。

1987 年，笔者对这一竹筏检验技术进行调查时，据西双版纳州政协副主席刀福汉老人介绍，检验水渠质量的竹筏由 5 根长竹筒捆扎而成；长约一庹；竹筒在选材时，尽量选粗而壁薄的竹筒（因为竹筒细而壁厚则浮力小）。依当地的竹资源来看，一般粗一些的竹筒直径可有 0.16 米以上，由这样的 5 根竹筒捆扎而成的竹筏，宽度约为 1 米。由于捆扎竹筏时各竹筏长度控制在一庹多些，一般一庹的长度为 1.7 米左右，则这一竹筏的长度为 2—2.5 米。然而，这一竹筏是怎样发挥效用的呢？实际的考察和分析表明，竹筏对灌渠质量的检验功能是多方面的。

一、竹筏对灌渠渠底的检验

傣族的灌溉技术与内地相比，有其独到之处。当从干渠向各灌区分配

---

① 沈阳农学院. 农田水利学［M］. 北京：农业出版社，1980：99.

灌溉水量时，并不是开挖水口或建立放水闸，而是将打通竹节的竹筒埋于水渠底部，以此作为引水涵管来达到分水的目的（关于竹筒涵管的制作后文将介绍）。由于竹筒涵管作渠堤下埋置，很明显，这是一种有压式的涵管分流形式，它与渠中水的深度密切相关，因此，涵管埋设的深、浅将对分水量的大小产生一定的影响。这就告诉人们，为了达到均匀、节约地分配灌溉水的目的，必须有一个埋置涵管的基准，而渠底面正是这一基准的重要指标。如果渠底不平或是渠底面与渠流水面不平行，都将不利于水量的分配，而这也是竹筏所需检验的重要内容。

（1）当水渠放水后，竹筏顺流而下，如果当渠底有凸起的情况存在时，竹筏的行进将受阻，从而使问题得以暴露。

（2）1987 年作者对竹筏检验技术调查时，时任西双版纳州政协副主席的刀福汉老人还介绍说，放渠水时，水深约至大腿，估计有 0.5 米，这样，就相对长而渠底平滑的渠段来说，即使存在不易为人们发现的渠底面与渠流水面不平行的情况，通过竹筏也可将其在一定范围内检查出来。图 5-6 为竹筏检验渠流水面与渠底不平的示意。

从图 5-6 中我们可以看出，当竹筏顺流而下时，如渠底面不断升高，则将使水流落差相对减小，导致渠流水速度减慢，加之渠水不深，这一情况将由竹筏明显地表现出来。当然，问题突出时，也可使竹筏搁浅或使竹筏浮而不行。

显然，竹筏对渠底提出了两个最起码的要求：一是必须平滑，二是使渠底与渠流水面保持平行。当然，这也就保证了渠中各段水深的

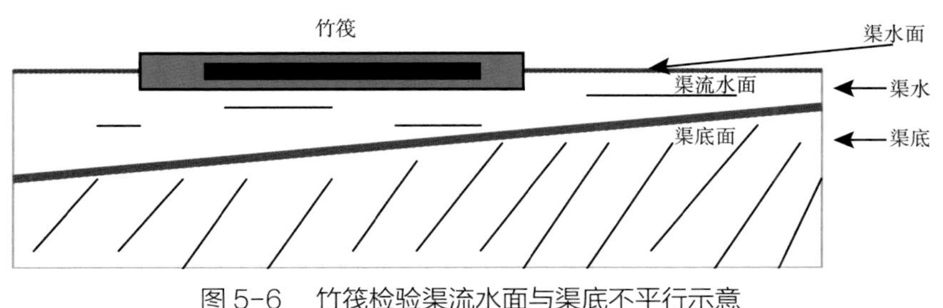

图 5-6　竹筏检验渠流水面与渠底不平行示意

一致，而这两条要求又是傣族所创造的涵管分流技术得以实现的重要条件。

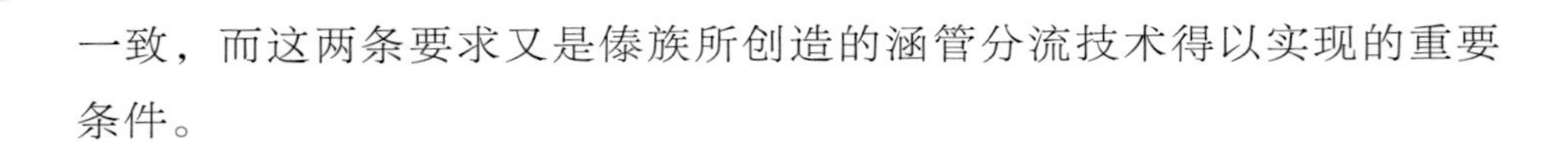

二、竹筏对渠宽的检验

按现今的水力知识可知，一般说，流量 = 过水断面 × 流速（$Q = W \cdot v$），在总的干渠实际水流量不变的情况下，由于灌渠宽度的变化，灌渠流水也将产生两种情况：

（1）当某渠段变窄时，这一渠段的渠水面将升高，即尽量维持过水断面不变来保证流量；另一方面，流过此渠段的渠水流速加大，即以增加流速来弥补过水断面减小所造成的流量损失。二者相互制约和影响，以不同的形式同时维持流量的不变。这样将对水渠的灌溉水分流造成不利后果。一是由于渠水流速加大，加强了对渠堤的冲刷，久而久之，将对水渠产生危害；二是由于傣族地区的分流竹筒作渠堤下埋置，它分流的多少，与渠水深产生的压力及流速有关，因而渠水升高、流速加大都将不利于合理地分配水量。

（2）当某渠段变宽时，与上面的情况相反，渠水面将降低，流速将减缓，相对于埋置分流竹筒处的水压降低。这样也同样不利于合理地分配水量，同时也不便于沟渠的管理。

因此，保证灌渠宽度的一致，使整个水渠有一个基本相同的流量、流速和深度，是保证这一地区灌溉系统正常运行的重要指标。对此，竹筏在一定程序上成了有效的检验工具。

如前所述，竹筏宽一般为 1 米，要使其能在渠中顺利通过，渠的宽度起码要在 1.5 米左右，这也是水渠宽度的下限；另外，水渠变宽，渠水面下降，流速减缓，则筏子前进速度变慢，严重时，竹筏将停而不前甚至搁浅。这样，用竹筏为检查工具来对渠宽进行检验，既简单便宜，又在一定程序上解决了问题，是很适用的。从对水渠的实际考察来看，整条水渠的宽度基本上相同，这一现实状况的存在，与竹筏对水渠的检验作用不无一定的关系。

三、竹筏对灌渠弯道曲率的检验

我们知道，渠水由高处向低处流动时，具有一定的势能，它将会冲刷渠堤、渠底。因此，除渠底要求平滑外，尽量减少灌渠弯道的数量以及弯道的曲率，尽可能保持渠道平直光滑，是保护渠道的有效措施。

根据水流规律可知，由于弯道的存在，水流对凹堤的冲刷将明显大于凸堤。同时，在水流离心力的作用下，渠水在凹堤一侧的水位比凸堤一边的水位高，形成水渠断面上两侧的水位差，在这个水位差的作用下，表层含沙量小的灌渠水流不断流向凹堤并插入渠底，而底层含沙量较大的渠水流则不断由凹堤流向凸堤，随之也使底沙向凸堤移动，形成横向输沙的不平衡。水渠弯道水流及输沙示意见图 5-7。

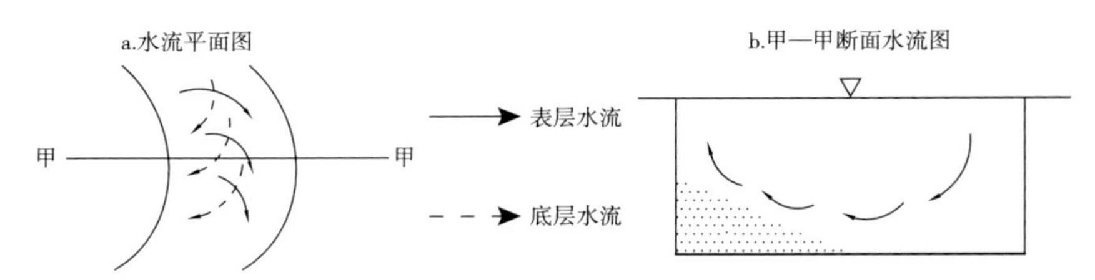

图 5-7　水渠弯道水流及输沙示意

显然，随水渠弯道曲率的增加，将造成弯道水渠底的不平滑，也使水渠的受损程度加大。因此，尽量减少水渠弯道曲率，是保证和提高农田用水效率的一项重要技术，同时也是竹筏检验沟渠是否合格的一项重要内容。

从“闷南永”水渠的具体情况来分析，由于灌渠宽度经实地测量一般不超过 2 米。这样，按照当地制作竹筏的标准和习惯，当 1 米宽，2—2.5 米长的竹筏于灌渠内顺流而下时，如遇到某一弯道，设定这一弯道急转了 90° ，则竹筏通过这一弯道时就有可能受到渠宽的限制而无法通行，也即 45° 的灌渠弯道是制约竹筏能否继续前行的最起码的限制条件。因此，要使竹筏能够顺流而下，只有拉直弯道，至少使灌渠弯道小于 45° ，只有满足了这一基本条件，竹筏才有可能不受灌渠两侧的限制而顺利前行。竹筏对灌渠弯道检验示意见图 5-8。

对图 5-8 进一步分析可知，由于河渠宽两米，则急弯渠道处于 90°

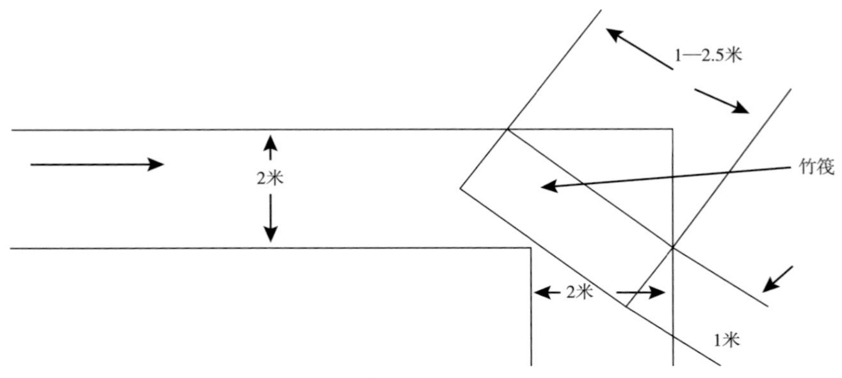

图 5-8　竹筏对灌渠弯道检验示意

时，急弯处的几何平面可简化为一个正方形。由竹筏对灌渠弯道检验分析图（图 5-9）可以看出，其对角线长度即为弯道所允许通过的竹筏长度，经计算为 2.82 米，而被这一对角线所平分的两三角形的高，即为弯道允许通过的竹筏宽度，经计算为 1.43 米。十分清楚，这一理论推算尺寸，略大于实际制作的竹筏尺寸，但考虑实际中的许多因素，充分留有余地，使竹筏的尺寸略小于弯道所允许通过的尺寸，则对于渠道质量检查来说，是完全必要的。因此，从这个意义上说，90° 的灌渠弯道已达灌溉水渠曲率的极限，

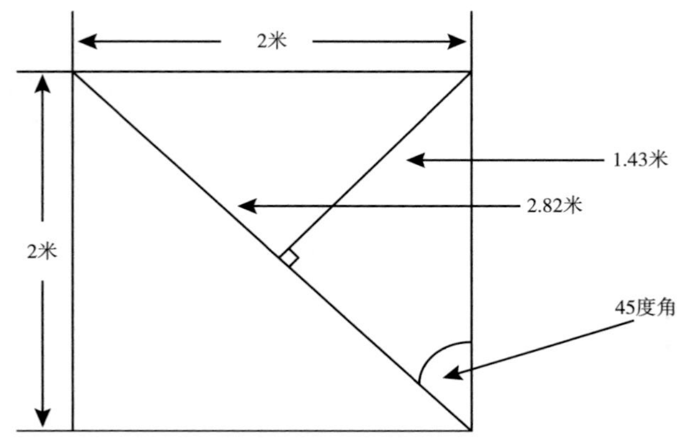

图 5-9　竹筏对灌渠弯道检验分析

如果曲率再增加，竹筏将不可能顺利通过。实际调查表明，由于利用了竹筏这种检验方法，有效地促进了渠道在其维修过程中不断向平直的趋向发展。这不仅成为保护沟渠的一项成功措施，而且也有利于埋置分水竹筒以保证灌溉水量的合理分配。仅就实际考察的情况而言，尽管这条水渠从山上盘绕而下，但其弯道的曲率都是比较小的，它证明了竹筏在维修水渠和检验水渠中所发挥的重要作用。

四、竹筏对渠堤沿岸空间的检验

西双版纳地区优越的自然环境和气候条件，十分有利于各种植物的生长。渠堤沿岸更是灌木、杂草生长的良好场所。这些不断迅速生长的植物根系和繁茂的枝叶，均会给灌渠渠道造成危害，繁茂的植物根系的蔓延能使坚固的渠堤变得疏松而导致渗水，严重时甚至使渠堤坍塌；延伸于水中和水面上的各种植物的枝叶、枯枝、败叶又往往造成水流不畅。因而在检查沟渠质量时，还必须对其空间进行检验。如前所述，当竹筏顺水而下，如水渠上方空间存在的杂草灌木等枝叶阻碍了竹筏前进，则尽快铲除这些阻碍物，乃是保证沟渠质量必不可少的工作。不仅如此，由于铲除了渠道两侧的杂草，还可以有效地防止顺水而下的杂草籽种的漫延。它表明，竹筏不仅对渠底、渠宽、弯道曲率有检验功能，而且对渠道的空间在一定程度上也起到了检验作用。

诚然，这种原始的检验方法是比较落后的。然而，它毕竟是傣族人民在长期的农业生产实践中，根据西双版纳地区特定的自然环境所创造出的一种有效方法，包含了一定的合理性，在某种程度上为稻作农业生产的顺利进行提供了保证。需要提出的是，这种技术的运用十分突出地与宗教祭祀融合在一起，从放水祀祠仪式的开始一直到放水仪式完成的全过程，都贯穿着浓厚的宗教形式。一方面，我们可以由此看到这一技术的原始性和它所具有的悠久历史，看到傣族人民对水利灌溉技术认识的水平；另一方面，我们还可以看到，正是宗教的普及和其巨大的精神力量，成了动员傣族人民修理河渠不可缺少的威慑力量。尽管宗教从根本上说是与科学对立的，并往往被统治者利用来为其自身利益服务，但不可否认的是，它也在一定程度上维持和保存了许多与傣族稻作农业休戚相关的生产技术。事实说明，傣族社会在过去特定的历史条件和社会环境下，具体的技术操作与宗教二者是可以“和平共处”的，宗教需要利用科学技术，而科学技术的应用又需要宗教的保护和假借宗教的力量。

总而言之，稻作生产离不开水，离不开灌溉技术。西双版纳的历史表明，水不仅是傣族社会和农业生产的根本条件，也是统治者把持和占有的核心生产资料，成为维系整个傣族社会稳定和发展的必备条件。对此，所发掘出的公元 1778 年 4 月 28 日（傣历 1140 年 7 月 1 日）西双版纳封建领主最高政权议事庭颁布的修水利命令做出了有力的说明。诚然，傣族群众的关心、统治者的注重，曾经使得傣族的传统灌溉技术有了一定的发展。调查和研究说明，傣族传统灌溉渠道的修理和检验技术，尽管在对灌溉渠道的检验中使用的是简易的竹筏，但是，这种貌似简单的检验工具和检验技术的背后，却隐含着十分深刻的科学原理，它十分有效地达到了对传统灌渠渠底、渠宽、弯道曲率和空间的检验目的，促进了灌渠向良性方向发展，是傣族劳动人民智慧的重要体现。

分水器——

西双版纳地处北纬 21° 10′ —23° 40′，东经 99° 55′ —101° 50′ 之间，属亚热带地区，自然条件十分优越。“傣族人民生活在这样的地理环境中，再继承历史的生产传统，因而傣族自古就是农业民族，而水稻成为傣族农业的主体作物。”[①] 显然，水稻种植离不开灌溉技术，而“作为东方农业基础的水利灌溉事业，

① 江应樑. 傣族史［M］. 成都：四川民族出版社，1983：11.

第六章

西双版纳傣族特有的配水设施

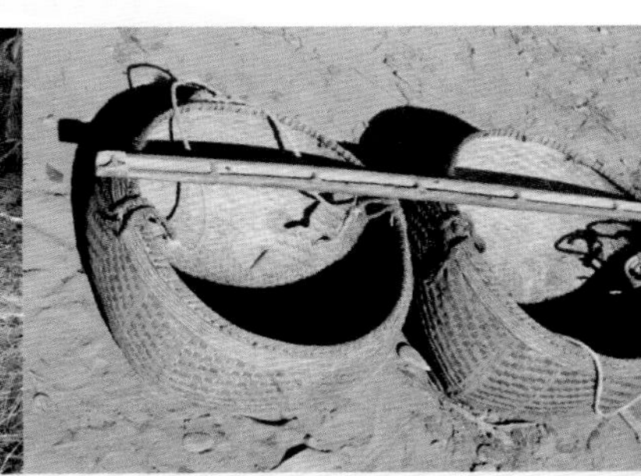

傣族在这方面就有着卓越的成就”。[1] 其中，由傣族发明并现存于西双版纳地区的配水设施——分水器，无疑体现了傣族人民对早期灌溉技术所做的贡献，它是傣族稻作农业和灌溉技术演变和发展的历史见证。

① 江应樑. 傣族史［M］. 成都：四川民族出版社，1983：474.

第一节 分水器与“南木多”

农业灌溉的实施，是以一个系统过程来实现的。其中，如何合理而有效地分配灌溉用水，又是全部灌溉过程中一个相当重要的环节和技术，它是稻作农业生产得以顺利进行的重要条件。正因为如此，一开始就为生产所决定并由傣族人民所发明的分水器，为解决西双版纳地区稻作农业生产水量分配的矛盾、保证生产顺利进行做出了特殊的贡献，成为人们了解和认识傣族稻作农业的重要具体设施。

一、分水器

“分水器”是我们所取的汉文名字。研究表明，它由两部分组成，一部分是木质的标准配水量具，西双版纳傣族称之为“根多”或“坚伴南”。①“根”，傣语意为塞或塞子之意，“多”意为竹筒，“根多”可译为竹筒塞；另一部分是配好水量孔径的标准输水管道，为竹筒所制，当地傣族称之为

① 《民族问题五种丛书》云南省编辑委员会. 西双版纳傣族社会综合调查（西双版纳之二）[M]. 昆明：云南民族出版社，1984：68.

“南木多”或“多闷”。①“南木”傣语是水之意，而“多”为竹筒，“南木多”可译为水筒。分水器的简单示意如图 6-1 所示。

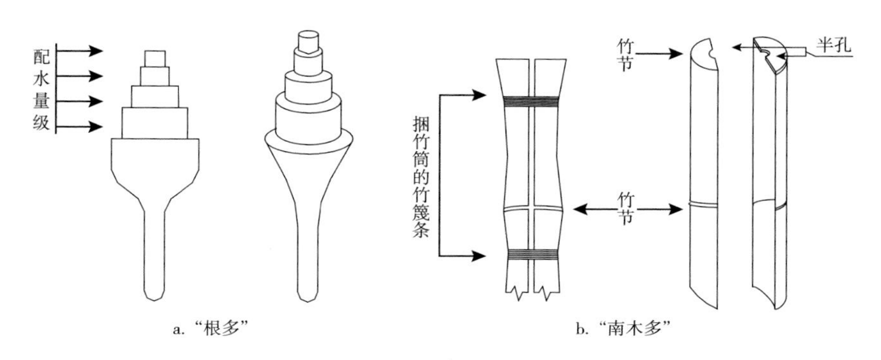

图 6-1　分水器简单示意

分水器的两部分，互相配合并各发挥其功能，构成一套完整的配水设施。其中，“根多”作为标准配水量具，如图 6-1a 可知，其实质是由不同粗细的圆柱“叠加”而成的一个器具。这些不同直径的圆柱，就是其配水的各个量级，它用以检查和衡量所制作的输水管道“南木多”的孔径，并进而通过控制不同孔径的“南木多”来控制灌溉水流量，使有限的灌溉水能合理而均匀地分流到不同的稻田中，以满足水稻生长和耕作的需要。“南木多”则由修整好的两半竹筒合拢而成，其作为配水与输水功能二者兼有的管道，不仅具有控制水流量的功能，而且是水量分流的重要通道。

二、“南木多”的制作与运用

任何技术都是历史的具体产物，从而也都具有它们自身的特点、历史的痕迹和与之相适应的运用范围，“南木多”也同样如此。

1.“南木多”的制作

四季葱茏的西双版纳，丰富的竹资源为制作“南木多”提供了相当便

① 《民族问题五种丛书》云南省编辑委员会. 西双版纳傣族社会综合调查（西双版纳之二）［M］. 昆明：云南民族出版社，1984：68.

利的条件。长期生活于这一自然环境中的傣族人民，十分了解竹子的特性，他们就地取材，采用平坝中生长较好的竹子来制作“南木多”。一般来说，这种成材的竹子直径大多在10厘米左右。制作时，挑选长度相宜的竹筒（其长度一般根据灌水需要和灌溉渠堤的不同宽度来决定，竹筒宜比渠堤宽度稍长），并在截取竹筒时，使其一端必须正好为一竹节。材料选好后，将竹筒剖为两半，除顶端外，将竹筒内其余竹节仔细挖去，修整光滑，再将两半竹筒合拢，于顶端竹节中央画出所要挖孔的位置，然后分别在两半竹筒的竹节上按所画的位置各挖半孔，边挖边合拢用“根多”相应的量级配试，直至得到标准的孔径为止。孔径挖好后，把两半竹筒合拢用竹篾捆牢，一个“南木多”就算制作好了。“南木多”制作工艺流程参见图6-2。

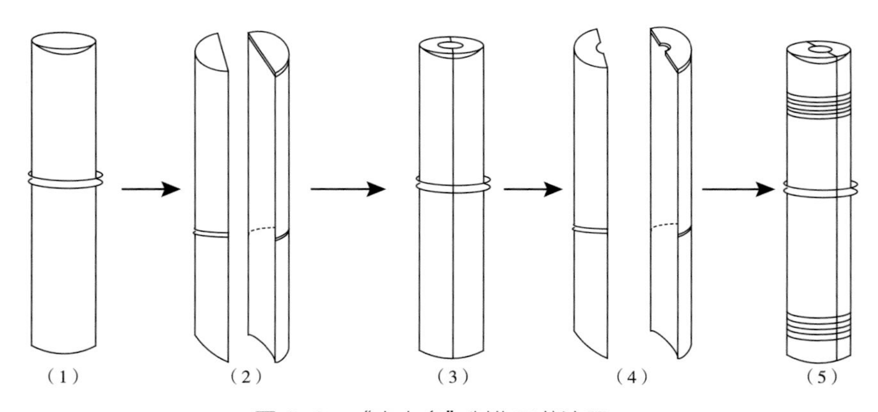

图6-2　“南木多”制作工艺流程

图6-2中：（1）选材；（2）将所选竹筒一剖为二，并修光除顶端竹节外的筒内所有竹节；（3）合拢两半竹筒，于顶端竹节中央画出挖孔位置；（4）分别在两半竹筒上挖半孔并用“根多”配试；（5）孔挖好后合拢两半竹筒用竹篾捆牢。

然而，这仅是通常情况下的制作方法。这种“南木多”往往只适用于田间的水沟和一些对“南木多”不产生重压的分水处。至于各田块之间的过水处，也即各田块之间的“水口”也往往不是于田埂上直接开挖口子，而是将比田埂稍长的“南木多”或中空竹筒埋于田埂下。这有利于田埂的完整，既在一定程度上避免了灌溉水对田埂的直接冲刷，也能够较好地控制各田块的灌溉水量。“南木多”埋设示意见图 6-3。在 1987 年的实际调查中，那种于小水沟埋设的上述那种方式制作的“南木多”并未看到，但是将这种“南木多”或中空竹筒埋于田埂下作为出水口的情况却是比比皆是（图 6-4）。

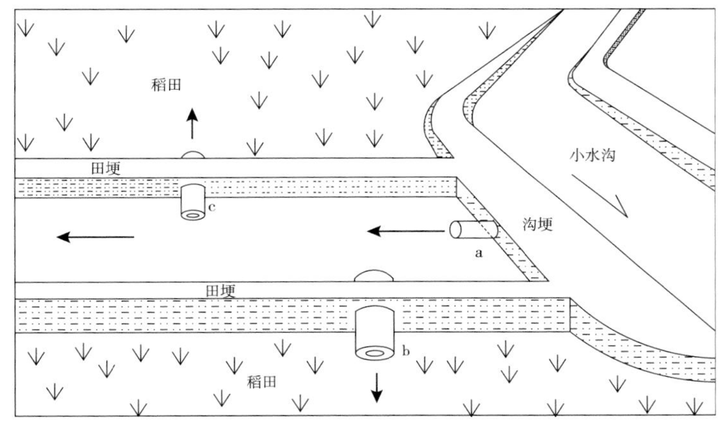

图 6-3 “南木多”埋设示意

从图 6-3 中可以看出，a 为埋于小水沟的“南木多”，b 和 c 分别是埋于田埂下作为连接各田块之间出水口的“南木多”或中空竹筒。显然，这些器具都不会受到太大的压力。图 6-4 是埋于田埂下的“南木多”过水竹筒。

图6-4 埋于田埂下的“南木多”过水竹筒（诸锡斌1988年摄于景洪县嘎东乡曼沙寨）

然而，由于田间灌溉水必须由主干输水渠道取得，而由此分水的“南木多”通常是埋置于灌溉主干渠堤之下的，因而它承受着沉重的土方重压。在这种条件下，依照前面方法所制作的“南木多”往往承受不起这一压力，即使暂时承受住了，也免不了在短期内被压坏。对此，具有长期生产实践经验的傣族人民，进一步总结经验，在原来的基础上改进了“南木多”的制作方法。他们选好竹筒后，不是直接将其一剖为二，而是把竹筒纵剖至离顶端竹节的第二个竹节处，横切下所剖部分的一半，使另一半仍与竹筒相连，再将竹筒内第二个竹节除净修光。然后，根据“根多”相应的标准量级，在顶端竹节中央挖出所需孔径。最后，将剖开部分合拢并用竹篾捆牢。依此法制作的“南木多”，抗压性能得到明显提高，成为农田灌溉的重要设施。改进后的“南木多”制作工艺参看图 6-5［（1）—（5）为制作步骤］。

这里需要注意的是，用此法于顶端竹节中央开挖标准配水孔径时，显然与前面那种方法不同，因不能将其一剖为二而分别挖修，这就必须利用

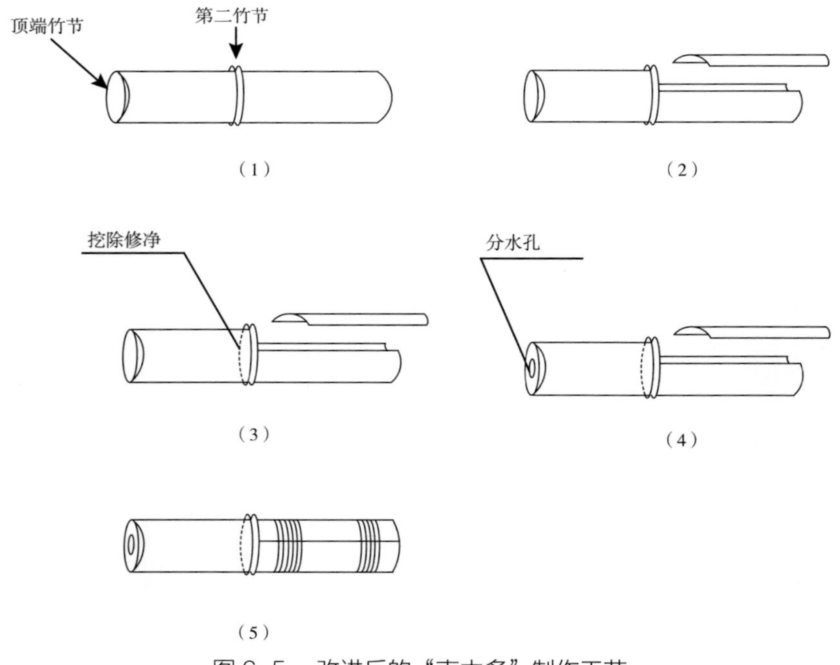

图 6-5　改进后的“南木多”制作工艺

某种工具。恰巧，如前所述，张公瑾教授所翻译的那篇景洪宣慰使司议事庭于1778年4月28日（傣历1140年7月1日）乾隆年间发布的《修水利命令》中曾明确提到，每年修理沟渠时，必须“让大家带上园凿”。而这种圆凿应该就是凿挖“南木多”分水孔径的重要工具，并且既然放置新的“南木多”以取代旧腐的“南木多”是修渠的一项重要内容，那么在水利官员监督下，用园凿来凿挖安置于干渠分水处的“南木多”的配水孔径，则将是完全符合逻辑的。它表明，这种制作方法已相对稳定并有相当的历史了。

2.“南木多”的运用

这种从灌溉干渠向农田输水的“南木多”是分配灌溉水的第一级分水输送管道，也是整个农田灌溉系统中的重要设施，其功能发挥得好坏，直接影响到下面各级水量的分配。因此，它除了在制作上要求严格外，还必须十分注重它在渠堤下的埋置。

每年收获季节过后，旱季到来，修渠就成了一项重要的农事活动。一般在公历的2—3月（傣历5—6月），灌溉水渠各受益村寨，都必须在水利官员的组织下，分段修理沟渠。这时也就是埋置“南木多”的时机。根据各水渠不同深度，每个“南木多”必须统一以渠底为基准面，在其上方某一高度进行埋置，一般埋置于渠底上方水面高度的1/3处；分水孔一端位于灌渠内侧；装置“南木多”时，如前所述，由于“南木多”由剖开的竹筒的两部分组合而成，因而埋置时应注意使其整体部分位于上方，另一部分在下方，也即不要使“南木多”合并处的缝隙面向上方。“南木多”在渠堤下的埋置示意见图6-6。

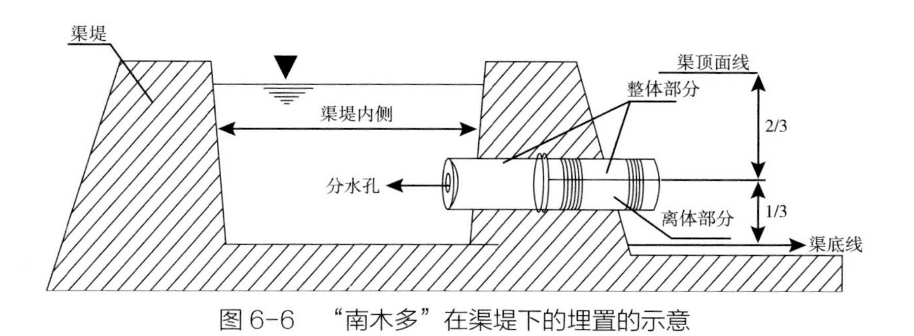

图6-6 “南木多”在渠堤下的埋置的示意

“南木多”埋好之后，经水利官员系统检查、核对，确认无误后，方才使用。但由于每个“南木多”口径有限，如需水量较多而一个“南木多”所分水量不够时，可根据实际需水量，再埋设不同量级的“南木多”，以最终使“南木多”分水量之和达到应分配给的总量。多个“南木多”的埋置方式如图 6-7 中的 a、b、c 所示。

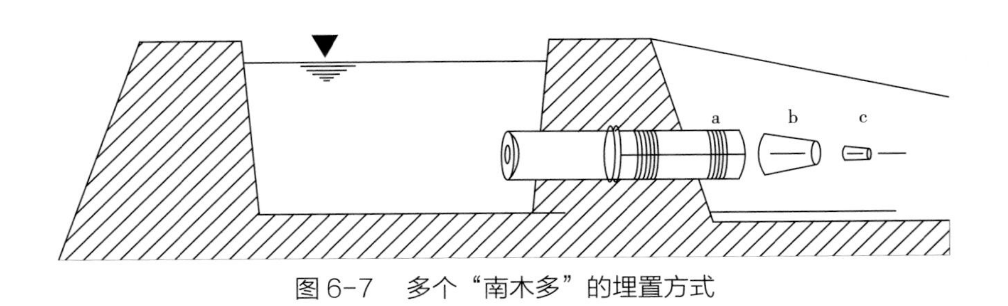

图 6-7　多个“南木多”的埋置方式

由于制作“南木多”时所选竹筒粗细、长短基本一致，并于同一高度埋置，从而基本上达到了灌溉水分配的技术要求，同时也在一定程度上减少了泥沙杂物等对管道的阻塞。然而，毕竟“南木多”孔径不大，杂物的阻塞仍将随时可能产生。为此，在完成埋置工作后，还必须用竹篾编织一个功能类似过滤网的筛箩，装置于灌渠内“南木多”的进水口处。以防杂物进入筒内。筛箩是活动的，可以随时拿下来，以便在大沟修好放水之后，经常清除附着其上的杂物，保证水流畅通。

三、对“南木多”的两点分析

丹皮尔曾指出：“科学过去是躲在经验技术的隐蔽角落辛勤工作，当它走到前面传递而且高举火炬的时候，科学时代就可以说已经开始了。”[①]“南木多”的制作和使用于现今来说并不复杂。但对于科学时代尚未开始的早期时代，这种原始简单的工艺和技术却无疑是人类思维之花结出的一颗果

① ［英］丹皮尔．科学史［M］．北京：商务印书馆，1975：284.

实。尽管当时躲藏于这一技术背后的科学原理尚未被人们认识，但它毕竟是这种科学原理的外在体现。

1.“南木多”体现了傣族人民对早期涵管分水技术的认识和应用

水利的重要性，这是对世界上任何一个民族和任何一个地区都不言而喻的。特别对具有悠久历史的西双版纳傣族稻作农业来说，由于水稻与其他作物相比，对水分的需求相对其他粮食作物更为迫切和严格，失去了适宜的水利，则支撑其整个农业和社会经济的支柱就将坍塌。因此，自古以来，傣族人民就视水如命，高度重视农田水利。其中，合理、平均而节约地分配农田用水，很早就成了傣族人民的习俗。而“南木多”，正是这种生产实践的历史产物。

西双版纳丰富的竹资源为“南木多”的制作提供了现成的管材，加之竹筒在清除了筒内竹节后，管壁十分光滑（摩擦系数小）；且圆形的过水断面，从几何角度来看是比较合理的有利断面。因而对历史上自然和社会环境都长期封闭，并且社会经济相对落后的西双版纳地区来说，它在稻作农业生产实践中成为傣族人民理想的配水输水管道，是有其必然性的。

由于“南木多”埋置于渠堤之下。且出水口作离开渠堤自由出流，相对于在渠堤上直接开挖出水口而言，一定程度上避免了灌溉水对渠堤的冲蚀与破坏，延长了出水口的使用时间。这对保护渠堤的完整性是十分有利的，具有较好的安全性和实用性。但更值得注意的是，依今天的认识来分析，它是一种充分利用水力条件的有压涵管式分水技术的具体应用。

现今，有压自由出流涵管（图 6-8）设计公式为：

$$Q = W \times \mu_c \times \sqrt{2g H_o}$$

Q：涵管流量；　W：涵管过水断面；
μ_c：流量系数；　g：重力加速度；
H_o：自由出流的作用水头（$H_o=H+V_o/2g$；
　H：由渠水面至涵管中轴的深度，
　V_o：渠内水流速度）

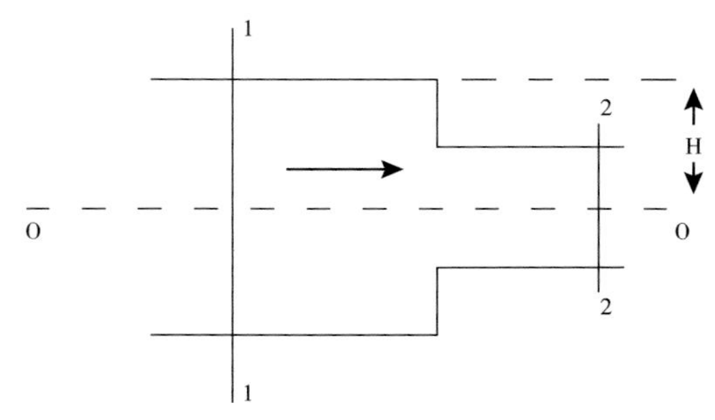

图 6-8　有压自由出流涵管结构示意

显然，在灌渠水力条件和“南木多”装置方式及过水断面（孔径）相同的情况下，W 与 μ_c 不变，从而流量 Q 主要取决于 H_o；又由于同一水渠的 V_o 基本相同，从而 Q 就与 H 密切相关，即埋置的“南木多”与渠水平面的距离 H 越大（埋得深），则 H_o 越大，也即 Q 越大。由于“南木多”在运用中充分利用了 H_o 这一因素，就其原理来分析，实质上是有压涵管输水方式的具体应用。由于有压涵管输水方式能够充分利用水力条件，因而也就提高了输水效率。其实，这一原理，即使在现今农田排灌中，也是广泛推广应用的原理。尽管傣文和汉文对西双版纳傣族这种有压自由出流涵管分水技术的历史文献记载极其有限，但在现实生产中，“南木多”的具体运用则无可辩驳地说明，这一技术在西双版纳地区的长期应用和改进中，已成为傣族传统稻作农业生产不可或缺的重要技术了。

2.“南木多”制作和应用中一些力学原理的探讨

傣族人民在长期的实践中，已认识到整体的竹筒较剖开后再捆起的竹筒有更强的抗压性，并将这一认识运用于生产实践，创造出了适用于干渠分水处的抗压“南木多”。这种“南木多”的制作方法及其具体运用的事实表明，它是当时有压自由出流涵管式分水灌溉技术的一个进步。然而，这种“新”技术应用的内在机理又应如何解释呢？这里仅就二者间受力情况，从材料力学的角度作一简要分析。

（1）半竹受力分析

半竹受力分析如图 6-9（1）。截取半竹一剖面进行分析，由于两半竹筒合拢而成的“南木多”与未剖的竹筒相比，其合拢处的两竹壁支点未被“固定”，从而可理想化为被两“活动点”所支撑。故可将其简化为图 6-9（2），并由此来分析。

（2）全竹受力分析

全竹受力分析如图 6-10（1），截取与半竹相同的剖面进行分析。由于剖面与半竹相比，其竹壁两支点原与竹筒连为一体，故可理想化为竹壁被两支撑点固定，从而可将其简化为图 6-10（2）进行分析。

通过以下分析我们可以知道，$(PR/2 - NR/2) < PR/2$，即全竹的 M

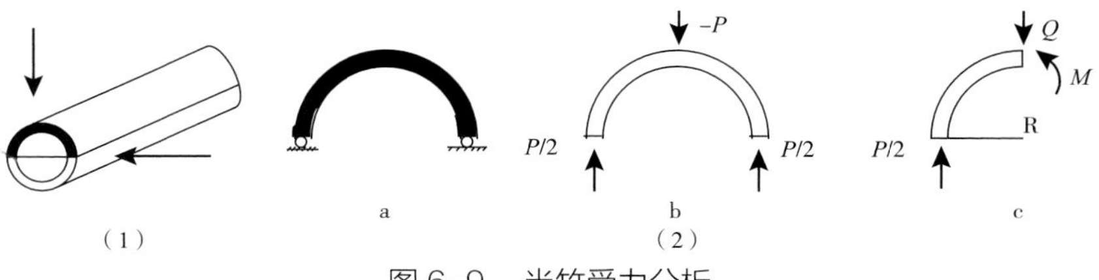

图 6-9　半竹受力分析

图 6-9（2）中：a 理想化的半竹剖面受力状态，其竹壁为两活动点所支撑，P 为压力；b 半竹受力分析；c 取左半部分析研究内应力，Q 为剪应力，M 为弯矩，R 为半径。

由力平衡公式可知：$\Sigma Fx=0$，则 $P/2-Q=0$，$Q=P/2$.

由于 $\Sigma Fx=0$，并且半竹左右两端未"固定"（未加作用力），故忽略。

$\Sigma M=0$，$-M-(P/2)\times R=0$，$M=(P/2)\times R$.

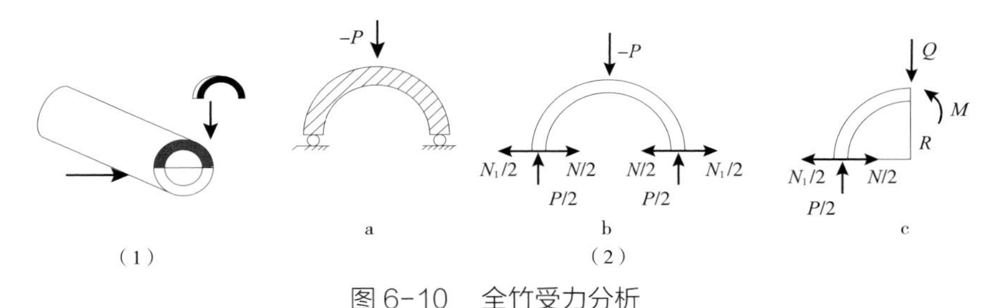

图 6-10　全竹受力分析

图 6-10（2）中：a 理想化的全竹剖面受力状态，其中竹壁被固定于两支撑点上，P 为压力；b 全竹受力分析，N 为不使两端向外移动的力，N_1 为受后使两端向外移动的力；c 以左半部分研究内应力，Q 为剪应力，M 为弯矩，R 为半径。

由平衡公式可知：$\Sigma Fx=0$，则 $P/2-Q=0$，$Q=P/2$；$\Sigma Fx=0$，$N/2-N_1/2=0$，$N/2=N_1/2$；$\Sigma M=0$，$-M+(NR/2)-(P/2)R=0$，$M=-(PR/2-NR/2)$

（弯矩力）小于半竹的 M（正负号为受力方向），因而全竹的内应力也将小于半竹的内应力；由于相同形状的同种材料许用应力相同，而且只有当内应力超过许用应力时，材料才会受损。显然，半竹受压比全竹受压更易受损。

以上分析结果表明："南木多"制作、运用的不断改进，正是傣族人民总结成功实践经验的结果，而这种成功实践经验之所以能在生产中得以推广运用，其本质就在于它内含着客观的自然规律。尽管傣族人民在应用过程中并未深刻理解和认识这一自然规律，但是这一传统技术应用得以成功的深刻根源却是与其符合这一规律分不开的，它是傣族人民认识和改造自然的具体体现。

第二节 分水器与“根多”

“在农业上面，大体说自始就有自然力在协同的发生作用”[①]。西双版纳稻作农业之所以能产生和发展，水，无疑是一个核心的重要因素，并且如何合理有效地分配灌溉用水，如何协调和利用好这一自然力，历来与其经济和社会的稳定、发展休戚相关。而西双版纳傣族在特定环境和社会条件下，分水技术以及与之密切相关的分水器——“根多”成了这一地区农业发展、经济进步、社会稳定的重要因素。

一、“根多”简况

“根多”是西双版纳傣族于稻作农业生产实际中发明的一种分配灌溉水量的专用器具，它关乎每一个傣族社会成员的切身经济利益。因而用作分配水量的标准量具——“根多”就具有相当的“权威”。它不仅自古为傣族人民所承认，并在傣族社会的历史进程中演化成为统治者权力的重要组成部分之一，是其权力的重要标志。实际调查表明，尽管现存的“根多”有多种具体的形式，但按照传统分配水量的“制度”规定，每个“根多”上

① 马克思．剩余价值学说史（第一卷）[M]．郭大力，译．北京：人民出版社，1975：42.

各级分水量度标准都是不得随意改动的，并且每个“根多”必须由专门的管水员保管。从笔者于西双版纳景洪县实际调查中收集到的两个不同形式的“根多”来分析，不难看出，这一世代相传的器物已有相当的历史了。其具体形状见图 6-11、“根多”的实物见图 6-12 与图 6-13。

从图 6-12 和图 6-13 中我们可以看到，不同的“根多”具有不同的度量等级数，但从总的构造和制作形状来看，其基本原理是一致的，都大致

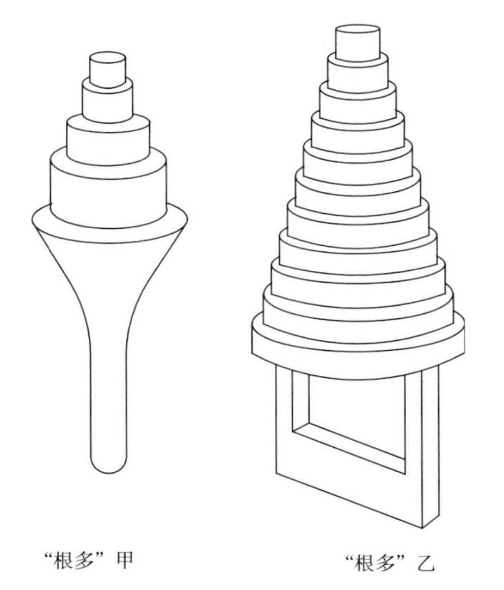

图 6-11　两个不同形式的“根多”

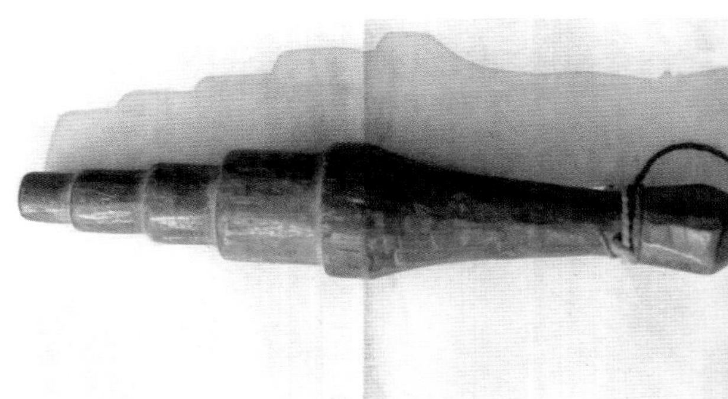

图 6-12　“根多”甲实物（该实物诸锡斌于 1988 年拍摄于西双版纳景洪县曼东老寨）

图 6-13　“根多”乙实物（诸锡斌于 1988 年拍摄于西双版纳景洪县嘎洒区曼共寨）

形似一个由不同圆柱“叠堆”而成的锥形。“根多”甲和“根多”乙实测尺寸分别见表 6-1 和表 6-2。

表 6-1 “根多”甲实测尺寸

编　号	柱　径 D（cm）	柱圆面 W（cm²）	柱　高 L（cm）	配水量级名称	灌溉面积		备　注
					纳	亩	
2	4.0	1257	3.5	2 斤	100	25	
3	2.9	661	2.6	1 斤	50	12.5	
4	2.4	452	2.6	0.5 斤	30	7.5	
5	1.8	254	2.0	0.25 斤	20	5	

表 6-2 “根多”乙实测尺寸

编　号	柱　径 D(cm)	柱圆面 W（cm²）	柱　高 L（cm）	配水量级名称	灌溉面积		备　注
					箩	纳	
1	7.7	46.57	2.2	100 水	47	940	
2	7.3	41.58	2.2	90 水	34	680	
3	6.9	37.39	2.2	70 水	15	300	
4	6.5	33.18	2.2	50 水	10	200	
5	5.8	26.42	2.5	30 水	8.5	170	
6	5.4	22.90	2.5	25 水	8	160	
7	4.8	18.10	2.2	20 水	7	140	
8	4.1	13.20	2.4	15 水	7	140	
9	3.3	8.55	2.3	10 水	5	100	
10	2.7	5.73	2.2	5 水	3	60	
11	1.8	2.54	2.4	最小	—	—	

二、“根多”分水量级单位与稻作灌溉面积及单位

从图 6-12、图 6-13 和表 6-1、表 6-2 我们可以比较清楚地看到，两个不同类型的“根多”其分水量度单位是明显不同的，并且两个“根多”的分水度量单位数也不相同。“根多”甲的度量单位名称为“斤、两”，分

为 4 个等级，而“根多”乙的度量单位为“最小、5 水、10 水……100 水”，共有 11 个等级。为什么会如此？这些度量单位又是如何产生的呢？

“观念的东西不外是移入人的头脑并在人的头脑中改造过的物质的东西而已。”①“根多”的度量单位同样也是人们对客观事物的一种抽象认识，在这一概念的主观形式中必定内含着本质的客观内容。正因为如此，对“根多”分水度量单位的考察、分析，就仍不得不从现实的物质世界中去寻找答案。

从表 6-2 我们可以看出，“根多”乙的配水量级单位为“水”，而与之相对应的灌溉面积单位为“箩”。实际上，“水”和“箩”都可同时作为分水量级的单位名称来使用，例如，“根多”乙的最大配水量级单位为“100 水”，但也可称之为“47 箩田的水”或简称“47 箩”。当然，其他量级也可依此类推。由于分水量级的产生，是与地积紧密结合在一起的，因此，要分析“根多”量级单位，就不得不考察地积。

“箩”本为挑担用的竹箩筐，是一种容器，但由于西双版纳地区傣族经济自古以稻谷为主，因而稻谷不仅是当时生产投入和收益所必须加以计算的内容，而且在日常生活中，也成了货物交换的实物媒介。显然，无论是生产还是生活，都需要有一个基本的稻谷容器作为统一的度量单位，而“箩”正是在长期的历史发展过程中演化成了这样一种为当地傣族所公认的基本度量单位。按现今重量单位加以换算，则每箩稻谷合 20—25 斤。傣族现实生产中使用的竹箩筐见图 6-14。

我们知道，作物栽培有一个播种量问题。水稻的播种量按通常的移栽耕作方式来说，是以大田中的秧苗丛数来计算的，它由栽插于大田中的秧苗行株距决定。一般而言，不同肥力的田块，栽插的行株距不同。田肥，秧苗生长快，分蘖多，可以稀栽，行株距就大，用种就省；反之，田瘦，栽得密，用种就多。显然，不同区域同为一“箩”面积的田块，实际几何单位面积是有差异的。但尽管如此，对过去地广人稀的西双版纳地区来说，在农业发展的早期阶段，人们所关心的主要是生产投入和实际经济

① 马克思，恩格斯. 马克思恩格斯全集（第 23 卷）[M]. 北京：人民出版社，1972：24.

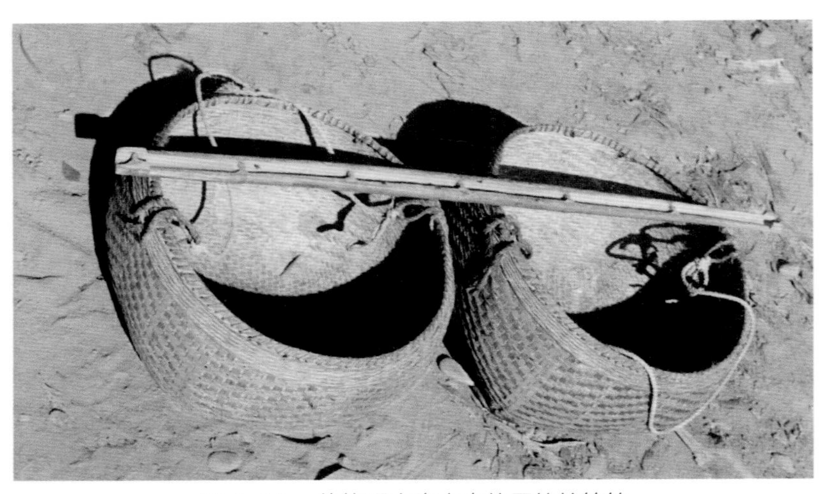

图 6-14　傣族现实生产中使用的竹箩筐
（诸锡斌 1988 年摄于西双版纳州景洪县）

收入，因而以籽种的投入量“箩”或谷物的收获量“挑”、“堆”来衡量某一稻作的生产面积是很自然的。加之西双版纳傣族没有施肥的习惯，土壤肥力的增减是缓慢的、自然性的，从而某一土地面积一经开垦种植，则所投入的籽种量与收获量就具有相对的稳定性。这就为“箩”或“堆”、“挑”来作为地积单位创造了条件。很明显，“箩”从早先盛取谷物的容器演变成了计算水稻生产播种量的基本单位，进而演变成衡量土地的基本“尺寸”，以至于最终成了西双版纳傣族所公认和实际运用的地积单位。这样，“箩”实质已成了容器、播量、地积和地积单位的统一体。这种一定历史条件下为特定生产方式所决定的地积单位的产生，它所体现的是经济收入、生产投入和劳动量及生产技术等因素的综合作用。而对于抽象的几何描述，这里反而是相对忽略的，具体的几何尺寸在这里仅是决定地积单位的次要因素而已。尽管这种对地积单位的认识和确定地积单位的方法十分粗糙和朴素，但仍不能否认这种只能作为作物面积单位意义上才能使用的地积单位，是一种存在于现实中的地积单位，具有浓厚的经济色彩。

当然，这种地积制的产生除了其经济原因外，自然地理环境也是不可忽视的重要因素。由于西双版纳属河谷地理，因此它没有北方黄河流域那种平坦宽广的耕地特点。在过去生产力水平较低的情况下，要在河流纵横、山高坡大、平地有限的复杂自然环境中开垦稻田，就必须因地制宜地利用水利条件，依山势随水沟等自然地理状况垒埂造田，以便能蓄泄兼顾，故大量水田的形状是不规则的。加之山坡多，开出的水田有高有低，并多为梯田，从而大量田块并不是分布在同一水平高度的。如此种种特点，都限制着北方那种用步、尺来平直地纵横丈量土地面积方法的使用，以致像“亩”、“公顷”等类地积单位的产生和运用在这里找不到较好的自然环境依据。对此，新中国成立初期的调查材料就曾感慨地说道：“从那些极不整齐的田埂和犬牙交错的分布情况来看，实在难以核对。”① 相反，如果采用依籽种播量，谷物收获量为依据来制定地积单位，既易于理解，也解决问题，反而要实用、简便得多。显然，特定自然环境所决定的特殊劳动生产方式，无疑对这种地积单位的产生具有重要的影响。它表明“人们最初的几何概念基本上不是靠对周围客观简单的直接观察，而是借助于满足自身最必需的生活要求的实际活动产生出来的”。②

三、对“根多”乙分水量级单位的分析

认识了西双版纳傣族地区早期地积单位的特点，则“根多”乙分水量级的制定也就不难理解了。实际上，“根多”乙各分水量级正是依据这种早期稻作生产的直观经验，依灌溉面积的实际籽种投入量或实际收获量来加以制定的。也就是说，量级的制定，不仅需要考虑生产中实际田块的具体需水量，而且还必须从全部灌溉面积的实际需水量出发，照顾到人们对有限水量的共同要求，使制定的量级既能基本满足生产实际，也能符合全体

---

①《民族问题五种丛书》云南省编辑委员会. 傣族社会历史调查（西双版纳之四）[M]. 昆明：云南民族出版社，1983：9.

②［苏］Б. В. 鲍尔加尔斯基. 数学简史[M]. 潘德松，沈金钊，译. 北京：知识出版社，1984：10.

种植者的利益，达到灌溉水量分配合理的目的。然而，与早期西双版纳低下的认识水平相一致，这种制定出来的量级主要是依据生产的直观经验而相对粗糙地加以应用的，往往某一量级只能固定地应用于某一特定的田块，并由此来维系稻作生产者们各自利益。尽管如此，这种配水技术仍然成为西双版纳稻作生产得以有序进行和不断发展的不可缺少的纽带。

当然，在水量的分配过程中，“水”就是人们所要认识和利用的主要对象。因而以“水”来作“根多”量级的名称，就当时的思维水平而言，既直观又实在，是十分自然、合适的。这不仅体现了早期人们对水的认识，也体现了水对其稻作农业所具有的决定作用。这种认识又通过“水”这一名称固定于具有相当“权威”的“根多”各分水量级上。诚然，“水”是一种未定量的认识，但只要将“水”人为地加以对应的量化限定，则“5 水、10 水……”这样有序的具有确定性的量级名称便产生了。它与用“箩”来作为地积单位、作为耕地面积的量级名称一样，实质上都各自代表了某一特定的量度，是灌溉水的度量单位。它表明，在西双版纳稻作农业的发展过程中，“水”与“田”不仅是决定性的限制因素，而且也是当时人们所迫切需要认识和解决的主要矛盾。事实说明，“根多”乙分水量级的确定，十分直观地体现了傣族对稻作生产的认识，体现着“水”与“田”二者不可分割的关系。诚然，“根多”乙各量级的产生，是当时傣族人民对农业生产、灌溉技术的一种朴素认识，尽管这种经验性的定量认识尚十分肤浅，但无论如何，它已为当时的稻作生产提供了具体、确切的分水依据，表明此时这一地区的农业生产已进入了一个相对发展的阶段。

四、对“根多”甲分水量级单位的初步认识

在了解和分析“根多”乙的过程中，我们可以明显地看出，这种“根多”所体现的主要是早期农业时期人们对自然的认识和利用，含有浓厚的自然色彩而很少反映阶级的意志。那么“根多”甲也是否如此呢？现在，让我们进一步来讨论“根多”甲的情况。

从前面的表6-1、表6-2可以看出，“根多”甲与“根多”乙有一个显著区别在于其度量单位用“斤、两”，灌溉面积单位用“纳”。“纳”译为汉语，意为田或土地之意。然而，这一词意的产生却应该是在有了阶级社会以后。据傣文文献记载，公元770年，即傣历182年时，这一地区的统治者曾分封了12个头目，并且将开出的田“分别命名为‘哈西纳’（五十田）、‘姐西纳’（七十四）、‘怀纳’（一百田）、‘版纳’（千田）、‘闷纳’（万田）”。[①] 正因为当时农田大量开发，使统治者的经济地位进一步加强，“从此勐泐王才叫召片领（广大土地之主）”。[②] 对此，新中国成立初期的调查材料也曾提到：“据说以前‘纳’是向汉族皇帝缴贡赋钱粮的单位”，[③] “纳”的出现已明显地表现出其深刻的阶级性质。

诚然，随着生产力的发展，西双版纳傣族也经历了由原始部落时代进入阶级社会的转变，社会形态也就出现了新的特点。在新的阶级社会中，尽管生产力比过去进步了，可广大农奴却仍然是领主阶级的活劳力。即使到了新中国成立初期，傣家也还留传着这样的谚语：“南召领召”，其意为水和土都是领主的，从而必须“金纳巴尾”，意为吃田出负担。显然，负担的多少是必须依据一定的田地面积和具体的谷物收成来确定的。其中，谷物又是确定其所纳“官租”的最基本标准。各种文献和大量的实际调查表明，在过去生产技术落后的情况下，稻作“产量一般说来是种子的三十五倍左右，每亩单产平均在二百五十斤上下，这是个有代表性的”。[④] 对此，清代刘慰三在他的《滇南志略》中曾记载曰：“丰年，一双之地，布种约四五升，可收米二石余，中、下以次递减焉。”[⑤] 另据唐代樊绰所撰的《蛮书》卷八之《蛮夷风俗第八》记载南诏（今云南大理一带）时期的亩积状

① 云南少数民族古籍整理出版规划办公室. 傣泐王族世系（云南少数民族古籍译丛第10辑）[M]. 昆明：云南民族出版社，1987：37.

② 同①。

③《民族问题五种丛书》云南省编辑委员会. 傣族社会历史调查（西双版纳之二）昆明：云南民族出版社，1983：16.

④ 方国瑜. 云南地方史讲义（下）[M]. 昆明：云南广播电视大学，1983：171.

⑤ 同④。

况时，曾写道："田曰双，汉五亩也。"[①] 参考这些记载，我们可以做这样的推算，由于一石等于十斗，一斗等于十升，也即一石等于100升，如按一双为五亩来计算，"一双之地，布种约四五升，可收米二石余"，也即说一亩地约布种一升，可以收获40余升的米（产量）。此外，新中国成立初期，我国曾对民族地区进行过经济、社会等方面的调查。从《傣族社会历史调查》（西双版纳之四）记载的情况来看，当时对曼喝蚌、曼喝纳、曼书公、曼卖哥木、曼景法、曼景亮6个村寨的实地调查表明，每播种一挑稻种，大致可以获得40挑左右的稻谷收获，尽管不同村寨之间存在着差距，但这种差距十分小。这种情况是具有代表性的，表明在西双版纳单位面积谷物产量大多为籽种量的35—40倍，对此可参见对景洪农业生产调查情况的数据（表6-3）。

表6-3　景洪农业生产调查情况

寨　名	面　积				产　量			平均产量		
	籽种（挑）	纳	纳/挑	折亩	挑	石	斤	挑/籽种（挑）	挑/100纳	斤/亩
曼喝蚌	59	1405	23.8	281	2360	472	118000	40	168	420
曼喝纳	100	3140	31.4	628	3960	792	198000	39.6	126	315
曼书公	105.5	1460	13.8	292	3270	654	163500	31	224	560
曼卖哥木	49.5	740	15.0	148	1980	396	99000	40	268	669
曼景法	60	1500	25.0	300	2400	480	120000	40	160	400
曼景亮	5	80	16.0	16	200	40	10000	40	250	625
合　计	379	8325	—	1665	14170	2834	708500	—	—	—
平　均	63.2	1387.5	22.0	277.5	2361.6	472	118083.3	37.4	170.2	425.5

注：①表中面积一栏的籽种数、纳数、产量一栏的挑数为《傣族社会历史调查》（西双版纳之四）第172页提供的数据。②表中相关单位的换算，取1石 = 250斤（稻谷），取1挑 = 50斤（稻谷）。

另外，分析表6-3不难得出，如按1箩谷种面积来算，一般可有20挑（40箩）上下的收成。因为1箩谷重20—25斤，则1箩面积应有800—

① ［唐］樊绰．蛮书校注［M］．向达，校注．北京：中华书局，1962：212.

1000斤的谷物收入。这样，如以谷物收获的多少计，那么则可将收获20挑谷物的面积，也即投入1箩稻种的面积定为20纳。显然，收获1挑（40—50斤）谷物的田块，也就称之为1“纳”了。很清楚，对相同的面积来说，用播种量“箩”和收获量“挑”、“堆”以及用官租核算单位“纳”来作地积单位，实质都是一码事，只不过它们所内含的意义及历史成分不同而已。

当然，就“纳”而言，它并不是准确的地积单位，因为劳动者往往为了获得自身更多的利益，常常集体对领主隐瞒自己所开垦的荒地面积以逃避官租（负担）。这就使原来意义上的“纳”与后来“纳”的实际面积不一样了。但一般说来，这种情况只是多发生于坝区边缘或山区等非主要稻作区域，而对稻作中心地区（坝区）来说，由于已不存在开垦新的耕地的余地，故原先的地积是不会扩大的。从而就一般情况而论，我们仍可找出普遍性的标准。以现今的调查和测量来换算，具有代表性的标准为：1亩合4—5纳。但无论如何，以“亩”为单位和以“纳”为单位，“纳”更多地体现了经济因素。

五、对“根多”甲分水量级单位的深入分析

在对“根多”乙做了分析并对“根多”甲有了初步认识之后，“根多”甲的分水单位采用“斤、两”又该如何解释呢？“斤、两”是否指获取的所分水之重量呢？这一分水单位的出现给我们带来什么信息呢？实际考察表明，无论是“根多”乙还是“根多”甲，它们分水的依据，主要是从经验而得，体现的多为实际经济收入、劳动投入以及贡赋等因素。从当时的社会条件来看，不可能有实验根据，更不会由重量换算出现代的流量概念。那么，“根多”甲与“根多”乙相比，其不同之处，又该如何解释呢？要解释这个问题，我们仍不得不回到具体历史条件下的社会背景中去，由其特定的生产方式和社会经济以及政治制度因素出发去寻找答案。

在整个人类社会进程中，傣族地区并不是“真空”地带，它也存在着由奴隶制向封建制度过渡的历史事实，存在着由劳役地租向实物地租过渡的客观历程，随着实物地租形式在傣族地区的不断巩固和发展，用货币来

取代实物交租的方式便产生了。据傣史记载："傣历1090年（公元1728年，清雍正六年），议事庭会议决定，将应缴纳'召王贺'（汉族皇帝）的谷米1084石，折粮银3940两1钱8分1厘5毫"[①] 的历史事实充分说明，以银两取代实物来交纳贡赋的情况在当时已十分普遍了，然而这种方式又与"根多"存在什么联系呢？对此，可作如下分析。

（1）从以上这段历史文献记载可知：当时1084石谷米折银为3940.1815两，从而1石米的银价为3.63485两，由于当地稻谷出米率一般为50%，从而1石谷的银价应为米价的1/2，也即1石谷的银价为1.8174两。

（2）据对西双版纳傣族的有关材料记载，谷1石约为250斤[②]，由于过去生产力水平较低，2亩（10纳）的产量仅为400—500斤，则100"纳"的产量应为4000—5000斤，如折算为石，因1石约合250斤，故100"纳"面积的谷物产量就是16—20石，取中值，则每100"纳"为18石；由于谷价为每石1.8两银左右，则18石谷的价格约合32.4两，由于旧制重量换算为1斤=16两，则32.4两大约相当于2斤，也即说，100"纳"面积的谷物收获量约折合为银2斤（旧制）。[③] 以此类推，则50"纳"面积的谷物收获量则应合银1斤，25"纳"面积田的收成应为0.5斤。无独有偶，这一换算结果与"根多"甲的分水量级十分符合，详见表6-4"根多"甲配水量级与稻谷面积产量对照参考中的数据。

这一分析结果，与新中国成立初期的调查结果十分吻合。当时，勐海地区的调查表明："秋收时，三毫半开——合人民币150元（旧币，下同），就可买到1挑谷，约合26斤米，即使在青黄不接的四五月份，以人民币5000元也可买到25斤米。"[④] 很清楚，1挑谷（50斤）"约合26斤米"，其

① 《民族问题五种丛书》云南省编辑委员会．傣族社会历史调查（西双版纳之二）[M]．昆明：云南民族出版社，1983：21.

② 《民族问题五种丛书》云南省编辑委员会．傣族社会历史调查（西双版纳之七）[M]．昆明：云南民族出版社，1985：50.

③ 旧制重量换算为1斤=16两，1两=10钱，1钱=10分，1分=10厘，1厘=10毫。

④ 《民族问题五种丛书》云南省编辑委员会．傣族社会历史调查（西双版纳之一）[M]．昆明：云南民族出版社，1983：20.

表 6-4 “根多”甲配水量级与稻谷面积产量对照参考

作物面积		产 量				“根多”甲	
籽种（箩）	纳	斤	石（250 斤）	折 银		量级（斤）	灌面（纳）
				两	斤		
1.25	25	1125	4.5	8.1	0.5	0.5	30
2.5	50	2250	9	16.2	1	1	50
5	100	4500	18	32.4	2	2	100

注：表中“根多”甲最小一个量级“多怪”未列入表中，因其不算正式量级，而只是作为补充量级运用。

出米率为 52%；并且调查还表明，“（银币）每元折人民币合 5000 元（旧币 10000 元为今之 1 元，下同）……银币 2520 元，合人民币 1260 万元，可买大米 63000 斤”。[①] 这就告诉我们，1 元银币可买大米 25 斤，以 50% 的出米率算，则可购谷 50 斤。如前所述，一般西双版纳地区的水稻产量每一箩籽种面积（约为 20“纳”）大致可以获得 1000 斤的产量，则 100“纳”面积大约可有 5000 斤的产量，即可以折合为 100 元银元的收入；又据孟连召片领（土司）的罚款法第 51 条规定：[②]“一伴金（三十三两）等于半开（银元）一千个，一怀[③] 金（三两三钱）等于半开一百个。”[④] 显然，100 元银元相当于一怀金（三两三钱）。但金与银的比价又如何呢？据西双版纳有关送礼仪式的文献记载曰：“……分送礼物如下：①议事庭银 2 斤，黄金三两

① 《民族问题五种丛书》云南省编辑委员会．傣族社会历史调查（西双版纳之一）[M]．昆明：云南民族出版社，1983：8.

② 据云南少数民族古籍整理出版规划办公室编的《孟连宣抚司法规》（云南民族出版社 1986 年 11 月出版）第 9 页记载：“（闷、伴、怀、漫、甩、汉、曼都是计量单位，一闷有三百三十三两；一伴有三十三两；一怀有三两三钱；一漫有三钱三分；一汉有四两四钱；一海有四钱四分；一曼有四分四厘；一甩有四十四两）”。

③ 据云南少数民族古籍整理出版规划办公室的《孟连宣抚司法规》（云南民族出版社 1986 年 11 月出版）第 9 页记载：“一怀有三两三钱”.

④ 云南少数民族古籍整理出版规划办公室．孟连宣抚司法规（云南少数民族古籍译丛第 9 辑）[M]．昆明：云南民族出版社，1986：70.

（无金可折成二斤银）……”① 。显然，旧制二斤为三十二两，而金三两与银二斤（三十二两）等价，则其比价约为 1:10，即金为银价的十倍，也即说一怀金（三点三两）与 100 银元和一伴银（三十二两）等价。由于 100 银元为 100“纳”耕地面积的收入，显然,100“纳”面积的收入也等价于三十三两银，也即旧制二斤银的收入，则 50“纳”田地的收入应为 1 斤银，25“纳”田地的收入应为 0.5 斤银。这一结果与前面的分析是一致的。

这无疑说明了“根多”甲分水量级的产生直接来源于实际经济收入。与“根多”乙相比，它更便于封建领主掌握情况，为收租提供了直观的数据。也正因为“纳”和“根多”甲的分水单位“斤、两”与“官租”紧密相关，从而对那些不上缴“官租”的小于 20“纳”（1 箩籽种面积）的菜地等其他小块“私田”，其分水量“根多”甲是不算其“斤、两”的，它成了“根多”甲配水的最小量级。由此我们可以看出，“根多”量级的产生，是傣族社会历史发展中，生产技术、经济收入、生产投入、官租以及货币综合作用的结果。通过它，我们可以看出傣族经济和农业技术发展的大概轮廓，成为了解这一地区社会、经济和农业技术发展历史状况的“活史料”。

六、“根多”配水的主要依据

“根多”作为西双版纳傣族稻作灌溉技术中一种重要的标准配水量具，在其具体运用中，是否存在合理的配水依据呢？

现今，流量、流速和过水断面等概念，已是人们十分熟悉的了，并且可以把它们三者间的关系逻辑地表示为：

$Q = W \times V$（Q：流量；V 流速；W：过水断面）.

当然，水田耕作、作物需水等农田灌溉所需水量的计算，都与 Q 密切相关，简单一点说，

① 《民族问题五种丛书》云南省编辑委员会. 傣族社会历史调查（西双版纳之三）[M]. 昆明：云南民族出版社，1983：62.

即：$M = Qt$（M：灌水总量；t：灌水时间）.

因此，控制流量的大小，实质是配水的一个关键因素。然而，正如恩格斯指出的："纯数学的对象，是现实世界的空间形式和数量关系，所以是非常现实的材料，这些材料以极度抽象的形式出现，这只能在表面上掩盖它起源于外部世界的事实。"[①] 正因为抽象的数学公式内含着客观的实在内容，因此我们就有可能利用从水流规律抽象而得的数学公式来探讨"根多"配水的客观内在依据。这里主要讨论由干渠分水的情况。

如前所述，控制流量的输水管道是埋置在渠堤下的，实质为有压自由出流涵管引水方式，其流量公式为：

$$Q = W \times \mu_c \sqrt{2g \times H_o} = W \times V，（即 V = \mu_c \sqrt{2g \times H_o}）.$$

很明显，过水断面 W 和流速 V 都是决定流量的因素。因此，无论扩大 W 或是加大 V 都可以增加流量 Q。其中对 V 来说，由于流量系数 μ_c 已为输水方式所确定，故在渠道水利条件相同和 W 不变的条件下，自由出流的作用水头 H_o 就成了决定 V 的主要因素，也即 V 的大小取决于"南木多"的水下埋置深度（因 $H_o=H+V_o/2g$，$V_o/2g$ 已为渠水利条件确定，故自由出流作用水头 H_o 依埋置深度 H 而变化）。但扩大 W 和加大 V 这两种方式，何者于流量的增加更有利呢?

经对"根多"甲与"根多"乙分别配用的两条沟渠进行考察并结合有关资料，我们可得到一些参考数据，见表 6-5"根多"甲、乙分别配用的水渠简况。

表 6-5 "根多"甲、乙分别配用的水渠简况

"根多"	渠 名	渠 长（km）	径流面积（km^2）	流 量（m^3/s）	灌溉面积（亩）	渠 深（cm）	渠 宽（cm）	水 深（cm）
甲	闷南永	31.5	79.8	1	4704	100	200	50
乙	曼真	4.7	250.0	0.3	1650	100	200	50

注：表中渠深、渠宽、水深为 1987 年 4 月份实测的枯季渠水大概数，其余各项资料由西双版纳景洪县水电局水管股股长林宏永提供。

① 恩格斯. 反杜林论［M］. 北京：人民出版社，1970：35—36.

根据表中水利条件，以“根多”甲来进行分析。设定“南木多”埋置于渠水不同深度之下，用“根多”甲的不同配水量级限定孔径来计算，有如下数据详见表 6-6 和表 6-7 中“根多”甲不同配水量级孔径在渠水不同深处的水速、流量。

表 6-6 “根多”甲不同配水量级孔径在渠水不同深处水速

管（孔）径 D（cm）	深度 H（cm）25	深度 H（cm）50	深度 H（cm）75	深度 H（cm）100
4.0（μ_c:0.785）	191	258	311	356
2.9（μ_c:0.769）	187	253	305	349
2.4（μ_c:0.757）	184	249	300	344
1.8（μ_c:0.734）	178	241	291	333

表 6-7 “根多”甲不同配水量级孔径在渠水不同深处的流量

管（孔）径 D（cm）	深度 H（cm）25	深度 H（cm）50	深度 H（cm）75	深度 H（cm）100
4.0（μ_c:0.785）	2398	3244	3912	4481
2.9（μ_c:0.769）	1235	1671	2015	2308
2.4（μ_c:0.757）	831	1125	1356	1554
1.8（μ_c:0.734）	453	613	739	847

注：计算公式：$Q = W \times V = D/4 \times \Pi \times \mu_c \sqrt{2g \times H_o}$.

（1）$H_o = H + V_0^2/2g$.

（2）$\mu_c = 1 + \lambda \times \tau / D + \sum \xi$.

（a）λ = 沿程水头损失系数，$\lambda = 124.5 \times n\ 2/3 \sqrt{D}$.

（b）τ：涵管长度，设定为 80cm.

（c）D：管（孔）径，取变数。

（e）ξ：局部水头损失系数，查表取 0.5.

（f）n：粗糙率，取 n = 0.013.

从表6-6、表6-7的数据进一步计算可知，对于渠水下同一深度的“南木多”来说，无论其埋设深度是 25 厘米、50 厘米、75 厘米还是 100 厘米，随着“南木多”孔径由 1.8 厘米、2.4 厘米、2.9 厘米扩大到 4 厘米时，其流速仅增加了 7%，但流量却增加了 429%；而当同一孔径的“南木多”，无论是其孔径为 1.8 厘米、2.4 厘米、2.9 厘米还是 4 厘米，随着“南木多”的埋设深度从渠水下25厘米增加到100厘米时，流速增加了86%—87%，随之其流量也增加86%—87%。很明显，扩大孔径和加深埋置深度都可以增加流量，然而扩大孔径的效益却明显高于加大埋置深度的效益。

由此我们可以看到，西双版纳傣族在运用这一配水技术时，一方面，由于客观水利条件限制着“南木多”的埋置深度，因此，用深置“南木多”来提高流速 V 而达到增加流量 Q 的方法就有其自身的局限性；另一方面，提高流速 V 和扩大过水断面 W 二者对增加流量 Q 来说，后者显著大于前者的作用，因而扩大 W 以使 Q 增加的方法就更有效。加之这一方法简单易行，因此，充分利用水利条件深置“南木多”（即提高 V）并固定其埋设的高度可以稳定水流速度。在此基础上，再进一步应用“根多”的分水量级来严格控制“南木多”的孔径，进而来控制流量的分水技术，就有其充分的合理性。尽管这一原理过去尚未被傣族人民所认识，而只是于生产中经验性地加以应用，但无论如何，这种有压自由出流涵管式分水技术所内含的科学规律却是无意中推动这一传统灌溉技术得以不断发展、完善的重要原因。

总而言之，由“南木多”和“根多”组成的分水器，是傣族劳动人民于生产实践中发明和创造的分配灌溉用水的重要工具。它在傣族悠久的历史进程中不断地改进和完善，在经历了不同的社会形态之后，至今还在西双版纳傣族地区留存和应用。由于灌溉用水不仅与傣族人民的生产、生活息息相关，而且直接关乎傣族社会的稳定和统治阶级的利益。因此，这一配水工具的使用和制作都有着严格的要求，受到统治者的严密监控。它一方面有效地保证了傣族社会稻作生产的协调进行，弱化了灌溉用水的矛盾；另一方面则成为统治阶级催租纳税的重要依据。它推进了西双版纳傣族社会的演化进程，一定程度上促进了傣族社会和经济的发展。就其根本而言，由西双版纳傣族人民发明创造的分水器，是一种有压涵管自由分流式的灌溉配水技术。这一技术内含的科学原理是十分明确的，这一原理虽然傣族人民没有能够从本质上把握，然而内含先进灌溉原理的有压涵管自由分流规律，却是很早以前就已经被西双版纳劳动人民经验性地应用了。

第七章

“根多”的历史演变及其现实应用

“根多”是西双版纳傣族发明和广泛应用于自身稻作灌溉中的一项具有重要意义的分配灌溉用水的“标准量具”。其不仅对农业生产起到了积极的作用，而且对于以稻作农业为基础而建立起来的西双版纳傣族社会的稳定同样有着极其关键的作用。然而，这一器具具有哪些类型？有没有历史演化的线索？其在现实中又是如何应用的呢？

第一节 “根多”的分类、历史演变及其发展分期

前文对现今仍在生产实际中运用的两个不同形式的典型“根多”进行了比较和分析，有了初步的认识。但是，“根多”的类型并非仅仅只限于这两种形式，况且，一般并不能完全包括个别。由于“任何一般都是个别的（一部分，或一方面，或本质）。任何一般只是大致地包括一切个别事物，任何个别都不能完全地包括在一般之中”。① 因此，我们就有必要进一步对各种不同形式的“根多”进行分类整理和综合研究。

一、“根多”的分类

从收集到的资料来看，西双版纳的“根多”除具有共同的特征外，尚有各自不同的特点，具有各自的特殊性。以仅有的资料来看，主要有以下 7 种类型的“根多”（图 7-1 和图 7-2）。

通过对（图 7-1）7 个不同类型的“根多”和图 7-2 实物“根多”的考察，我们可以知道，这些“根多”形状和大小尽管不尽相同，但它们却都呈锥形，都以柱径的“根多”粗细作标准来控制输水管道“南木多”的孔

① 列宁．谈谈辩证法问题［M］// 列宁．列宁选集（第二卷）．北京：人民出版社，1995：713.

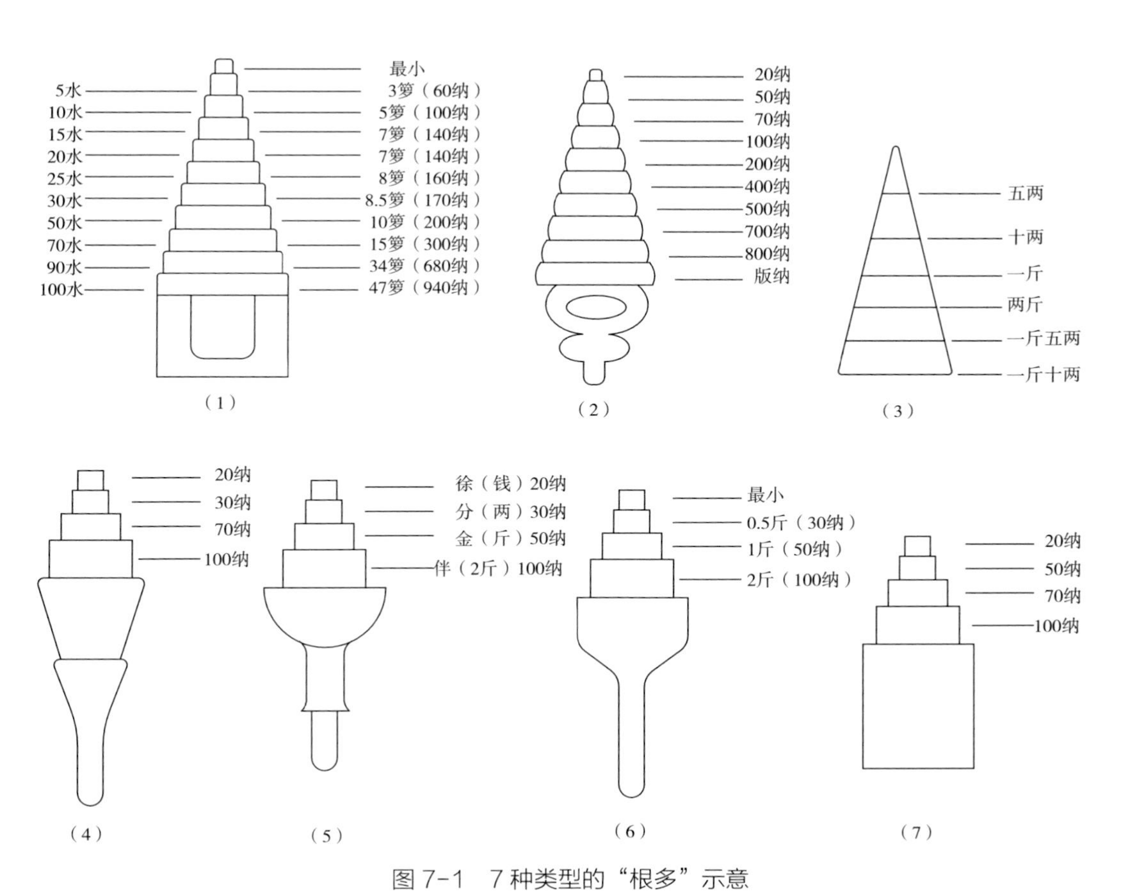

图 7-1　7 种类型的“根多”示意

注：图中不同类型“根多”的原型来源如下。

图 7-1（1）：为西双版纳景洪县曼景蚌寨“板闷”提供的实物。

图 7-1（2）：为云南省民族事务委员会少数民族民俗展览展出的复制品。

图 7-1（3）：为《民族问题五种丛书》云南省编辑委员会编，《傣族社会历史调查》（西双版纳之三），云南民族出版社，1983 年出版，第 79 页刊登的草图。

图 7-1（4）：为云南省民族事务委员会少数民族民俗展览展出的复制品。

图 7-1（5）：为《民族问题五种丛书》云南省编辑委员会编，《傣族社会综合调查》（二），云南民族出版社，1984 年出版，第 68 页刊登的草图。

图 7-1（6）：为西双版纳景洪县大曼磨寨“板闷”提供的实物。

图 7-1（7）：为西双版纳州党校刀永华同志所制作的参考样实物。

以上各个不同类型的“根多”均为木质。

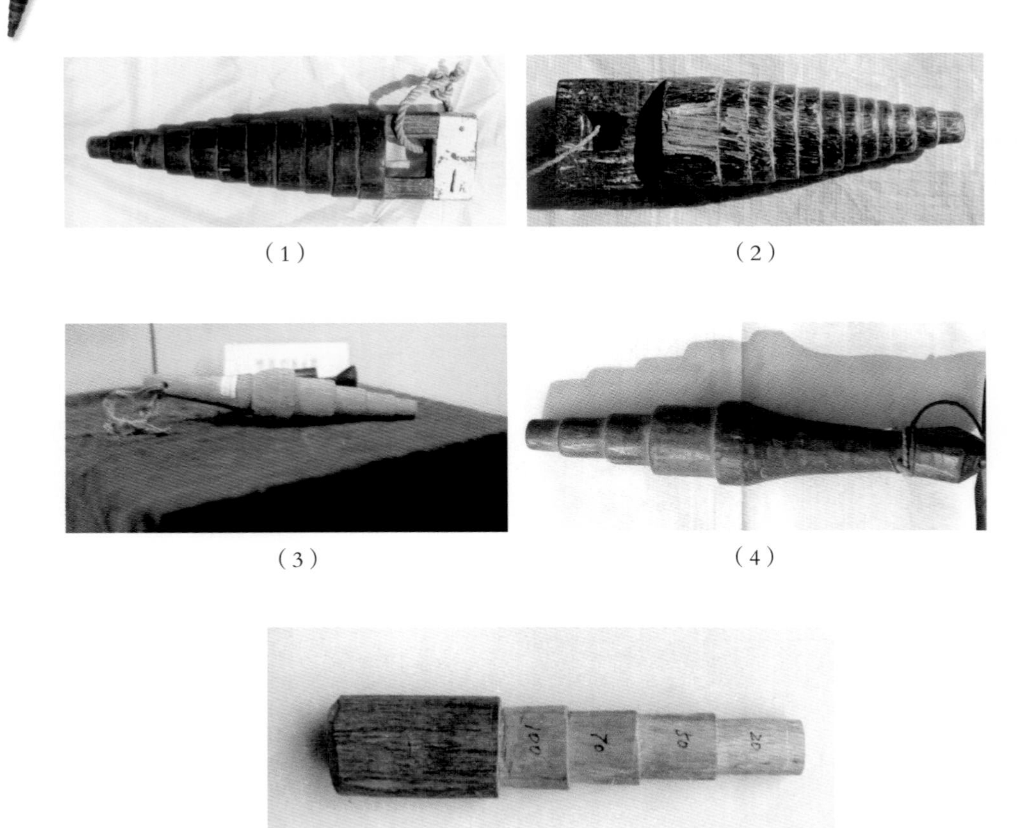

（1）　（2）　（3）　（4）　（5）

图 7-2　不同类型的“根多”实物

注：图（1），诸锡斌 1988 年摄于景洪曼共寨；图（2），诸锡斌 1988 年摄于景洪县曼景蚌寨；图（3），诸锡斌 1987 年摄于云南省少数民族民俗展览；图（4），诸锡斌 1987 年摄于景洪县大曼磨寨；图（5），诸锡斌 1987 年摄于西双版纳州委党校（刀永华同志提供实物）。

径，以便最终按实际生产需要较合理地分配灌溉水量。因此，可把圆锥体看成是各种类型“根多”最基本的母体。

我们知道，锥度与锥体的高度及锥体的底面直径存在函数关系，如顶锥角度数固定，则锥体底面直径随锥体的长度增加而增加。也就是说，对同一个锥体来讲，不同高度处的直径是不同的。也正是基于这一点，才有可能利用“根多”不同高度处的直径来作为其配水的标准孔径尺寸。当然，不同“根多”的锥度可以有差距，柱高可以有出入。然而，就同一个“根多”来说，锥体直径由锥度和锥高来决定则是无疑的。它相当于使同一锥度而大小不同的几个锥体，也即多个配水标准尺寸非常现实地“集中”于一个可以方便运用的“大锥体”上。“根多”量级分解示意见图 7-3。

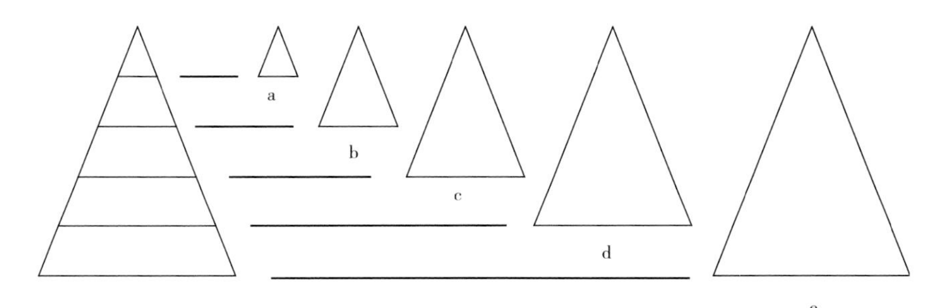

图 7-3 “根多”量级分解示意

注：a、b、c、d、e 各为不同圆面直径和锥体（多个标准尺寸），它们可集中于一个“大锥体”上。

从图 7-1 所示的多个不同类型的“根多”来看，由于其携带方便，便于保管，使用方法既简单又实用，从而十分利于推广，具有应用的合理性。

然而，尽管各个“根多”都具有这一本质特征，却也存在着各自的差异和特殊性，这主要表现在：①各种不同类型“根多”分水量级数的多寡不同。②各种不同类型“根多”之间存在形状上的差异。③各种不同类型“根多”分水量级的单位名称不同。

根据这三方面的差异，我们可以将仅有的 7 个“根多”进行分类，以便有可能对此进一步加以探讨，笔者认为基本可以分为 3 类。

第一类：锥型“根多”，它以图 7-1（3）为代表，主要以其特殊的形状作为分类的依据。

第二类：多级叠柱型“根多”，它以图 7-1（1）、图 7-1（2）为代表，主要以其形体较大，分水量级数较多为特点，并以此作为分类依据。

第三类：实用叠柱型“根多”，它以图 7-1（4）—图 7-1（7）为代表。

其表现为形体小巧，分水量级数少，更便于田间携带；同时，分水量级名称多以“斤、两”命名。“根多”分类表参见表 7-1。

表 7-1　典型“根多”分类特征

类　别	类　型	分水量级数	常用量级名称	灌溉面积名称	形体特征	备　注
一	锥型	中	斤、两	纳	锥形	参看（图 7-1（3））
二	多级叠柱型	多	水、田	箩、挑、堆	大叠柱形	参看（图 7-1（1）、图 7-1（2））
三	实用叠柱型	少	斤、两	纳	小叠柱形	参看（图 7-1(4)—7-1（7））

二、“根多”产生的历史年代探源

“根多”作为西双版纳傣族地区稻作灌溉中的重要分水量具，是认识傣族传统农业技术发展的重要环节。那么，“根多”产生和发展的历史线索又如何呢？由于资料奇缺，因而进行这方面的探讨是十分困难的。但无论如何，以现今掌握的资料把这一问题理出个头绪来，总还是有益的。

如前所述，公元 1778 年 4 月 28 日（傣历 1140 年 7 月 1 日）西双版纳封建领主最高政权机构议事庭（宣慰使司署）所颁布的那份《修水利命令》的文献中，曾对当时修理沟渠的情况作了如下的记载：“让大家带上园凿、锄头、砍刀以及粮食去疏通渠道，并做好试水筏子和分水工具，从沟头一直到沟尾，使水流畅通无阻。”[①] 显然，这份 230 多年前的傣族历史文献，是一份比较具体并且有时间可考的文献，它记载了当时修理沟渠及分水的情况，而其中所提到的“分水工具”，就是现今尚存的分水器。那时，为使有限的渠水得到充分利用，命令中曾提出“不管是一千纳的田，一百纳的田，五十纳的田，七十纳的田都要根据传统规定来分，不得争吵，不得偷

① 张公瑾. 西双版纳傣族历史上的水利灌溉［J］. 思想战线，1980（2）：60—63.

放水”。[①] 很清楚，这正是对分水情况的具体记载，它表明“根多”的运用，在当时已是相当普遍的了。由此，我们可以准确地说，1778 年，也即在清乾隆年间，分水器（包括“根多”和与之相配套的“南木多”）已成为西双版纳地区傣族熟练运用的生产工具是毋庸置疑的。

需要指出的是，依此文献的记载，分水“都根据传统规定来分”。既是传统，则必将有其久远的历史渊源。对此，傣族传统的水规曾规定：“祭祀水神后的第 3 天，水利官员顺沟渠逐寨安放分水用的竹筒……分水筒安装完毕，即举行放水仪式。……若发现有人偷水，有意将分水筒洞口放大者，水利官员有权按情节轻重予以罚款。”[②] 显然，竹筒（“南木多”）的分水孔径是由“根多”的柱径来配量的，随意扩大，即视为违犯水规，必将受到惩罚。它表明了“根多”在水量分配中所具有的“权威”性和标准性。并且水规尚规定：“每 500 纳安放一个分水竹筒。”[③] 说明这一水规是在产生了“纳”这样的田制单位后出现的。据现有的傣文文献记载，首次于西双版纳地区采用“纳”作单位的年代，应在公元 770 年，当时，曾把开垦出的水田“分别命名为‘哈西纳’（五十田）、‘姐西纳’（七十田）、‘怀纳（一百田）、‘版纳’（千田）、‘闷纳’（万田），以十进位，从十计算到百，从百到千，从千到万……并规定五十纳收官租十五挑（谷）、七十纳收官租二十挑（谷）、一百纳收三十挑谷”。[④] 无独有偶，最初规定的五十纳、七十纳、一百纳、一千纳这种田地面积等级，现今还确确实实地反映在实际运用中的“根多”分水量级等级上，参看图 7-1。并且其官租的租率，直到新中国成立前仍基本保持不变，当时的“宣慰司署明文规定官租租率为三十纳收十挑，五十纳收十五挑，七十纳收二十挑，一百纳收三十

① 张公瑾. 西双版纳傣族历史上的水利灌溉［J］. 思想战线，1980（2）：60—63.

②《民族问题五种丛书》云南省编辑委员会.《西双版纳傣族社会综合调查》（西双版纳之二）［M］. 昆明：云南民族出版社，1984：70.

③ 同②。

④ 云南少数民族古籍整理出版规划办公室. 傣泐王族世系（云南少数民族古籍译丛第 10 辑）［M］. 昆明：云南人民出版社 1987：37.

挑。”[①] 除此而外，前面所提的 1778 年的那份《修水利命令》中还有这样的记载：“到了十月份以后，水田和旱地都种好了，让勐当板闷，陇达等官员到各村寨作好宣传：要围好篱笆，每庹栽三根大木桩，小木桩要栽得更密一些，编好篱笆，使之牢固，不让猪、狗、黄牛进田里来。”[②] 而这种用竹篱笆围水田（图 7-4）的情况，作者在调查过程中，于西双版纳地区到处可见。

傣族利用竹篱笆围水田来确保稻作生产顺利进行的传统习俗，一直保持到今天。这不能不让人惊奇地相信，西双版纳傣族稻作农业传统的生产方式和特点，在经历了如此漫长的历史时期后，仍得到了充分的保留和运用。因而从仅有的文献记载和实地调查资料来分析，是否可以这样认为，“根多”产生的年代，应上溯至已有历史文献明确记载的水田犁耕时期，也即明朝时期。尽管关于这一传统灌溉技术产生和演化的历史还需要进一步研究，但其具有悠久的历史却是可以肯定的。

图 7-4　竹篱笆围水田（诸锡斌 1987 年摄于景洪县嘎洒区）

①《民族问题五种丛书》云南省编辑委员会．傣族社会历史调查（西双版纳之四）[M]．昆明：云南民族出版社，1983：9.

② 张公瑾．西双版纳傣族历史上的水利灌溉 [J]．思想战线，1980（2）：60—63.

此外，由实际考察中所收集到的几个不同类型“根多”可以看到，“根多”分水量级的名称并非仅以“纳”和“斤、两”这类与“官租”密切相关的概念来命名，往往还用“水”、“田”或者“× 箩田的水”、“× 挑（堆）田的水”等经济实物单位来定。如前所述，“根多“量级名称的确定，是与其一定时期的经济、文化、政治相适应的。由于“我们只能在我们时代的条件下进行认识，而这些条件达到什么程度，我们便认识到什么程度”。[①] 任何超越时代的幻想，不可能，也不会被一定时代背景下的社会所承认。因而在尚未出现“统治者”和阶级剥削的时期，人们不可能去交官租，也不可能把“根多”的量级与贡赋单位相联系，他们所关心和思考的主要是如何从一定的单位面积上获取与自己生活最密切的实际收入。而像“箩”、“堆”、“挑”等这种实在的谷物收获又往往与相应的生产资料“水”的分配具有内在的对应性，从而将“水”作为“根多”配水的量级单位名称，从逻辑上说是合适的。正是从人类历史、认识、逻辑发展相一致的前提出发，可以认为，采用这种直观而实际（实在）的形象概念来作为“根多”的分水量级名称，是符合实际的。由于傣族的历史可分为 3 个时期，如前所述，第一个时期是“莫米召、莫米宛、莫米倘”（没有官、没有佛寺、没有负担或官租）的“滇乃沙哈”时期。这一时期，按公历推算，从 1950 年算起，应在公元前 540 年之前，也即春秋之前；第二个时期是“蓦乃沙哈”时期，这一时期“米召、米宛、莫米倘”（有官、有佛寺、没有负担），同样从 1950 年算起，应在公元 700 年到公元前 540 年之间。据此我们能不能进一步推断，“根多”的产生应在唐朝或者唐朝之前呢？当然，要对“根多”产生的年代确切地加以肯定，目前尚无法进行。然而，可以肯定的是，这一器物的产生已有相当悠久的历史，则是无疑的。那么，在漫长的历史发展过程中，“根多”又是如何演化的呢？

---

① 恩格斯．自然辩证法［M］// 马克思，恩格斯．马克思恩格斯全集（第三卷）．北京：人民出版社，1960：515.

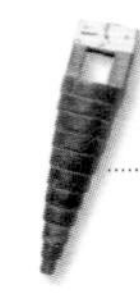

三、“根多”的历史演变

纵观早期人类的技术发明，我们可以看到，利用自然界中的“现成品”来制作简单工具，并以此为手段去获取人类生存所需的生活物质的事实，已为石器时代的出土文物和大量的石制工具、器皿所证实。它表明，由于当时生活和生产实践中大量感性认识的不断积累，已使人们逐渐认识到了自然界的某些客观规律。然而，这种认识是十分肤浅和朴素的，加之早期生产力十分低下，人们只能从特定的实践水平出发，客观而巧妙地去利用诸如木头、木杆、竹竿、兽皮、石头、骨头等一类自然界的“现成品”，而这些物品最早又大都被人们用来制作工具。由于这些“天然”材料取自当时人们所生活的特定自然环境中。显而易见，受到人类早期实践活动范围的限制，人们不可能脱离与自身密切相关的自然环境及其特点去制作工具和发明技术。事实表明，不仅早期的生产工具留有特定自然环境条件的痕迹，而且自然环境所产生的作用，也给早期的发明、创造打上了深深的烙印。

地处亚热带地区的西双版纳，竹子是其最大的优势。正是由于这一特定的自然环境条件，傣族人民在世代的生活实践过程中，充分认识和利用了这一优势，创造了许多令人惊叹的成就。凡到过西双版纳傣族地区的人都有深刻的感触，那就是从生产工具到生活中的各式物品，都与竹子息息相关，诸如竹楼、竹椅、竹耙、竹绳、竹箩、竹盒、竹笼、竹弓、竹箭、竹篱笆、竹筏……。可以说，傣族人民是生活在一个竹子和竹子产品的大千世界之中。竹子成了西双版纳地区农业生产和社会经济以及日常生活中不可缺少的重要因素。然而，这一切绝不是一朝一夕就魔术般地变出来的，它是人类长期劳动和智慧的结晶，也是傣族人民认识和利用自然的一大特点。就西双版纳地区来说，一方面，竹子很早就已成为傣族人民认识和利用的对象；另一方面，这一特殊的自然环境条件决定了竹子必将十分深刻地影响这一地区人们的生产、生活，影响这一地区人们的思维方式和认识特征。早期的技术发明也摆脱不了这一影响，而“分水器”的产生就是一个很好的说明。如前所述，“南木多”本为竹筒制作，这毋庸多言，但是“根多”是否也会与竹子有关呢？尽管“根多”为木质，然而仅就其形状而言，它与竹笋十分酷似。加之如将竹笋的笋叶剥去之后所呈现的那具有层层小“台阶”的笋体，就更与“根多”的形状没有什么差异了。这就不得不让人联想到，相传古时，鲁班爬山伐木时，曾因手抓一种叶有细齿的小草而将手割破，并由此而启发他发明了锯子。与此相类似，早期傣族先民是否也会受“竹笋”的启示而萌生制作“根多”这一水量分配器呢？当然，在现今有关“根多”的文献资料奇缺的情况下，这只能是一种推测。然而，结合“根多”实物和这一地区特定自然环境条件以及这一环境下的认识特点来看，也不可排除这种推测成立的可能性。

仅以现今掌握的“根多”资料来分析，从图 7-1、图 7-2 和表 7-1 可以发现：

（1）从型体来说，锥形“根多”与叠柱状“根多”相比，有加工简单而量度精确性稍差的特点。这与早期人类加工能力以及认识能力较低是相一致的。因此，相对说来，可以认为锥形“根多”是较早期的产物。

（2）从“根多”的分水量级名称来看，如前面提到的“水”、“箩”、“堆”、“挑”等，都是与人们生活最密切的实物概念，它与“纳”、“斤、两”等名称不同，没有贡赋的确切含意。二者相比，这种以“水”、“箩”等为量级单位的“根多”其产生的历史年代应相对为早。

由于所收集的“根多”有上面所提的这两个明显特点，所以，我们可依此为线索来进一步分析，以找出其演化的脉络。

首先，经对收集到的“根多”实物进行实测，想不到尽管各个“根多”实物大小不一、量级数也不尽相同，然而每个“根多”最小一级的柱经却基本上是一致的。“根多”实物实测数据参看表 7-2。

表 7-2 “根多”实物实测数据			
“根多”	量级数	最小一级量级柱径（cm）	收集地点
图 7-1（1）	11	1.8	景洪县曼景蚌
图 7-1（2）	10	1.9	云南省少数民族民俗展览
图 7-1（6）	4	1.8	景洪县大曼磨
图 7-1（7）	4	2.0	西双版纳州党校刀永华家

从表 7-2 可以看出图 7-1（1）和图 7-1（6）两个“根多”最小一级量级柱径是一样的，均为 1.8 厘米，而这两个“根多”却正好是目前生产中尚在运用的“根多”。即使所收集到的各种“根多”实物之间这一柱径稍有差异或称之为误差，但仅就 1—2 毫米的差异而言，由于它们出自不同地点，并且是以手工制作而成，能达到如此水平，已是十分精确而可称道的了。这是巧合吗？如果不是，那它们是如何生产出来的呢？

首先，正如前面所分析的，早期西双版纳地区一般用稻谷的播种量“箩”和收获物“挑”、“堆”来做其地积单位，由于 1“箩”既是最小的整数，又是具体的单位，用其做“根多”量级的最基本单位，既十分具体、直观，也容易为傣族百姓接受。另外，从当时的生产水平出发，1“箩”谷种面积上的收获换算成“纳”，则相当于 20“纳”。十分凑巧，凡是以“纳”做“根多”量级名称的，其最小一级的单位不是 1“纳”、10“纳”而都正好是 20“纳”[图 7-1（2）]。由于面积不大的 1“箩”田地上水稻生长所需的水量相差不会太大，而 1 箩谷种又是最直观的单位，因而用 20“纳”（1“箩”）来作为“根多”最小的量级就有其客观必然性；加之大量生产经验中所得出的分水孔径又与这一生产需求相符合，都基本趋向于 1.8 厘米，这无疑表明，用“箩”来作“根多”量级的名称，体现的是早期“根多”的状况，而与之相对应的“水”这一量级名称的出现，更进一步反映了水稻耕作及其需水量与水田面积之间的关系。正是从这里我们可以看到，“根多”在其历史演化过程中，像“箩”、“水”、“挑”等这类分水量级名称的出现，充分说明了西双版纳傣族先民在发展稻作农业早期阶段时的艰辛和农业生产的特点。由于用这类直观的实物形象概念为量级单位名称的“根多”大多以多级叠柱型“根多”为典型，从而可以认为，多级叠柱型“根多”是锥型“根多”的进一步发展。

其次，如前所述，“纳”的出现，是与官租及阶级剥削紧密相关的，因而“根多”分水量级采用“纳”这一单位，正是统治阶级与傣族劳动人民二者关系的强烈反映。出于统治者对自身经济利益的关心，他们所注重的是农民向其提供的贡赋、“官租”。因此，他们丈量土地、划分面积的主要目的在于制定“租率”和贡赋，以使统治者对广大农民的剥削量更加精确和“合理”。依傣族的历史发展来说，这时应归于第三个时期，如前所述，即为“召来、米宛、米倘”（有官、有佛寺、有负担）的“米乃沙哈”时期。一般认为，这一时期应为公元700—1950年，它与“纳”最初出现于傣文文献中的历史年代（公元770年）是一致的。显然，最初由实际生产需要而产生的分水量级，这时不仅具有作为配量灌溉用水标准的功能，而且强烈地体现了统治者的意志，成为其制定“租率”的基本贡赋单位。而这“租率”和贡赋单位直到新中国成立前，尚得以完好保留。当然，“租率”的制定，是以一定单位面积（“纳”）上的稻谷收获为依据的，随着傣族社会的不断发展，其经济生活中银钱货币的流通日趋普遍。因此，将一定单位面积上的谷物收获折算为银两，既便于流通和与其他地区进行交换，又便于收藏、保管，从而深受统治者的喜欢。因此，与过去的“租率”相一致，“根多”分水量级出现了以“斤、两”为单位的现象，而这种以“纳”和“斤、两”为量级单位的“根多”又主要以实用叠柱型“根多”为代表。显然，它是对以“水”、“箩”、“堆”等为量级单位的多级叠柱型“根多”的进一步发展。

需要注意的是，从“根多”量级名称来看，既然“斤、两”的出现反映的是傣族农业生产和社会发展后期的情况，但从“根多”的形状来看，为什么体现早期的锥形“根多”也会有以“斤、两”作为其量级的呢？参看图7-1（3）。当然，这种锥形“根多”笔者于调查中尚未找到实物，它是新中国成立初期20世纪50年代进行大规模边疆少数民族社会历史状况调查而记载的材料。据作者的采访，民族学专家、云南大学教授江应梁先生介绍说，他曾亲眼看到过这种“根多”，并且上面的分水量级是用刀刻出来的；云南民族大学高立士先生也肯定了这一点。这种锥形“根多”的出现说明了什么呢?

我们知道，事物的发展有其连续性，当然“根多”由锥形向叠柱形发展，也必然存在客观的过渡阶段。从调查资料所载的这一“根多”分水量级来看，它既不同于现今找到的以“斤、两”做量级单位的“根多”实物，也不同于以“水”、“箩”、“堆”为量级单位的“根多”实物，而是分为五两、十两、一斤、二斤，而且在一斤至二斤之间空有二级未注明“斤、两”，一共为6个等级，参看图7-1(3)。由于资料中未注明各量级相应的灌溉面积，对此不敢主观加以断定，但对于所空的两个量级却可以推而知之。

众所周知，我国过去的重量量制，是以十六两为一斤的旧制，如以五两为一个量级，则这一锥形“根多”一至二斤间的两个“空”级单位应分别为一斤五两和一斤十两。它说明，这个“根多”等级的形成是将每斤三等分而成的，其每个量级的进制为五两。无独有偶，这种以五为进制的情况与实际收集到的以“水”、“箩”为量级单位的那个多级叠柱型“根多”的进制完全一样，参看图7-1（1）或表6-3。所不同的仅在于两个不同类型“根多”所用的单位名称不一样，这个锥形“根多”显然已引入了与银钱相关的“斤、两”作为其单位名称。对此，可将两个不同形式“根多”的量级有关情况作一对比，参看表7-3。

表7-3　两个不同形式“根多”量级有关情况对比

根　多	量　级							进　制	备　注
	1	2	3	4	5	6	7		
锥　形	最小	五两	十两	十五两（一斤）	二十两（一斤五两）	二十五两（一斤十两）	三十两（二斤）	5	参看图7-1（3）
多级叠柱形	最小	5水	10水	15水	20水	25水	30水	5	参看图7-1（1）

从表 7-3 中可以看出，这一锥形“根多”既保留了以“水”为量级名称那种“根多”的某些因素，又具有了以“斤、两”为量级名称那种“根多”的特点。

另外，根据仅有的资料，尚可对“根多”的某些情况进行推测。如前所述，“傣历 1090 年（公元 1728 年，清雍正六年），议事庭会议决定，将应缴纳‘召王贺’（汉族皇帝）的谷米 1084 石，折粮银 3940 两 1 钱 8 分 1 厘 5 毫”[①]。既然当时 1084 石谷米折银为 3940.1815 两，故 1 石米的银价为 3.63485 两，由于当地稻谷出米率一般为 50%，因而 1 石谷的银价应为米价的 1/2，也即 1 石谷的银价为 1.8174 两。如按当时的生产力水平，设定其籽种面积由 0.5“箩”到 5“箩”，粗略地换算单位面积上的经济收入，可有稻作生产投入与经济效益测算表（表 7-4）。

表 7-4　稻作生产投入与经济收益测算

籽种面积		收　益				备注
箩	折纳	挑	斤	石	折银（两）	
0.5	10	10	500	2	3.6	
1	20	20	1000	4	7.2	
2	40	40	2000	8	14.4	
3	60	60	3000	12	21.6	
4	80	80	4000	16	28.8	
5	100	100	5000	20	36	

注：综合《民族问题五种丛书》云南省编辑委员会编，《傣族社会历史调查》（西双版纳之四），云南民族出版社，1983 年出版，第 172 页；《傣族社会历史调查》（西双版纳之七），云南民族出版社，1985 年出版，第 50 页；方国瑜主编：《云南地方史讲义》（下）云南广播电视大学 1983 年印刷，第 171 页等资料，表中的数据换算为：①稻谷收获量以籽种的 40 倍计算；②每“箩”稻谷以 25 斤计，一挑为二箩；③以每 10“纳”折合 2 亩，每亩产量 250 斤计。

① 《民族问题五种丛书》云南省编辑委员会．傣族社会历史调查（西双版纳之二）[M]．昆明：云南民族出版社，1983：21.

参考表 7-3 的有关数据，我们进一步对这一锥形“根多”加以分析。这一“根多”的最小量级为五两，而 1 箩籽种的面积可收获 4 石谷，折合银 7.2 亩。但是考虑到尚有比一箩籽种面积更小的面积，如按 0.5 箩籽种的面积算，可收获 2 石谷，其折银 3.6 两；取 1 箩与 0.5 箩收益的平均值 [(2 石 + 4 石) /2]，即收获 3 石谷的面积，应折银 5.4 两 [(7.2 两 + 3.6 两) /2]。这一推算说明，以五两作为其最小的分水量级是合适的。这样，“根多”以五两为最小量级，其量级增加“一斤”为一斤五两，正好与 3 箩籽种面积收获折银数基本相符；其量级增加“二斤”为二斤五两，则又与 5 箩籽种面积收获折银数大致相符。这种基准定下之后，又在五两与一斤五两之间三等分，一斤五两与二斤五两之间三等分。这样，形成的进制，正好为五两。而从单位面积上谷稻的实际收获来看，1—2 箩籽种面积谷物的收获折银数平均为 10.8 两 [(7.2 两 + 14.4 两) /2]，与 10 两的量级基本符合；2—3 箩的平均折银数为 18.0 两 [(14.4 两 + 21.6 两) /2]，与一斤的量级大约相符；3—4 箩的平均折银数为 25.2 两 [(21.6 两 + 28.8 两) /2]，与一斤十两的量级基本相符合；4—5 箩的平均折银数为 32.4 两 [(28.8 两 + 36 两) /2]，与二斤的量级基本相符合。显然，按照这一推算，这个锥形“根多”的量级，是依籽种投入量每箩的递增数，换算其实际稻谷收获量而制定的，参看表 7-3。如果这一推测能够成立，那么它将表明，这种以“斤、两”作为其量级单位的锥形“根多”正是由以“水”、“箩”等作为量级，以锥形为其形状的早期“根多”向后期以“纳”、“斤、两”为量级单位，以叠柱型为其特征的“根多”过渡的中间产物。

最后，从图 7-1、图 7-2 和表 7-1、表 7-2 中可以看出，依据“根多”形状和分类特点，那种实用叠柱型“根多”不仅形体小，而且各不同形状的这一类“根多”分水量级均为四级，并且量级名称仅限于“斤、两”和“纳”。这说明了什么呢？

至于“斤、两”，前面作了较多的阐述，这里已毋庸多言。它的出现，标志着“根多”运用的历史时期已进入了阶级社会，属后期“根多”。它充分体现着谷物收益的“官租”等因素的作用，具有强烈的阶级色彩。然而，阶级性并不等于稻作生产中水稻生长和耕作需水的客观性。因此，在水量分配过程中，“根多”的运用并不是千篇一律、一成不变的，它需要根据不断变化的实际情况灵活使用。例如，对同样面积的田，由于它们所处的地理位置、土壤结构、所栽秧苗丛数等条件不同而所需灌水量不同。因此，同一量级所分的水量，往往可用于面积大小不等的田块。因而从生产实际出发，简化分水量级数，扩大每一量级的灵活运用范围就成了必然。当然，这种量级的简化，也受到了传统习惯和统治阶级意志的束缚。由于历史上领主政权制定的贡赋，“官租”单位仅就村寨一级而立，主要以 100 纳、70 纳、50 纳、30 纳计，所以“根多”量级减少为 4 个量级数是符合当时的历史状况和社会需要的。与原先相比，这种用“纳”而不依“箩”来制定量级的方法，从认识上来说，相对更为抽象和实用。同时，仅就这一简化了量级的“根多”而言，一方面，在制作其量级时，将“二斤”一分为二成为“一斤”、“一斤”再一分为二而为“五两”，是很方便的；另一方面，与制定的量级相对应的灌溉面积，也从“100 纳”一分而为“50 纳”、“50 纳”再一分而为“25 纳”，也即所需水量为“一斤”加上“五两”，仍然十分方便。显然，这种运用不同分水量级所分灌溉水之和来适应某一面积实际所需灌溉水量的方法，比过去那种一个分水量级只能对应使用于某一固定面积的方法要简单、实用得多。它表明，与古时这一地区用“豆”计数的算法相比，该分水法思维方式更为抽象、进步。更何况缩小了“根多”的体积，减轻了重量，既方便携带，又利于实际中推广运用。这种“根多”类型的产生说明，在西双版纳傣族特定的自然环境和社会条件下，其制作和运用已逐渐完善。时至今日，它仍在西双版纳地区的稻作生产中发挥着作用。

我们可通过以上分析，把“根多”的历史演化情况简单地以图 7-5 来表示。

从图 7-5 显示的“根多”历史演化线索我们可以看出，“根多”最初的

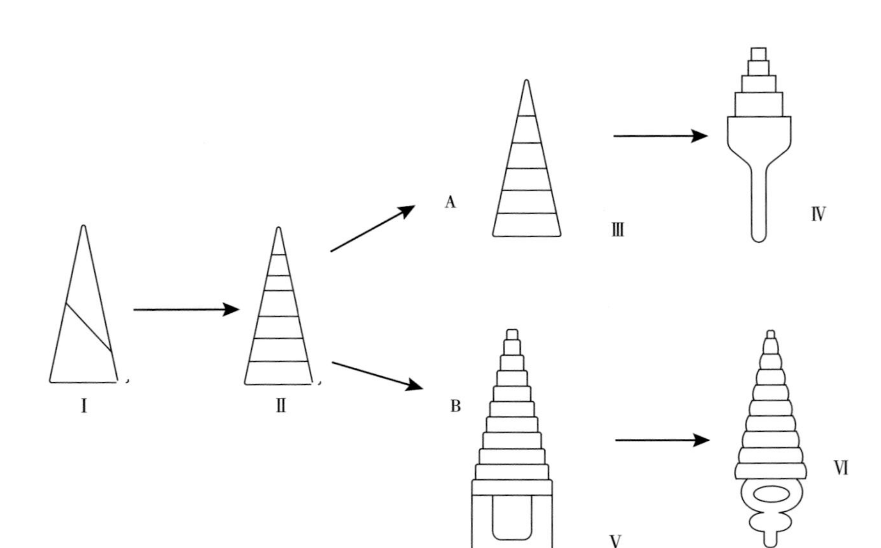

图 7-5　“根多”历史演化情况

产生，很可能与当地傣族先民对其自身生活、生产的环境，特别是对竹笋或与之相类似的锥状物的认识有关，即图 7-5 中的Ⅰ。随着历史的发展和人类认识的深入，以竹笋为雏形的锥状“根多”在稻作生产的水量分配过程中，水量的分配日趋要求精确，从而出现了定量化的特点。而这种定量化，又主要表现为分水量级的出现，此时“根多”的形状仍如锥形，属于早期锥型“根多”类，即图 7-5 中Ⅱ。此后，随时间的推移，“根多”向两个方向演化，其中一个方向以 A 代表，另一个方向以 B 代表。在 A 方向上，出现了图 7-5 中Ⅲ这种过渡型的锥形“根多”，其特点是保留了早期锥形“根多”分水量级的某些因素和形体，同时又采用与“官租”等有关的、后期“根多”所特有的“斤、两”这种贡赋银钱单位来做其分水量级名称。之后，随其在这个方向上的进一步演化，就产生了图 7-5 中Ⅳ这样的实用叠柱型“根多”类。这种“根多”的显著特点在于已由锥形演化成了叠柱状，并且小巧、实用、分水量级数减少。其分水量级和量级名称的产生，受贡赋、官租及实物收入的影响较大，表现为所标灌溉面积以“纳”计，量级数则依传统官租负担面积单位定为四级，量级名称仍沿用“斤、两”。由于它形体小，量级数少，故制作简单、实用、灵活，广泛运用于村寨一级的生产单位。在B方向上，出现了图7-5中V这种多级叠柱型“根多”类，这类“根多”形体大、量级数多、适用范围比较广，尽管这类“根多”已由锥形演化成了叠柱状，但仍可以看成是锥形“根多”的保留型。因为从前面对其分水量级和量级名称的分析知道，它的产生，尚为早期产物，表现为量级的制定多根据实际水田面积和实际田块需水量加以制定并固定运用于对应田块，并且量级名称也充分体现了与人们发展生产息息相关的自然因素和劳动内容，多以“水”、“箩”来加以命名，而与官租、贡赋概念很少联系。这类“根多”进一步演化，产生了图7-5中VI这样的“根多”。这种“根多”仍属于多级叠柱型“根多”，不同之处在于受社会、经济、政治的影响，其量级名称已由“水”、“箩”，转变成了“纳”，含有了“官租”和贡赋单位的色彩，其运用也不如过去死板，而是在广阔面积上根据生产实际灵活加以使用。

四、“根多”演变的几个阶段

“根多”的演化，反映了傣族人民对自然规律认识的深化过程，这种认识深刻地受到了傣族政治、经济、文化及自然环境的影响，并且它与人类社会发展相一致，经历了由低级向高级发展的历程，对此，可将“根多”的发展历程大致分为以下几个阶段。

第一阶段（萌芽时期）：由于缺乏资料，对这一阶段的具体情况了解很少。根据推断，于此时期，由于人类认识水平相对低下，傣族先民在不断摸索过程中，还只是初步认识了锥形物体在水量分配上所具有的合理性和实用性，并在此基础上进一步将其改造成最初的锥形“根多”。可以想象，这种“根多”粗糙而没有准确的量级，但无论如何，“根多”已走进了稻作农业生产过程中来。

第二阶段（发展时期）：这一时期，尽管生产力水平有所提高，但总的来说仍然十分低下。在社会生活中，人们最关心的是与自身生存关系最密切的稻作产量，而要使绝大多数生产者的稻作产量都有可能提高，就必须按生产需要合理分配有限的灌溉用水。因此，相对精确的分水量级便出现了。但这种分水量级的产生和制定，主要是以生产投入和实际收入为前提，由一定的面积需水量来确定与之相对应的某一量级，很少与贡赋、“官租”相联系。但是，由于某一量级往往固定应用于某一面积，使用方法死板而不灵活，反映的是早期劳动者的共同利益；量级名称也多用与生产活动密切相关的“水”、“箩”等概念，“根多”形体已由锥形演化为多级叠柱状。

第三阶段（成熟时期）：这一时期，由于生产力水平不断提高，剥削阶级也随之产生。为适应统治阶级收缴“官租”和贡赋的需要，“根多”量级名称多以银钱单位“斤、两”计，灌溉面积则一般称之为“纳”。而且实用叠柱型“根多”的出现说明，这种“根多”量级数减少、简化为与交“官租”密切相关的四个等级，制作既简单，又使“根多”的应用更加灵活。它不再死板地用一个量级配用某一固定面积，而往往对面积相对较大、需水较多的田块，采用以多个各不同量级之和的分水量来满足生产需要，从而使水量的分配更为精确。实用叠柱型“根多”成了体现生产投入、谷物收获与“官租”等因素的“统一体”，是新中国成立前于西双版纳地区广泛运用并为当地傣族所熟悉的重要分水量器。它表明，“根多”的发展已日趋成熟。

第二节
分水器的实际运用

分水器的实际运用，也即如何分水的问题，仍以笔者在实际调查中于景洪县所收集到的两个"根多"，即前面提到的"根多"甲和"根多"乙（参看图6-12、图6-13和表6-1、表6-2）的使用情况来探讨。

一、"根多"应用的基本条件

恩格斯认为："劳动加上自然界才是一切财富的源泉，自然界为劳动提供物料，劳动把物料转变为财富。"[①] 显然，生产劳动离不开与之相适应的生产技术，而一项技术的发明与运用，又与特定的自然环境和生产条件相联系。因此，正如研究古埃及的天文历法，必须考察和分析尼罗河的涨潮、退潮一样，要分析和研究分水器的实际运用，同样也必须对它的历史进行客观分析，必须考察与此技术相联系的自然地理和生产状况。

首先，就西双版纳地区的河谷地理状况而言，水利资源相对丰富。一般说，稻作灌溉水来源主要为两部分，一部分从自然河流引灌；另一部分则来源于山间溪水、泉水、地下水和菁沟水等。西双版纳历史上的灌溉水

① 恩格斯. 自然辩证法［M］. 于光远，等，译. 北京：人民出版社，1984：295.

渠一般多依据这些天然水文、地理条件因势利导加以开挖修理而成。当然，在改造自然的长期过程中，水渠也经历了一个由不完善到完善的过程，并逐渐演化和形成了这一地区稻作农业生产中的几条主要干渠。其中，“根多”甲和“根多”乙所各自配用的“闷南永”水渠和“曼真”水渠正是这样两条重要的输水干渠。

其次，与西双版纳悠久的稻作历史相一致，傣族人民很早就建立起了一个纵横交错的灌溉水利渠道网，它成为农业生产顺利进行的重要保证。调查和研究表明，各村寨都有从干渠分水的支沟、分沟，并通过它们引水灌溉各自所属田块；同时，从干渠到支沟、分沟以及各支沟、分沟之间的进水口处，又都装置有“南木多”并以此控制水量，使各田块能较合理地分得自身所需水量，参看图 6-3、图 6-4。

然而，尽管有了这种沟渠系统，可灌水方式依现今的技术来看，却依然采用比较落后的“大水自由漫灌”方式，或称之为放“跑马水”。并且灌溉时，不限时间而仅只对流量这个单一因素加以控制，也即在确定了某一区域应得的分水量后，就不分昼夜地任水自由流尚，进行灌溉。当然，采用这种灌溉方式与西双版纳特殊的河谷地理状况有关，就西双版纳的地理状况而言，全州山地面积为一万八千多平方千米，占全州总面积的 95.1%，山与山之间分布着 49 个盆地（当地人称为坝子），面积为 978 平方千米，占全州总面积的 4.9%。[①] 景洪县正属这 49 个盆地之一。尽管是盆地，但这里坡地、梯田等在其耕地面积中仍占有相当的数量，因而利用水流重力条件，使灌溉水由高田向低田自由流动的灌溉方法就很方便。虽然按现今的技术水平说，这种方法还较落后，但由于它简单省事，仍成为这一地区主要采用的灌溉方法。

最后，西双版纳地处亚热带地区，这里没有四季之分，只有明显的干、湿两个季节，一般以每年公历 5—10 月为雨季，当年的 11 月至下年 4 月为旱季；或者也可将其按傣历划分为热季、雨季和冷季 3 个季节。一般说，

① 《西双版纳傣族自治州概况》编写组. 西双版纳傣族自治州概况［M］. 昆明：云南民族出版社，1986：1—2.

按傣历算“从正月（汉历10月）月下一日至五月（汉历2月）望日为冷季；五月月下一日至九月（汉历6月）望日为热季；九月月下一日至正月望日为雨季”。[①] 由于干、湿季节交替明显，从而这一特殊气候特点导致水稻栽插季节时的水利矛盾十分突出，以致平均、合理地分配灌溉水量，成了这一地区农业生产的重要内容之一。那么，如何进行分水呢？

二、“根多”甲的实际运用

从前面的分析可知，“根多”甲量级的制定以及量级的命名与一定历史条件下的经济状况、社会形态和政治制度密切相关。然而，作物生长和农业耕作需水量有其自身的客观自然规律，它并不依社会的阶级性而转移，而以土壤、作物类型、生产方式、灌溉方法等客观因素的综合作用为前提。

“根多”甲所配用的“闷南永”水渠，从其地理位置上看，它的渠头在景洪县曼（麻）喝勐山寨，水源主要以山泉、溪水等为主。由于山坡较大，所以水渠渠道沿山坡盘绕缓缓而下，灌溉面积有相当一部分为坡地、梯田。如前所述，西双版纳地区各村寨田块间有纵横交错的灌溉沟渠系统，然而却并非各田块中的水量都各自从沟渠直接获得。由于采用“自由漫灌”的灌溉方式，一般来说，从干渠分得的水量经各支沟流到所分配的稻田时，首先流入的是地势相对高的田块，待其灌满后，再依次由高田向低田自由散灌，最终完成某一区域的灌溉需水量。“闷南永”水渠灌区自由漫灌方式示意图见图7-6。

由图7-6我们可以看到，在流动灌溉过程中，每块田的出水口都是下一块田的进水口。显然，这个不间断的连续灌溉过程，可分为两个步骤：①满足各田块自身所需水量；②输送（排泄）满足自身需要后的多余水量给相邻的低田。当然，在整个灌溉过程中，偶尔也可根据实际情况，特别是在灌水十分紧张的情况下，一经满足某一区域的水量后即采取堵塞这一

① 国家民委民族问题五种丛书之一，中国少数民族简史丛书《傣族简史》编写组. 傣族史简史［M］. 昆明：云南人民出版社，1986：220.

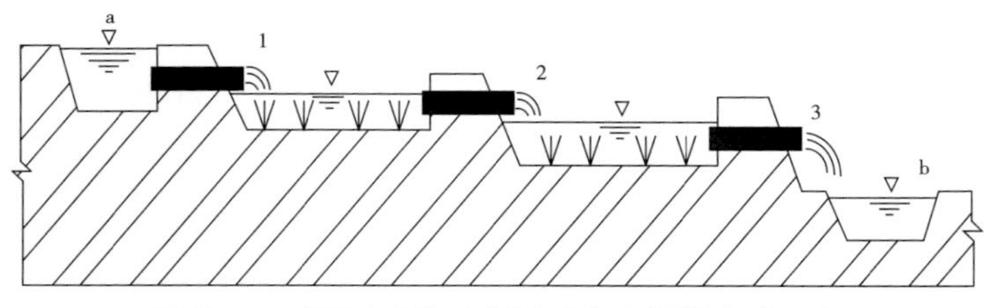

图 7-6　“闷南水”水渠灌区自由漫灌方式示意

注：图中 a 为灌溉进水沟，b 为灌溉排水沟。1、2、3 分别为各块田的进水和出水“分水竹筒”。

区域头尾进、出水口的特殊措施，使灌水能更有效地集中，并由沟渠输送到别的尚未达到灌溉用水标准的区域，从而使有限的水利条件得到较好的利用。但是，就一般情况而言，很少出现这种现象。因此，对处于山坡地带自然环境条件下的稻作区域来说，其稻作灌溉总需水量大约应为作物（耕作）需水量（G）加上渗透（损失）水量（D）再加上排泄（输送）水量（T）的总和（简单表示为：$m=G+D+T$）。但是，低洼或平坦的稻作区域与坡地区域明显不同，灌溉水在这些地区失去了自由漫灌的水流落差，因此不可能，也不需要采取像坡地区域那样从高田向低田依次灌溉的方式。简单来说，这类地区的灌溉需水量为作物（耕作）需水量加上渗透（损失）水量，基本上排除了排泄（输送）多余水量这一因素（简单表示为：$m=G+D$）。正是从这一生产和自然环境的具体情况出发，一般把地理位置处于河谷两侧，地势相对高而又有一定坡度的耕地面积划分为不保水田类；而把处于平坝或是洼地的耕地面积划分为保水田类，即使某一不大的稻田区域，也仍按这一原则分类，参看图 7-7，并按照分类后的田块来设置相应的“南木多”或过水竹筒。不保水田的过水竹筒见图 7-8。

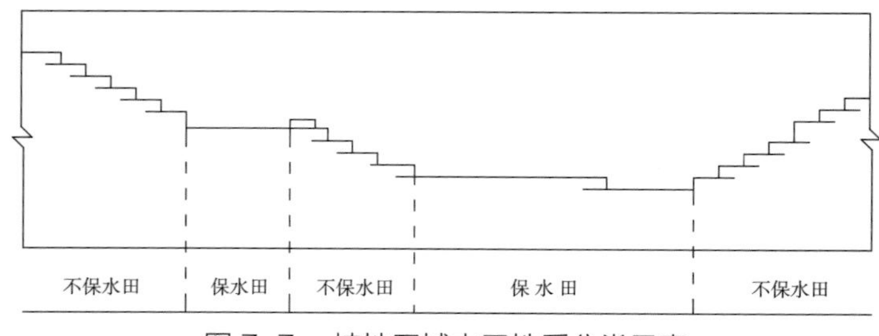

图 7-7　坡地区域水田性质分类示意

图 7-8 不保水田中的过水竹筒（诸锡斌 2013 年摄于西双版纳勐海县曼召寨）

从图 7-6 可以看出，这种对水田性质的认识和分类，主要来自其灌溉需要和稻作特点，具有很强的实践性和经验性。

通过以上分析我们可以知道，保水田与不保水田二者对灌溉水量的分配要求是显著不同的，表现为前者需水量小于后者需水量。因此，在水量分配过程中，就面积相同而保水性不同的田块而言，往往存在着运用不同分水量级的情况。这种事实，可先从“根多”甲的实际水量分配参考来加以说明（表 7-5）。

表 7-5 “根多”甲的实际水量分配参考

<table>
<tr><th rowspan="2">分水量级</th><th rowspan="2">柱径（cm）</th><th colspan="2">灌溉面积（纳）</th><th rowspan="2">备　注</th></tr>
<tr><th>保水田</th><th>不保水田</th></tr>
<tr><td>2 斤</td><td>4.0</td><td>100</td><td>60—70</td><td rowspan="4">1. 灌溉面积为“闷澜永”水渠所灌面积
2. 水量分配的实际应用为景洪县大曼磨“板闷”岩喊尖波涛介绍</td></tr>
<tr><td>1 斤</td><td>2.9</td><td>50</td><td>30—40</td></tr>
<tr><td>5 两</td><td>2.4</td><td>30</td><td>20—25</td></tr>
<tr><td>最小</td><td>1.8</td><td colspan="2">小块菜地或补足分配水量的机动用水</td></tr>
</table>

从表 7-5 中可以看出，同一分水量级既可用于面积相对广阔的保水田，也可用于面积相对小一些的不保水田；反之，同样面积的保水田与不保水田，也可由不同分水量级来分配。对此，笔者 1987 年调查时，属于这一灌区的曼列寨“板闷”岩伦波涛介绍说：对同是 50“纳”面积的田来说，属保水田的用 5 两的量级配给水，属不保水田的用 1 斤的量级配给水。实际调查表明，具体田块所需灌溉水量，完全由“板闷”依据长期实践经验并结合历史上的分水标准来决定，它的运用是十分灵活的。然而这种灵活性却都遵守着一个共同的原则，即无论是保水田还是不保水田，水量分配都必须以水稻生长和农业耕作的实际条件为出发点并在实际的动态灌溉过程中加以平衡，以最大限度地减少灌溉水的非生产性应用。显然，要达到这一目的，如果没有丰富的稻作生产经验，没有对灌溉水和灌溉技术以及相关的农业知识的把握，没有对自身所处环境的深刻了解，不熟悉所属管理区域各田块的具体情况，要想使灌溉水量分配合乎实际，体现灌溉水量分配的合理性，就只能是一句空话。这里，进一步以该灌区所属曼东老寨的水量分配为例来加以说明。

曼东老寨的稻作田块属于“闷南永”干渠灌溉的区域，它的地理位置处于干渠的中下段。20 世纪 80 年代，这里相当一部分是坡地、梯田，所灌面积（包括保水田与不保水田）共计约 1710“纳”。而构成这 1710“纳”水田面积的各田块地理位置又各异，因而在进行灌溉水量分配时，主要是依据各田块的实际情况来确定。顺“闷南永”水渠流向，自上而下可将这一区域所灌溉的水田面积分为不同的 6 个主要区域，各个区域按“根多”甲不同配水量级配置孔径不同、数量不等的“南木多”，并以此来控制各区灌溉的水流量，尽可能使水量分配合理。这一块区水量具体分配方式和有关情况，参看图 7-9、图 7-10、图 7-11 和表 7-6。

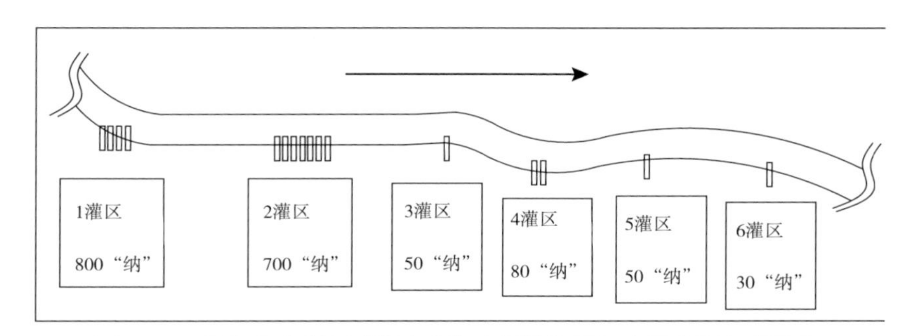

图 7-9　曼东老寨所属“闷南永”水渠灌溉面积水量分配方式示意

注：①图中箭头表示流水方向；②图中“▯”表示“南木多”，一个“▯”即安放一个南木多。

（1）　　（2）

图 7-10　“闷南永”水渠灌溉水量分配实况

［图（1），诸锡斌 1988 年摄于景洪县曼东老寨；图（2），诸锡斌 2013 年摄于景洪县曼列寨］

表 7-6　曼东老寨“闷南永”水渠所灌溉各区水量分配

灌　区	面积（纳）	“南木多”数量（个）	分水量级（斤/个）	共分水量（斤）	平均（斤/百纳）	备　注
一	800	4	2	8	1	灌区编号参看图 7-6
二	700	7	2	14	2	
三	50	1	1	1	2	
四	80	2	2、1 各一个	3	3.75	
五	50	1	0.5	0.5	1	
六	30	1	2	2	6.67	
共　计	1710	16		28.5	1.67	

注：表中面积、所用“南木多”数及分水量级 3 项数据由“闷南永”水渠“板闷”岩喊尖波涛提供。

从表 7-6 可以看出，各灌区每日所分得的水量是不同的，甚至相差很大。如前所述，“根多”在配水过程中是结合田块的实际情况进行的，而田块的保水性与不保水性又是实施分水的基本依据。由表 7-5 可以看到，由

图 7-11　景洪县嘎栋乡大曼磨寨的不保水田实况（诸锡斌 1987 年摄于景洪县嘎栋乡大曼磨寨）

2 斤量级分得的灌溉水量即可满足 100“纳”保水田的灌溉需要，也可实际灌溉 60—70“纳”的不保水田。也即说，如以 100“纳”的灌溉需水量计，需水量大于 2 斤的，一般可划为不保水田类；需水量小于 2 斤的，即为保水田类。很清楚，通过这一换算，我们就可依此方法找到基本适合于这一经验性配水技术的内在根据和原则。依照这一根据和原则进行划分，则表 7-6 中的一、五灌区应属保水田；四、六灌区属于不保水田；二、三灌区介于保水田与不保水田之间。这一划分与实际调查的情况基本符合。显然，保水田与不保水田的划分与水量分配的多少直接相关，二者既相互配合，又相互制约，并最终由这一地区稻作生产能否有序进行作为衡量的标准。

需要注意的是，在灌溉过程中，由于诸如土质、地势等自然环境因素的影响，往往造成了灌溉的复杂性，导致了水量分配的多样化。例如，就第二灌区的全部灌溉面积而言，平均每百“纳”需水 2 斤，介于保水田与不保水田之间。实际调查表明，这一灌区地理状况较为复杂，既有高田，又有洼地。因此，对这一灌区的高田部分来说，所需水量较多，具有不保水田的性质；但对这一灌区低洼平坦的低地而言，各种散水在此聚集，即使不配给水量，也能满足生产需要，应属于保水田。这一事实表明，保水田与不保水田的划分是相对的、具体的，在相对宽泛的保水田或不保水田的区域内，也会有局部的不保水田或保水田的存在，因此水量分配需要从实际出发来加以客观、灵活的应用。显然，在实际的水量分配过程中，必须根据实际情况，不断调整，在动态中因地制宜地分配灌溉用水，使所分水量尽可能满足这一生产区域内稻作生产的需要。当然，这种配水的灵活性，也受到了整体利益的限制。例如，第四灌区为明显的不保水田，这一区域平均每 100“纳”所分水量达到 3.7 斤，但由于这一灌区需水量变化较大，80“纳”的田有时需水量小于 3 斤，有时又大于 3 斤。因此，配水时，往往先开放 2 斤量级的“南木多”水口一个，看能否满足生产需要，如果不够，则再开放 1 斤量级的“南木多”水口一个。此时，如这两个“南木多”所配水量之和仍不能满足稻作生产需要，则“板闷”已无权继续给这一灌区多分灌溉水量，而必须向“召龙帕萨”① 报告，由他根据总的生产需要来决定是否可以再增加灌溉水的配给量。

研究表明，“根多”甲的具体运用与“闷南永”水渠以及这一水渠所灌溉的田地面积的具体情况和特点紧密相关。其实，这也是“根多”实际运用中最基本的要求和它于此地区得以存在的内在条件。既然“根多”甲的运用有其自身的特殊性，那么“根多”乙的运用又将如何呢？

三、“根多”乙的实际运用

“根多”乙配用于“曼真”水渠，与“根多”甲所配用的“闷南永”水渠不同，“曼真”水渠不是由山坡盘绕而下，而是流经景洪盆地的平坦地区，所灌溉的面积广阔而平缓。如果按前面所述的水田划分标准进行划分，应属保水田类。图 7-12 即为广阔而平坦的景洪县嘎洒区稻田。但是，即使

图 7-12　广阔而平坦的景洪县嘎洒区稻田（诸锡斌 1998 年摄于景洪县嘎洒区）

① “召龙帕萨”为傣语，相当于西双版纳历史上宣慰使司署（最高权力机构议事庭）的“内务大臣”。

对这一地势平坦、水田性质基本一致的灌溉区域而言，仍有其不一致的地方，犹如不能消灭事物间的差异一样，这里仍然存在着配水的矛盾。

我们知道，渠道在输水过程中会有水分损失，主要体现为蒸发损失和渗透损失。由于蒸发损失很小，可以忽略，因而渗透损失就成了渠道输水过程中水分损失的主要因素。它与土壤性质密切相关，也与渠道的长短紧密相连。实际调查表明，“曼真”水渠所灌面积的土壤差异总的不大，因此，沟渠的长短就成了水分损失的主要因素，是决定水量分配的主要依据。

由于这一灌溉区域广阔且多为平坝，因而不可能采取“闷南永”水渠灌区那种充分利用水流落差优势，依靠灌溉水自身重力自上而下进行“自由漫灌”的方法进行灌溉，而是开挖沟渠，形成干渠、主沟、支沟、分沟，建构起纵横交错的灌渠的系统和网络。灌渠的系统和网络将灌溉区域分割成一个个小单位，使各田块能够从较短的距离内直接从水沟获取自身所需水量。正因如此，分布于这一灌溉区域内的干渠会很长，支渠、支沟、分沟相对于坡地的灌溉区域而言，也将增长。由于渠道输水损失与其长度成正比，从而输水距离远和输水距离近的相同灌溉面积所损耗的水量是不同的，并且距离愈远，耗水愈多。因此，要保证输水距离远近不一而面积相等的田块都能得到稻作生长所需的同样水量，就必须相应地加大输水距离较远的那些田块面积上的水量。“根多”乙正是为适应这种情况而于实际中应用的配水量具，在长期的实际运用中，其得到了不断改进和完善，并充分体现出了“根多”乙所具有的特点，对此可参看表6-2。

由表6-2可以看出，“根多”乙的第七量级、第八量级，柱径分别为4.8和4.1厘米，所分水量分别为20“水”和15“水”。然而，它们对应的灌溉面积却同为7箩籽种面积（约折合为140“纳”或28亩）。何以如此呢？这条水渠的“板闷”波涛（图7-13）回答得很清楚。他介绍说：分配水量，不但要考虑田块的大小，而且还要根据田块距沟渠的远近来决定。一般说，距沟渠近的田块可少配给些水量，输水距离远的则必须多配给些水量，至于为什么“根多”乙的七、八两个量级所分的15“水”和20“水”都灌溉相同的面积，那是因为分20“水”的那7“箩”田相对较远的缘故。显然，

图 7-13 “曼真”水渠的“板闷”（管水员）波涛（诸锡斌 1987 年摄于景洪县嘎洒区）

“板闷”老人从自身的经验中已深刻领会了输水损失与渠道长短之间的关系，并且这种认识明确地保留在“根多”乙的分水量级上。此外，这一分水特点，在 1965 年国家对边疆民族地区的调查材料中也曾有记载：“分水办法，虽然有用木制的分水器，不仅考虑水田面积，而且还考虑距离水渠远近……例如近水渠田，每 100 纳分 400 水，至于远水渠田便要分 800 水甚至 1000 水以上。”[①] 显而易见，“根多”乙在实际运用中与“根多”甲一样，也是因地制宜地灵活掌握的。它们都体现了傣族人民对特定自然环境的认识，体现了傣族人民对农业生产各因素的综合认识，是长期实践经验的结晶。

四、“根多”甲与“根多”乙柱径差异分析

从前面的讨论中可以看出，“根多”甲和“根多”乙的分水根据和方法是一致的。都表现为通过“根多”柱径来度量“南木多”孔径进而达到控制流量的目的，并且“南木多”又都作渠堤下埋置，以有压自由出流涵管输水方式分流进行灌溉。但是，这两个“根多”除具有共同的技术要求外，同时也具有各自的特殊性，而二者存在的明显差异又突出地反映在“根多”甲与“根多”乙所配孔径大小与所控制的灌溉面积之间明显不同，参看表 6-1、表 6-2。研究表明，这种差异有规律地表现为，对大致相同的灌溉面积，“根多”甲比“根多”乙配水孔径普遍偏大。例如，灌溉 100 纳水田的“根多”甲的配水量级的柱径为 4.0 厘米（即所配的“南木多”输水孔径为

① 《民族问题五种丛书》云南省编辑委员会．西双版纳傣族社会综合调查（一）[M]．昆明：云南民族出版社，1983：36.

4.0 厘米），而灌溉 100 纳水田的“根多”乙的配水量级的柱径为 3.3 厘米（即所配的“南木多”输水孔径为 3.3 厘米）；灌溉 50 纳水田的“根多”甲的配水量级的柱径为 2.9 厘米（即所配的“南木多”输水孔径为 2.9 厘米），而灌溉60纳水田的“根多”乙的配水量级的柱径为2.7厘米（即所配的“南木多”输水孔径为 2.7 厘米）。为什么作为分配水量的标准量器，却又出现了标准不一的配水量级呢?

其实，在考察、分析了“根多”甲与“根多”乙的具体应用后，则对“根多”甲与“根多”乙为什么对应于灌溉面积相等的田块，各自采用的配水量级柱径不同的问题也就不难理解了。

首先，尽管“根多”甲和“根多”乙在稻作灌溉水量分配过程中，都采用控制流量的方法来分配水量。但这种控制却是依照水渠地理状况和田块的具体条件为前提的。当然，就小块面积而言，不同地理位置的田块需水量差异不大，矛盾暴露不出来。然而，随着面积的扩大，各种自然因素所带来的影响也随之加大，从而促使需水量差异日趋明显，这将使不同面积的需水矛盾突出来。这种矛盾明显反映在两种“根多”的柱径上。相对于小范围的水田而言，由于需水量差异不大，所以“根多”甲和“根多”乙最小一级量级的柱径同为 1.8 厘米，二者的柱径一致。然而，随量级不断增加和灌溉面积的不断扩大，需水量差异凸显。与此相一致，则“根多”甲和“根多”乙柱径的差异也不断明显起来。其实，分水技术作为获取最终谷物收成的手段，本身是为生产服务的，但是生产又是在具体自然环境条件下进行的，因而自然条件也将对分水技术的形成和应用具有深刻的制约和促进作用。正因为如此，分别应用于不同自然地理区域的“根多”甲和“根多”乙量级柱径差异的出现是不难理解的。它是环境因素对量级制定标准产生影响的具体体现，也是分水技术与具体稻作生产相互联系、相互制约、相互促进的反映。

其次，西双版纳地处祖国西南边陲，一方面，这里山高水险，交通不便；另一方面，这里优越的自然环境和气候条件为稻作农业创造了一个相对稳定的生产条件。相对封闭的地理环境和优越的农业生产条件，延缓了这一地区社会发育的进程。长期以来，西双版纳就具有深厚的自然经济色彩，生产的目的是自产自用，几乎没有商品生产，形成了许多封闭的大小“王国”和生产单位。在这些“独立”的“王国”内，人们有权依据自身生产实际在一定程度上改进和制定“根多”的分水量级标准，尽管尚有凌驾于这些“王国”之上的最高政权——宣慰使司署，但这一最高政权也仅只是从宏观上加以统治管理，并且其注重的是对“水”权的占有和“官租”的收取，至于农业生产技术的具体运用，往往无力从严“管理”；加之具体稻作生产和自然环境条件等复杂性原因，也不可能简单地对“根多”分水量级标准“一刀切”。因此，在这一特定的社会制度下，“根多”作为统一的分水标准量器却在不同地区和不同沟渠的运用范围内产生了一定的差异。

再者，从前面的分析中我们已经知道，稻作生产过程中，灌溉水量的分配是与田块的保水性与不保水性紧密相关的。一般来说，保水田与不保水田的划分，主要依据田块所处的地理位置，如前所述，“根多”甲历史上一直配用于“闷南永”水渠，其灌溉的区域多为坡地梯田；“根多”乙则配用于“曼真”水渠，灌溉面积多为平坝洼地。其实，这一地理状况由两条水渠的水文数据也可看出。参看表6-5我们可以知道，两条水渠的渠深、渠宽、水深均一样，说明它们的过水断面 W 相同。但是，“闷南永”渠的渠水流量 Q 为 $1m^3$/秒，而“曼真”的流量 Q 仅为 $0.3m^3$/秒，由于流量 Q = 流速（V）× 过水断面（W），显然，“闷南永”渠水流速要大于“曼真”渠水流速。而造成“闷南永”渠水流速大的主要原因，则在于“闷南永”的渠道比降大于“曼真”的渠道比降，说明前者相对陡峭，而后者相对平缓。这一事实说明“闷南永”灌区的水田多处于坡地，田块保水性差，也即不保水田相对多；而“曼真”灌区的水田多处于平坝，田块保水性相对较好，以保水田为主。二者相比，由于“闷南永”灌区水量损耗大，“曼真”灌区水量损耗相对小，因而“根多”甲所分水量要比“根多”乙所分的水量要多，故适当增加“根多”甲的分水量级柱径是符合稻作生产需要的。

此外，从灌水方式来分析，“闷南永”灌区多采用“自由漫灌”的方式。如前所述，其所需灌水量（m）= 作物（耕作）需水量（G）+ 渗透或损失水量（D）+ 输送或排泄水量（T）；而“曼真”灌区则多采用渠沟分送直接灌溉，从而所需要的水量减少了输送或排泄水量（T）一项，表明流动需水量相对较少。因此，相对于“根多”甲的柱径来说，减小“根多”乙的柱径，可以在灌溉水资源相对紧张的季节和情况下，使“根多”乙更适合于所使用的特定环境以及这一环境下的稻作生产需要。事实表明，“根多”甲与“根多”乙柱径之间存在的差异，很大程度上是傣族人民对农业生产认识的深化和灌溉技术更精确的表现，是傣族对水田生产和稻作灌溉客观规律的经验性把握和具体应用。

必须说明，灌溉作为稻作生产中的一项重要技术手段，最终以取得一定面积上的谷物收获为目的。由于谷物生长有其自身的客观规律，并且表现为一个连续的动态过程，因而灌溉技术也将根据农业生产的实际情况不断调整。例如，插秧时，需要使田中水层保持在 10 厘米时方为适合水量，水稻分蘖时，至少要保持 15 厘米的水层才能满足生长需要，及至黄熟季节，又必须及时撤干田水，以利收割。这些工作的完成，并不是仅仅依靠分水器就可达到的，更何况自然气候是一个多变的因素，往往生产中急需水时，却烈日炎炎，而生产中不需水时，又阴雨绵绵。这种种因素和复杂条件，都给分水器的运用带来许多麻烦。因此，尽管有了分水器和水量分配技术，然而它并不能一劳永逸地解决农田灌溉用水问题，加之它的运用充满了经验色彩，存在许多不足之处，因而需要在整个农业生产中与其他的农业技术相配合。例如，如前所述的西双版纳傣族在长期实践中创造和发明的“教秧”这种有效育秧技术，就是傣族特有的、与傣族灌溉技术默契配合的合理技术。与“教秧”技术相似，“分水器”使用最为突出和最能体现其功能的时期也正是在西双版纳旱季和雨季交接的水稻抢栽抢插的关键时期。

总而言之，“根多”作为西双版纳傣族于农业生产劳动实践中发明、创造的分配灌溉用水的重要标准量具，它能有效协调和一定程度上化解傣族稻作生产中用水的矛盾，对于稳定和促进这一地区的农业和社会发展发挥了重要的作用。依据调查、收集和整理的资料来分析，可以将“根多”分为“锥型根多”、“多级叠柱型根多”和“实用叠柱型根多”3 种类型。并且根据不同类型“根多”分水量级单位的名称和实际灌溉的面积的内在联系，可以推论出“根多”的历史演化经过了萌芽时期、发展时期、成熟时期3个不同的阶段。这3个阶段分别与“锥型根多”、“多级叠柱型根多”和“实用叠柱型根多”3种类型相对应，体现出西双版纳傣族对自然环境、农业生产、灌溉技术的认识水平，同时也显现出傣族社会不同历史时期的发展状况。分别对现今仍在运用的“根多”甲和“根多”乙的调查、分析不难发现，“根多”的应用并非“死板”地照搬标准，而是从实际的稻作生产需要出发，根据“保水田”和“不保水田”的特定情况灵活掌握，需要根据具体的地理状况和实际灌溉方式来进行灌溉用水的合理分配，以最终保证不同灌区稻作生产能够顺利进行。对此，西双版纳傣族熟练掌握和应用的分水技术，确实具有其自身的优势和合理性。

傣族传统

第八章 灌溉技术存留至今的原因分析

西双版纳傣族传统灌溉技术是傣族人民在长期生产实践中总结出来的优秀成果，凝聚着傣族人民的智慧。仅仅从“传统”二字也不难理解傣族的这一灌溉技术之所以能够流传和运用至今，是经历多少代傣族人承前启后付出艰辛与努力才获得的成果。它集聚着历史的厚重、民族的艰辛、社会的期待、文化的深沉，可谓是人们认识和了解傣族社会与历史、文化与生活、生产与行为的“活化石”。但是，为什么许许多多的传统技术在历史的长河中已经销声匿迹，即或偶有“沉渣泛起”，也不过是昙花一现。而纵观西双版纳傣族传统灌溉技术却能历经社会变迁，始终保持着旺盛的生命力，直至20世纪80年代还仍然运用于西双版纳部分地区的农业生产之中，至今还保留着它的痕迹。是什么原因给了它如此顽强的生命力？又是什么原因使它存留至今呢？

第一节 傣族传统灌溉技术与西双版纳特殊自然环境的关系

灌溉是一种技术。而技术作为技能、技艺、能力，是社会活动的工具和技能的系统；是认识和利用自然力及其规律的手段。它成为社会生产力的一个重要组成部分并被称为劳动得以实现时的社会关系指数。显然，技术通过各种途径影响社会，而它本身的发展也受到来自社会经济、政治、思想制度方面的巨大影响，但必须注意“技术发展的规律不能简单地被归结为社会经济规律，在社会学的研究中，技术发展特有的逻辑出发点是突出分析技术与人在劳动过程中的相互关系……这个逻辑是由技术与人类和自然界的相互关系决定的”。①

一、西双版纳的气候条件与传统灌溉技术的关系

西双版纳位于北纬 21 度 10 分至 22 度 40 分，东经 99 度 55 分至 105 度 50 分，属于亚热带气候类型。这里长年气候湿热，终年无霜，干湿季节分明，年平均温度在 18—22 度之间，年平均日照为 2086—2145 小时，年降雨量达 1200—1900 毫米，并且降雨集中在每年 5—10 月，其余月份为

① ［苏］Г. 瓦尔科夫. 技术与技术哲学［M］. 王炯华，译. 梁淑芬，校. 北京：知识出版社，1987：16.

旱季。此外，由于西双版纳东距北部湾、西距孟加拉湾只有六七百千米，是西南季风和东南季风的交汇地带，来自印度洋的西南季风和来自太平洋的东南季风带着充足的水汽沿着南低北高的地势从南向北坡爬升，进而凝结成充沛的雨水降落到西双版纳，有效地抑制了夏季温度的升高。这些因素的综合作用，形成了西双版纳长夏无冬、干湿季节分明、年较差小、日较差大、高温、高湿、雨量充沛、兼有大陆性气候与海洋性气候的优点，几乎没有不利于植物生长和农业生产的缺点。这一气候特点对于傣族聚居的低海拔河谷和平坝地区体现得更为突出。这里以具有代表性的景洪县水文化表站典型年逐月降水量为例（表 8-1），据此可对西双版纳的降雨特点作进一步分析。

表 8-1　景洪县水文代表站典型年逐月降水量分配　单位：毫米（mm）

站名	勐　龙		光　明		普　文	
月份	降雨量	比例（%）	降雨量	比例（%）	降雨量	比例（%）
1	28.3	2.0	19.0	1.1	25.1	1.5
2	15.3	1.1	19.6	1.2	17.2	1.0
3	31.3	2.2	27.8	1.7	26.5	1.6
4	67.3	4.7	44.3	2.7	54.9	3.3
5	179.5	12.4	162.7	9.8	155.9	9.5
6	213.8	14.8	269.1	16.3	245.7	14.9
7	244.7	16.9	346.5	21.0	342.3	20.8
8	276.8	19.2	366.3	22.2	361.3	22.0
9	160.6	11.1	165.0	10.0	171.9	10.5
10	130.3	9.0	140.8	8.5	144.7	8.8
11	62.8	4.3	60.0	3.6	68.5	4.2
12	34.6	2.4	31.7	1.9	30.0	1.8
总计	1445.3		1652.8		164.2	

注：资料来源：《云南省西双版纳傣族自治州水文手册第二册 · 水资源专辑》（内刊）第 70 页。

对表 8-1 的降水分配情况进行分析、整理可以看出，5—10 月份这一地区降雨约占到了全年降水量的 85% 以上，而其中仅 7—8 月的降水量就几乎接近了汛期（5—10 月）降水量的 50%，占了全年降水量的 40% 以上；反之，降水在当年 11 月—下年 4 月这半年时间内，仅只有全年降水量的 14%。降雨的不均匀性显现出了这一地区气候的突出特点，并成为影响该地区农业生产不可忽略的重要因素。

当然，制约水稻生产的气候因素是多方面的，除了水是作物生长发育的生活因子① 外，另外突出的生活因子就是光和温度。那么西双版纳地区光和温度的状况如何呢？我们以景洪县勐罕镇的温度条件为代表，对所收集、整理的资料进行分析，可以得到一些基本的参考数据，详见表 8-2。

表 8-2　景洪市勐罕镇各月气温　单位：℃

月份	一	二	三	四	五	六	七	八	九	十	十一	十二
温度	15.9	17.6	20.0	23.5	25.0	25.6	25.2	24.8	24.1	22.6	19.5	16.6
年平均温度	21.6											
年较差温度	9.7											
极端最高气温	39.7											
极端最低气温	5.4											

注：资料来源：郭家骥. 西双版纳傣族的稻作文化研究［M］. 昆明：云南大学出版社，1998：25.

在了解了景洪市勐罕镇气温的一些基本情况和特点后，进一步的分析表明，由于在海拔、纬度、经度基本相同的自然地理条件下，往往同一地区热量的状况与这一地区的日照条件呈正相关的关系。那么，勐罕镇的日照和太阳辐射情况又如何呢？经过对这方面的资料进行整理，我们可以得到景洪市勐罕镇日照及太阳辐射情况相关的基本数据，详见表 8-3。

表 8-3　景洪市勐罕镇日照及太阳辐射情况

纬　度	海　拔	年总量		最低月		最高月	
		日　照（小时 / 年）	辐　射（kJ/cm^2）	日　照（小时 / 月）	辐　射（kJ/cm^2）	日　照（小时 / 月）	辐　射（kJ/cm^2）
21° 43′	526m	1820.1	567.04	119.9	30.58	194.4	58.67

注：资料来源：郭家骥. 西双版纳傣族的稻作文化研究［M］. 昆明：云南大学出版社，1998：25.

① 作物生活因子是指作物生长、发育中必不可少的因子。

从表8-2可以看到，勐罕镇各月的气温变化并不激烈，呈正常的分布，热量在各月之间分布相对平衡，年较差也仅为9.7℃，极端最高气温和极端最低气温一年中也仅只有几天，十分有利于农作物的越冬。尤其是这一地区几乎全年的月平均温度都在10℃以上，而水稻的生物学零度为10℃，因此这一温度条件十分有利于水稻生长发育[①]。表8-3所列的数据也同样表明，太阳辐射和日照的情况也十分有利于这里植物的生长、发育。这一地区日照年总量达到1820.1小时，辐射带来了年567.04kJ/cm^{2}的热量；在日照和辐射最强的月份，甚至日照可以达到194.4小时/月，辐射达到58.67kJ/cm^2；即使在日照和辐射最低的月份，日照也可以达到119.9小时/月，辐射达到30.58kJ/cm^2。这表明西双版纳地区的光照和热量是十分优越的，并不会对傣族传统灌溉技术的应用产生根本的影响。

显然，西双版纳稻作农业生产的光、温、水几个关键因素是比较优越的。但是，对这3个关键因素进一步的分析不难看出，影响傣族传统灌溉技术的产生、发展的核心除其他因素外，最突出的制约因素就在于这一地区降雨的不均匀性。由于西双版纳地区降雨集中在5—10月份，但是旱季到雨季之间的4—5月份又是水稻生产需水量较大的犁田、插秧季节。因此从宏观上看，尽管这一地区的降水量十分充沛，雨量条件十分优越，但却往往不能解决插秧季节存在的水旱矛盾。因此，如何从西双版纳特定的气候条件出发来创建适合稻作农业生产实际需要的灌溉技术以及制定与之相吻合的灌溉制度，尤其是在4—5月份的农忙季节做到节约、平均、合理地分配有限的灌溉用水就成了稻作生产能否顺利进行的关键。正是西双版纳这种特定的气候条件，成为决定和促成傣族传统灌溉技术形成的重要原因之一。

① 一般而言，水稻的生物学零度为10℃，也即说水稻只有在温度达到10℃以上时，才能正常生长发育。

二、西双版纳的自然地理条件与传统灌溉技术的关系

西双版纳州地处横断山系纵谷地区的最南端，东部为无量山山地，西部为怒江山地，两山地以澜沧江相隔，自北向南倾斜并逐步沿东西两向扩展和延伸，使全州地形呈“扫帚”状。全境共有纵横交错并属于澜沧江水系的大小河流 262 条。这些河流以网状的方式覆盖西双版纳全境，成为这一地区农业灌溉的重要水源。由于西双版纳地处横断山系纵谷地区的最南端，属典型河谷地理，从而这里以山地为主，全州面积现今约 19000 平方千米，山地面积占了 18000 多平方千米，约为总面积的 95%，而山与山之间分布着的坝子（盆地）面积约为 970 平方千米，占总面积的 5% 左右，傣族自古以来就在这些坝子（盆地）中集聚和生活，形成了自身稻作农业生产的特点。西双版纳各县山间盆地海拔高度与面积盆地的简要情况见表 8-4。

表 8-4　西双版纳各县山间盆地海拔高度与面积

名　次	坝子名	海拔高度（米）	面　积	
			平方千米	亩
2	勐　罕	523	84.00	126000
3	勐　龙	605	79.22	118830
4	景　洪	533	76.05	114075
8	普　文	854	41.88	62820
13	勐　养	735	25.53	38295
14	整　糯	893	24.63	37020
15	勐　旺	1130	16.46	24690
21	勐　宽	745	11.29	18435
31	勐　宋	1557	2.98	4470
38	勐　板	1202	2.19	3250
39	曼庄尖	648	2.04	3062
	景洪县合计	（11 个）	366.27	550947
1	勐　遮	1182	175.39	263085

续表

名　次	坝子名	海拔高度（米）	面　积	
			平方千米	亩
5	勐　混	1159	54.00	81000
6	勐　海	1104	50.63	75000
12	勐　阿	1044	26.40	39600
16	打　洛	604	25.01	22515
17	勐　板	692	14.98	22470
18	勐　宋	976	14.20	21300
20	勐　满	838	11.75	17625
22	勐　往	767	9.84	14760
25	勐　康	1040	5.31	7965
26	东浪大寨	1215	4.09	6135
29	勐　邦	1195	3.54	5310
30	勐　岗	1280	3.41	5115
33	勐　宽	600	2.84	4260
41	黑龙潭	1344	1.85	2775
42	勐　昂	1192	1.82	2730
44	勐　翁	1140	1.73	2592
	勐海县合计	（17个）	406.79	594237
7	勐　捧	545	47.90	71850
9	勐　润	547	38.20	57300
10	勐　腊	610	34.60	51900
11	勐　满	583	33.96	50940
19	勐　仑	529	12.85	19240
23	勐　伴	713	8.68	13020
24	尚　岗	703	5.64	8464
27	曼　庄	673	4.04	6060
28	尚　勇	735	3.80	5700
36	勐　远	637	2.55	3825
32	勐　醒	538	2.95	4425
34	勐　岗	567	2.66	3990
35	龙　因	629	2.62	3930
37	么　龙	782	2.28	3420
40	小龙哈	670	1.86	2790

续表

名　次	坝子名	海拔高度（米）	面　积	
			平方千米	亩
43	纳　着	680	1.78	2670
45	曼　当	720	1.00	1500
45	曼　晏	748	1.00	1500
45	龙　戛	748	1.00	1500
45	大龙哈	664	1.00	1500
45	南　坡	747	1.00	1500
45	磨　歇	741	1.00	1500
	勐腊县合计	（22 个）	212.37	318524
	全州合计	（50 个坝子）	985.43	1463708

说明：勐海县勐遮坝面积其他资料均为 24 万亩。

注：资料来源于高力士. 西双版纳傣族传统灌溉与环保研究［M］. 昆明：云南民族出版社，1999：123—125.

西双版纳的宏观地理如此，而特殊的地理条件也相对突出。由于澜沧江纵横景洪县全境（图 8-1），自北倾斜南下，构成“V”型的澜沧江谷地。谷地本身又可以分为高低两级或三级阶地，高阶地高度为 30—50 米，低阶地为 10—20 米。长期以来，哈尼族、布朗族、基诺族、拉祜族等山地民族大多生活在山区或这些坝子四周。傣族人民则大多在这些海拔不高的广大的阶地或坝子（盆地）依河、傍溪及河滨处建立村落和开垦农田，并建立起自身特色的稻作农业。而与之相联系的传统灌溉技术也正是在这种地理状况下不断发展完善起来的。西双版纳州的自然地形纵剖面示意参见图 8-2。

图8-1　澜沧江纵横景洪县（诸锡斌2008年摄于景洪县）

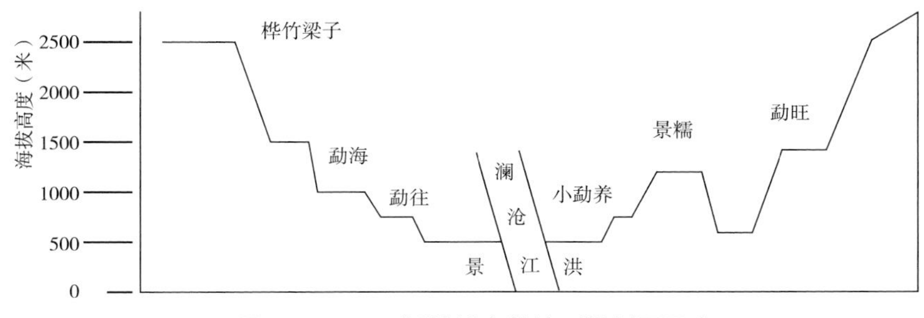

图 8-2　西双版纳州自然地形纵剖面示意

从图 8-2，我们可以看到这一地理状况具有典型的河谷地貌特征。其中，横贯西双版纳全境的澜沧江发源于青藏高原的唐古拉山北麓，由西藏东部流入云南，经西双版纳流出境外后，再流经老挝、缅甸、泰国、柬埔寨、越南最后流入太平洋。处于这一河谷区域中的各平坝，从上至下，层层叠叠，海拔相差较大，并且西双版纳特定的河谷地理特点，造成了水流或河流具有较大落差的水文特征。加之这一地区丰富的雨水、河水对河床、地貌的长年冲刷，进而造成对地势切割严重，河床大都处于低洼之处。因此，尽管这里气候条件优越，年降水量充沛，如景洪市“多年平均径流量（产水量）为 33.1 亿立方米，人均径流量 1.1 万立方米，高于全国（2700 立方米）、全省（6400 立方米）”。① 但由于河床低于耕地，所以在早期生产力水平和科学技术水平相对低下的情况下，大多数的自然河流的水资源并没有得到充分利用。相反，由于这里优越的自然条件“哺育”了大片茂盛的森林，有效地涵藏了大量的泉水、地下水和山箐溪水，为农业灌溉提供了十分丰富的水源。并且这一地区山多平地少，全州坡度小于 8 度，相对平坦的土地仅有 188.74 万亩，占总面积的 6.56%；8—15 度的土地面积 258.48 万亩，占总面积的 8.98%；15—25 度的土地面积 1414.97 万亩，占总面积的 49.28%；25—35 度的土地面积 822.74 万亩，占总面积的 28.50%；35 度以上的土地面积 179.17 万亩，占总面积的 6.23%；主要水面

① 郭家骥．西双版纳傣族的稻作文化研究［M］．昆明：云南大学出版社，1998：27.

10.57万亩，占总面积的0.36%[①]，流水具有落差大的特点。在这种自然环境下，采用“自由漫灌”的灌溉方式是十分方便和有效的。它说明，长期以来西双版纳傣族在稻作生产实践中所形成和广泛应用的这种“漫灌”方式的灌溉技术，以及在此基础上形成的灌溉水的分配技术和与之相适应的以“板闷制”为代表的水利灌溉制度等，都具有深刻自然原因。

三、西双版纳自然生态环境与传统灌溉技术的关系

西双版纳优越的气候条件和特殊的自然地理环境，哺育了这一地区令人瞩目的热带、亚热带雨林。传统灌溉技术之所以能够存留至今，与这里良好的自然生态环境有着密切的关系。在20世纪50年代前，西双版纳地区森林覆盖率在50%—70%上下波动；20世纪90年代初，该地区森林覆盖率下降至33.9%，热带雨林仅分布在海拔900米以下低山丘陵及盆地河谷，大量原始森林被毁而开垦为粮田[②]。但随着人们认识的不断深化和国家进一步加强对森林资源保护的力度，“据1994年省林业勘察设计院对对该州进行的二类资源调查显示，全州森林覆盖率已恢复到59.26%（含茶叶、胶林、木本果树）”，[③]已经恢复到了20世纪50年代初的水平。这表明，尽管西双版纳地区森林覆盖率曾经在历史的进程中有过波动和变化，但是总体上森林植被在动态中保持了相对优越的覆盖率。正是这种状况的存在，才为传统灌溉技术的运用奠定了良好的基础。

值得注意的是，西双版纳傣族在各类历史事件和“政治运动”中，为什么能够相对稳定地保护好它们赖以生存的自然生态环境呢？一方面与傣族对森林与稻作农业生产关系的认识有关。傣族人民在与自然的长期相处中，深刻认识到没有森林就没有水源，没有水源就没有水稻田，没有水稻

① 西双版纳傣族自治州地方志编纂委员会．西双版纳傣族自治州志（中册）[M]．北京：新华出版社，2002：98—99.

② 蓝勇．历史时期西南经济开发与生态变迁[M]．昆明：云南教育出版社，1992：10.

③ 郭家骥．西双版纳傣族的稻作文化研究[M]．昆明：云南大学出版社，1998：90.

田也就没有人们赖以生存的鱼和米，人类就不能繁衍生息。傣族与水，似乎有一种特别的缘分。傣族生产生活离不开水，傣族谚语说："建寨要有林和箐，建勐要有河与沟。"傣族非常崇拜水，并像保护生命一样保护水资源。也正是由于傣族注重了对森林生态的保护，从而为傣族的稻作生产提供了稳定的主要水源。另一方面，与傣族在长期农耕文化中培育出的敬畏自然生态的宗教有关。其中，"垄林"作为这种自然生态宗教孕育的产物，与保证传统灌溉有着十分密切的关系。傣族认为"垄林"是寨神（氏族祖先）、勐神（部落祖先）居住的地方。"垄林"的一切动植物、土地、水源都是神圣不可侵犯的，严禁砍伐、采集、狩猎、开垦，即使是风吹下来的枯树枝、干树叶、熟透的果子宁肯让其腐烂也不能拣。为了乞求寨神、勐神保佑村民的人畜平安、五谷丰产，每年还要以猪、牛作牺牲，定期祭祀。西双版纳借助"神"的力量保护"垄林"，实际上也就保护了水源林，从而保证了传统灌溉稳定的水源。正是从这个角度来说，与其说"垄林"是寨神（氏族祖先）、勐神（部落祖先）居住的地方，莫不如说是确保稻作生产和灌溉得以进行的水源林（关于傣族原始宗教对传统灌溉技术的影响在后面将进一步阐述）。

从上面的分析可以看到，西双版纳州具有自身特殊的自然气候条件、地理环境、生态植被。这些客观条件与我国北方黄河流域不一样、也与我国南方的大多数地区不同。其所处的地理位置和由此所形成的优越的条件，成为西双版纳稻作农业得以产生和发展的自然前提，同样也为傣族传统灌溉技术的应用创造了条件。可以设想，如果缺失了这一条件，所产生的可能就不是这种灌溉技术，而是其他形式的灌溉技术了。因此，只要这些自然条件没有根本改变，就必然为傣族传统灌溉技术的存在与延续提供稳固的、自然的客观保证。因此我们可以认为，傣族传统灌溉技术之所以能够保留至今，自然条件的特殊性和相对稳定性不能不是一个重要的原因。

第二节 傣族传统稻作农业的稳定性对传统灌溉技术的影响

西双版纳傣族是一个具有悠久稻作历史的民族，千百年的艰苦劳作和勤奋创造，最终使傣族在西双版纳这块肥沃的土地上建立起来了具有自身民族特色的稻作农业形态。而与这种农业形态相结合的傣族传统灌溉技术，在历经漫长的历史考验后，相对完善地得以保留下来。其中，傣族传统农业所具有的稳定性不能不说发挥了重要的作用。

一、西双版纳自然条件下产生的稻作农业具有稳定性

西双版纳傣族的传统灌溉技术是以水稻种植为核心而展开的，水稻成为这一技术得以产生和发展的重要基础。稻作生产及其特殊性决定了傣族传统灌溉技术所具有的特点和运用方式。然而，为什么这一地区的作物种植不是小麦，不是高粱，而以水稻为主呢？农业的形成和发展的规律告诉人们，作物驯化是一个漫长的历史过程，也是人类认识和利用自然规律取得的划时代成果。正如马克思所指出的："在农业上面，大体上说，自始就

有自然力在协同的发生作用。"[①] 早期人类发明农业，驯化作物，离不开特定的自然环境，因而除去人类的主观能动性外，农业生产所需条件及农业生产内容和特点，无疑取决于不依人的意志为转移的客观自然环境条件和自然资源。

西双版纳地处热带北部边缘，北有哀牢山、无量山为屏障，阻挡南下寒流；南面东西两侧靠近印度洋和孟加拉湾，夏季受印度洋西南季风和太平洋东南气流的影响，造成了高温多雨，干湿季节分明而无四季之分的特点，且既不受寒潮直接威胁，也不受台风袭扰，年温差小，日温差大，兼有大陆性气候和海洋性气候的优点。这一优越的自然环境为水稻成为这一地区农业形态生存竞争的优胜者创造了条件。其中，与作物生长所必需的光、热、水基本自然因素可参看（表 8-5）。

表 8-5　西双版纳三县光、热、水状况

县　名	勐　腊	景　洪	勐　海	平　均
海拔（m）	631.9	552.7	1176.3	—
日照时数（h）	1859.7	2299.5	1176.3	2058.8
年平均气温（℃）	20.9	21.7	18.0	20.2
最热月平均温度（℃）	24.6	25.5	22.1	24.1
最冷月平均温度（℃）	15.2	15.5	11.3	14.0
≥ 10℃积温	7631.0	7948.0	6504.0	7361.0
≥ 18℃日数	253	269	200	241
极端最低气温年平均值（℃）	5.6	5.7	−0.5	3.6
无霜期（d）	365	365	332	354
年降水量（mm）	1547.6	1198.9	1378.1	1374.9
年蒸发量（mm）	1206.7	1322.5	1227.4	1252.2

注：①表中年降水及蒸发量为 1979 年资料，年蒸发量为换算的 E601 蒸发量。②其余各项均为 1978 年资料。③资料来源：《云南省西双版纳傣族自治州水文手册第二册 · 水资源专辑》（内刊）第 20 页。

① 马克思. 剩余价值学说史第一卷［M］. 郭大力，译. 北京：人民出版社，1975：42.

（1）光的因素：大量研究结果表明，我国广大区域，诸如四川、贵州、陇南、鄂西南、湘西及东北稻作区，水稻生长季节的日照在 1000 小时以下，而 1400 小时以上的区域仅只分布于华南南部、云南南部、我国北部的河套、河西走廊、新疆东部。[①] 然而，从表 7-4 中我们可以看到，西双版纳年平均日照高达 2058.8 小时，其光资源是十分充足的。

（2）温度因素：积温是影响水稻生长期长短的关键因素。作物有效积温的计算一般是以作物某一生长发育时间内每日的日平均温度减去作物的生物学零度所得差数之和（作物有效积温 = Σ作物每日的日平均温度 - 作物的生物学零度）。水稻的生物学零度一般为 10℃，水稻的有效积温往往是决定稻作种植制度的基本参数，通常水稻≥ 10℃积温达 2000℃时是单季稻的界限；达到 4500℃时是双季稻的界限；达到 5300℃时是双季稻的安全界限；大于 7000℃时才有可能成为三季稻种植区。如表 7-4 所示，这一地区年平均积温（≥ 10℃）已达 7361.0℃，且几乎全年无霜，即使最冷月的平均温度也在 14℃而大于 10℃。其中，水稻安全齐穗所需大于 18℃的日数，平均每年也有 241 天。这一热量资源对水稻生产来说是相当优越的。

（3）水的因素：水分是水稻生产的重要限制因素。研究表明，我国华南地区降雨量多在 1200 毫米；长江流域为 800—1200 毫米；黄河中、下游为 500—700 毫米；东北为 500—800 毫米；西北内陆则在 200 毫米以下。[②] 然而，由表 7-4 可以知道，西双版纳年平均降雨量为 1374.9 毫米，大于降雨量最大的华南地区。无疑，降水量在这里具有很大的优势。

从上面的分析可以知道，对作物生长所最需要的 3 个基本自然要素，“自然之神”都慷慨地交付给了西双版纳这块宝地。它为水稻生长提供了得天独厚的生态状境，于这一优越的自然条件下定向培育、驯化水稻并在此基础上发展稻作农业，显然是事半功倍。这说明西双版

① 中国农科院. 中国稻作学［M］. 北京：农业出版社，1986：89.

② 中国农科院. 中国稻作学［M］. 北京：农业出版社，1986：92.

纳稻作农业的产生很重要的因素在于它是特定自然环境的必然产物。也正是由于自然环境选择了稻作农业，同时也就必然选择了与之相适应的传统灌溉技术。只要自然环境因素没有发生根本变化，傣族稻作农业就不仅不会消失，而且还将不断地巩固和发展。而与这种农业形态相关联的傣族传统灌溉技术也就具有其存在和发展的内在合理性。在特定的社会条件下，只要稻作农业不消失，傣族传统灌溉技术就将稳定地存在下去。

二、西双版纳傣族传统稻作农业的优势有利于傣族传统灌溉技术的保存

傣族传统稻作农业是特定自然环境的产物。然而，大家应该明白，农业与植物是两个不同的概念。当水稻尚未成为农业劳动对象时，水稻作为一种植物本质上只是生物学分类中的一个种，西双版纳优越的自然环境条件，仅仅只是说明了其对水稻这种植物生长、发育具有良好的保障作用而已。而农业实质上是人类的生产实践活动，农业的产生标志着以特定的作物为内容的物质生产产业的形成。它体现的是人类的物质生产活动，体现的是人类改造自然的成果。因此，农业生产所面对的就不再是单纯的植物，植物在这里已转变为经过人类不断驯化和改造的劳动对象，植物在这里转化成了作物，是打上了人类意志的烙印的。显然，农业的本质就是自然再生产与经济再生产的结合。作为自然再生产的农业生产来说，它强调了生产的自然属性，强调农业生产实质上就是生物性的性质，具有其内在的自然规律，需要实施符合作物生长发育客观规律的技术来保证作物的良好生长；作为经济的再生产，表明农业生产具有明显的价值取向，它需要通过人类的主观能动实践，提高作物产量，以获取最大的经济效益来满足人类的需要。正因为如此，农业才被认为是一个物质生产的产业部门。对此，马克思指出“经济的再生产过程，不管它的特殊的社会性质如何，这个部

门（农业）内，总是同一个自然的再生产过程交织在一起”。① 西双版纳稻作农业也同样如此，不管这种稻作农业所处的社会形态怎样，水稻在农业生产中已不再是单纯的植物，而是被打上了人类实践活动烙印的作物，具有其实实在在的经济价值。而正是这种经济价值的存在，引导着西双版纳社会形态在历史进程中不断变迁。

一般来说，不同的自然地理和气候条件会形成不同农业形态。我国总体上主要分为旱地农业和水田农业两大类，而水田农业的主要生产对象就是水稻。傣族所创建的稻作农业就是典型的水田农业形态，与西双版纳地域范围内的山地为主的旱地农业相比，其所具有的优势是明显的。

首先，傣族生活的平坝地区，是各类水流汇聚的地区，十分有利于水稻的生长。尤其值得关注的是，水稻的生长于这种相对稳定的低洼地区环境中，具有受气候干扰小、产量稳定的优势。一方面，由于水稻是耐涝性作物，当某一时段水量过多时，水稻可以较好地抵抗这种侵害，一定程度上保证了劳动成果不受损失或少受损失；另一方面，当山地区域水量不足或受到干旱威胁时，由于平坝地区相对低洼，从而各方汇集而来的水量仍可一定程度上维持稻作农业的生产。因此，在早期生产力水平低下的情况下，与山地的旱地农业相比，傣族的稻作农业具有稳定、高产的特点，有效地保证了傣族社会的经济实力。这也是为什么傣族最终在与其他民族长期的“较量”中成为了西双版纳的主导势力、成为这一地区强大民族的一个不可忽略的重要原因。

其次，不可忽略的另一个原因在于稻米的营养成分是比较合理的。在稻作农业发展的历史过程中，实际上其他作物也在不断地产生和发展，但为什么最终是稻作农业占了上风呢？除去其他原因之外，稻作农业的不断巩固和发展似乎与稻米的营养成分、口味、食用方式等还有着内在的联系。现代科学研究表明，稻米的营养成分是比较合理的。稻米（均值）营养成分详见表 8-6。

---

① 马克思，恩格斯. 马克思恩格斯全集（第 24 卷）[M]. 北京：人民出版社，1979：398—399.

表 8–6 稻米（均值）的营养成分（每百克含量）

成分名称	含 量	成分名称	含 量	成分名称	含 量
可食部（%）	100	水分（克）	13.30	能量（千卡）	346
蛋白质（克）	7.40	碳水化合物（克）	77.90	膳食纤维（克）	0.70
脂肪（克）	0.80	胆固醇（毫克）	0		
维生素 A（微克）	0.00	β 胡萝卜素（微克）	0.00	维生素 C（毫克）	0.00
维生素 B_1（毫克）	0.11	维生素 B_2（毫克）	0.05	烟酸（毫克）	1.90
维生素 E（毫克）	0.46				
α 生育酚		β – γ 生育酚		δ 生育酚	
钙（毫克）	13.00	镁（毫克）	34.00	锌（毫克）	1.70
钾（毫克）	103.00	磷（毫克）	110.00	钠（毫克）	3.80
铁（毫克）	2.30	硒（微克）	2.23	铜（毫克）	0.30
锰（毫克）	1.29	碘（毫克）	0.00		

资料来源： http://www.youdlife.cn/jiankangguanjia/show.php?itemid=96.

从表 8–6 中不难看出，稻米所含的营养成分相对均衡，对于人类的生长、发育，保证人体的强壮是具有优势的。正是由于稻米不仅收获的经济效益相对高，而且营养价值也能满足人体的需要，从而最终使得水稻成为了这一特定区域驯化的主要粮食作物。

现今世界上 50% 以上的人口都以稻米为主要食品，而且 90% 的水稻是由亚洲地区种植。这是人类最终选择的结果，同时也表达着稻米所具有的优势。从这个意义上说，西双版纳傣族稻作农业的产生和发展，是这一特定地区的民族为满足人体生长发育基本条件所作的最佳选择。傣族人创造了自身的稻作农业，但是在傣族传统的稻米生产中，傣族人更钟爱种植糯米品种。由于糯米的营养相较其他品种更为有利，成为了傣族人生活中不可缺少的食物，甚至傣族人将是否吃糯米饭看成是判定自身民族的标志。以致在“文化大革命”中，当要把种植糯稻改为种植黏稻时，曾受到傣族群众的强烈反对，表示“不准我们吃糯米饭，就是不承认我们是傣族”。[①]由此不难看出，稳定的稻作农业深刻影响了傣族的社会、生产和生活方式，并由此孕育出傣族顽强的传统稻作农业理念，并且这一理念强有力地内化于傣族行为方式之中。由于种稻离不开灌溉，从而稳定的稻作农业生产无疑会对傣族传统灌溉技术的保存具有深刻的影响。

再者，傣族人已经形成了一套完整的以稻作为核心的食物加工与消费体系。傣族稻作农业生产不仅涉及种植、田间管理和收获，同时也与稻米的食品加工密切相关。这种状况，至今仍然完整地保留于傣族社会和从上至下的傣族各阶层中。在傣族的日常生活中，傣族人吃的是糯米饭，下田干活时，带的是糯米饭团；加工的副食也主要是糯米制品，例如用油炸后食用的“毫滇”（晒干的糯米薄饼）香脆可口；将糯米装入新鲜竹筒中于火上烘烤制成的“竹香饭”清香诱人；用糯米粉与红糖、芝麻、花生和匀后，分别用芭蕉叶包裹并以细蔑条包裹成小包以备日后节庆、婚、丧等活动中热蒸食用的“毫莫索”；用糯米爆出的米花以及制作成的米花糖；用稻米酿制成的米酒，等等。甚至，糯米和泡米水还是傣族民间治病的良药。例如，久病体弱，可以进食紫糯米滋补身体（现今的科学实验表明，糯米富含B族维生素，它能温暖脾胃，补益中气，对脾胃虚寒，食欲不佳，腹胀腹泻有一定缓解作用；对尿频、自汗，有较好的食疗作用，一般的人群都能够食用）；用紫糯米与其他草药配合治疗骨折；用泡米水配以鸦片等其他物质治疗疟疾。甚至在缺乏肥皂和洗涤用品的条件下，用糯米的淘米水来洗头也是傣族喜爱并且效果不错的洗头剂。这种建立在稻作农业之上的饮食习惯和习俗，以及由此形成的稻作情怀和文化特征，使得西双版纳稻作农业具有了其他农业和其他作物所不能比拟的优势。正是在这种优势的光环下，增加了人们对傣族传统稻作农业的肯定，也增强了稻作农业的稳定性。在这种情势下，十分有利于对傣族传统稻作灌溉技术的认可和对这种技术的关心、爱护。

---

① 郭家骥. 西双版纳傣族的稻作文化研究［M］. 昆明：云南大学出版社 1998：135.

三、傣族特色水稻栽培技术促进了传统灌溉技术的保存

西双版纳傣族稻作农业技术是伴随着其适合这一地区的稻作农业生产需要而发明、发展和完善的。在历史的进程中，傣族从自身的生产实际出发，因地制宜地形成了一套从耕作、播种、栽种、管理、收获等相对完善的稻作农业生产技术体系，并且有些技术是其他地区没有的。其中，“教秧”技术就是一个代表，并且“教秧”这一稻作技术往往需要傣族特有的灌溉技术来给予保证。

首先，教秧技术的产生是傣族于特定自然环境下发明的传统稻作农业技术。如前所述，西双版纳有着得天独厚的自然环境，稻作农业生产的光、温、水几个关键因素是比较优越的。但是由于西双版纳地区降雨集中在5—10月份，旱季到雨季之间的4—5月份却是水稻生产需水量较大的犁田、插秧季节，因而自然降雨不能解决插秧季节存在的水旱矛盾。因此，在靠天吃饭的傣族农业生产中，如何解决这一矛盾成了稻作农业能否顺利开展的制约因素。尤其是在旱季时间较长的年份，这一矛盾更为突出。为了解决这一矛盾，西双版纳傣族发明了“教秧”技术。这一技术在长期农业实践过程中历经考验，充分证明其是一种先进的传统稻作栽培技术。

其次，教秧技术是一项颇具特色的傣族传统稻作技术。水稻育秧是稻作技术中的重要内容之一。俗话说“秧好一半谷”。水稻秧苗的好坏，直接影响着水稻的生长与水稻的产量。但是，由于西双版纳特殊的自然条件，旱季缺水而导致水稻秧苗无法移植到水稻大田去的情况却每每发生。为此，西双版纳傣族从特定的自然条件出发，在播撒水稻籽种之后，采用水育秧方式进行培养，将其秧龄控制在1个月以内。即待撒种20—25天以后，把生长良好的秧苗移植到水利条件较好的水田中进

行密植，也即进行“教秧”。“教秧”时，密植程度一般为传统大田栽插密度的4倍以上。5—10天以后，当“教秧”业已“返青”，再进行10—15天的寄植，即可拔起正式移栽于大田。由于“教秧”所用的是肥力高的田块，加之所栽传统品种植株高大，从而经寄植后的“教秧”质量十分优良。由于“教秧”相当高大、粗壮，因而栽“教秧”于大田时，行株距可以拉得很宽，以至于1亩“教秧”往往可满足15亩大田的栽插需要。这既省了种子用量，又因为秧苗茁壮而提高了产量，从而深受傣族群众的欢迎，并延续下来。“教秧”技术的发明，有效地保证了西双版纳地区的稻作农业的顺利进行，并进一步巩固和稳定了傣族的稻作农业形态。

再者，“教秧”技术与传统灌溉技术相适应。“教秧”技术是为了适应西双版纳特定的气候和自然环境而由傣族发明创造的技术。这一历史悠久的传统栽培技术与传统灌溉技术互相呼应，推动着西双版纳稻作农业的发展。其实，傣族传统灌溉技术与“教秧”的产生具有相同之处，也即傣族传统灌溉技术的一个重要功能，就是有利于更好地分配灌溉用水。尤其在插秧季节用水量急剧增加的情况下，如何最大限度地将灌溉用水合理分配，进而满足稻作农业生产的需要呢？正是在这一矛盾的推动下，促进了傣族去思考和探索，并最终发明了具有民族特色的分水器“根多”和“南木多”，以及与此相配套的傣族传统灌溉技术。

当然，除了“教秧”技术和傣族传统灌溉技术外，还有大量的其他围绕水稻种植这一核心而开展的技术创造。它们共同的特点是各项技术发明的核心都是紧紧围绕着水稻种植和稻作农业生产需要从实践中总结和发明的，具有强烈的经验色彩。其实，在漫长的稻作农业生产实践中，无论是“教秧”技术还是传统的水量分配技术，也无论是沟渠的修理技术还是沟渠的检验技术，往往是环环相扣的，并由此构成了西双版纳傣族自身特色的传统稻作农业技术体系。并且这一技术系统在不断的巩固和发展过程中，逐步沉淀并于无形中转化为傣族的技术理念，甚至成为傣族文化的一个组成部分（关于傣族文化的影响后面还将进一步阐述）。而这些理念和文化反过来又“固化”着西双版纳傣族传统农业技术体系，“固化”着这一技术体系内各项具体农业技术的发展趋向。这种固化作用在稳定傣族传统农业的同时，也必然包含了对傣族传统灌溉技术的固化，并且引导和制约着其发展的方向。

第三节 傣族传统灌溉技术得以保留的社会原因

马克思指出："人们自己创造自己的历史，但是他们并不是随心所欲地创造，并不是在他们自己选定的条件下创造，而是在直接碰到的、既定的，从过去承续下来的条件下创造。"① 同样，生产技术作为人们向大自然索取的手段和方法，也与人类历史相一致，有一个继承和发展的过程，并且总是与特定的社会条件、自然环境和生产方式相联系。因此，要分析西双版纳灌溉技术为什么能够保存至今，并且还仍然在部分地区运用，除了需要分析其得以存在的自然原因之外，还不得不分析这一传统灌溉技术得以保存的社会原因。

一、傣族传统灌溉技术得以保存与傣族社会形态发育较低有关

邓小平认为科学技术不仅是生产力，而且是第一生产力。其实，生产力概念的提出，一开始就与社会学和经济学紧密相关，这表明科学技术不是

① 马克思. 路易·波拿巴的雾月十八日［M］// 马克思，恩格斯. 马克思恩格斯选集（第一卷）. 北京：人民出版社，1995：603.

单纯的认识和改造世界的问题。从更深刻的方面来说，它是人类社会得以存在和发展的基础。其中，技术作为最直接和现实的生产力则是从古至今为人们所深刻体验的客观事实。一方面，科学技术的水平决定着社会存在状态和社会形态；另一方面，特定的社会形态又将明显地制约和促进科学技术的状况。这就意味着傣族传统技术之所以可以长期在西双版纳地区存在，除了它具有的特定自然状况外，特定的社会形态将是其不可回避，而且必须进行分析的重要内容。

首先，西双版纳傣族社会形态的发育程度较低，与其他地区的社会发展相类似，西双版纳同样经历了母系氏族社会的发展阶段。然而，在漫长的历史进程中，当我国黄河流域和长江流域等绝大部分地区社会形态已演进到了相对高级的阶段的时候，由于西双版纳地区山高流急、交通不便、文化与科技交流不畅等各种复杂原因，从而导致西双版纳地区社会的进步始终十分缓慢。从当地大量的历史传说中我们可以看出，西双版纳不仅存在过与我国黄河流域流传的女嬉吞薏苡而生禹，简狄吞鸟卵而生契以及只知其母不知其父的那种反映母系氏族社会状况，而且与大量少数民族历史传说相类似，同样曾经有过原始的母系氏族社会的阶段。例如，傣族的《叭阿拉武的出生》就曾记载了一个看守园子的老妇的女儿乌巴底棒玛因吃了草地上的半个椰子而怀孕，并生下开辟西双版纳的领袖叭阿拉武的故事。据传，叭阿拉武为开拓西双版纳的首领，傣文历史文献《叭阿拉武（叭来巫）的传说》记载了他追金鹿从而开拓西双版纳的过程。虽然西双版纳现今已不存在诸如云南丽江泸沽湖地区摩梭人那种现实存在的母系社会遗存，但是西双版纳母系社会的痕迹却是处处可见的。例如，直到新中国成立时，西双版纳仍然普遍存在着男子从妻居的习俗，也即男子结婚后必须在妻子的父母家中生活数年，为妻家承担繁重的劳动，并共同生活数年后才能独立成家，并且女方的父母必须由女儿和女婿共同抚养，但财产却大多只能由女儿来继承。现今，傣族男子成年后到女家上门的风气还仍然十分盛行，并且婚后夫留居妻家少则 1 年，多则 3—5 年的实例比比皆是。西双版纳傣族社会形态发育程度较低的状况由此可见一斑。

其次，西双版纳傣族社会形态的发育程度较低还表现在即使到了 20 世纪 60 年代的“文化大革命”时期，劳动产品交换的形式仍然处于相对落后的阶段。大量的调查事实告诉人们，新中国成立后，西双版纳还普遍实行实物地租和实物交换的贸易形式。例如，1956 年以后对西双版纳的社会调查表明，当时实物交换仍然比较普遍，西双版纳勐海县曼兴寨的康朗保、康朗叫[①]就曾反映，那时内地来的汉族小贩一进村寨，全寨男女老少都围拢过来，拿土特产来和他们交换。此外，据了解 1936 年时，傣族之间的实物交换已形成相对稳定的比例，见表 8-7。

表 8-7　1936 年傣族之间实物交换比例

序号	交换实物名称	交换量	等值实物名称	等值交换量	备注
1	食　盐	1 斤	谷花茶	1 斤	或二等谷花茶 2 斤
2	花线边	5 尺	谷花茶	1 斤	或二等谷花茶 2 斤
3	丝　线	1 支	谷花茶	1 斤	
4	针	2—3 包	谷花茶	2 两	
5	黄　烟	0.5 两	谷花茶	3 两	
6	土茶罐	1 个	谷花茶	3—4 两	或大米 1 碗
7	酸菜罐	1 个	谷花茶	1 斤	
8	核　桃	1 斤	谷花茶	1 斤	
9	柿　饼	1 斤	谷花茶	1 斤	
10	八　角	6—7 个	青　菜	3 把	
11	草　果	1 包	青　菜	3 把	
12	萝卜丝	1 斤	谷花茶	1.5 斤	
13	砍柴火	1 掰	谷花茶	1 斤	提供砍柴者伙食

注：以上资料来源于《民族问题五种丛书》云南省编辑委员会. 西双版纳傣族社会综合调查（二）[M]. 昆明：云南民族出版社，1984：59.

显然，解放前和解放初期，西双版纳地区采用货币进行交换的贸易形式还十分弱小。尤其在传统从事稻作生产的村寨，傣族农民往往还不知道

① “康朗”是傣族对佛爷还俗后的称呼，这些人能写会算，属于傣族中的大知识分子。

如何用货币来进行商品交换。与此相类似，即使到了20世纪70年代初，笔者作为知识青年下乡插队劳动的德宏州瑞丽县，曾深刻体验了大量傣族群众在集市上进行买卖时，不知如何运用货币进行交换的情况。由此可以看到，傣族社会的发育程度是相对低下的。在这样的社会形态下，它必然要阻碍生产力的发展，傣族赖以为生的稻作农业也只能在这种相对闭塞的社会形态中缓慢地向前推进，优越的自然条件和自给自足的生产方式，使传统的灌溉技术能够满足这种稻作农业生产的需要，也符合这一地区社会发育状况的需求。显然，西双版纳低下的社会发育状态在无意中有效地保护了傣族的传统稻作灌溉技术。

最后，封闭的社会环境、西双版纳特殊的地理环境和落后的交通条件，客观上制约了西双版纳与外界的交往，但却有利于傣族传统灌溉技术的保存。长期以来，西双版纳落后的生产力水平和社会形态，使之无法开拓良好的交通，加之地理环境条件的制约，以至于新中国成立前，西双版纳没有一条公路，甚至连一辆胶轮马车也找不到，即使召片领（封建领主）出巡，也一般是骑大象。从昆明到景洪，步行需要25—30天，走的是羊肠小道、山间沟箐，爬的是险崖陡峭，随时都会有土匪拦路抢劫或被野兽伤害。加之澜沧江把西双版纳分为两半，“两岸多为50—150米高的山坡，倾角在15°—30°”。[①] 没有大桥和大船，交通条件十分恶劣，使西双版纳成为一个几乎与外界隔离的封闭社会。即使到了20世纪20年代以前，西双版纳还没有设立邮政。由于一直没有邮政，召片领（封建领主）、各勐土司和各村寨头人传达命令和信息，也主要是以“击鼓传音”和古代“驿站”的方式传递。在这样的社会环境条件下，傣族传统灌溉技术很难为外界了解，也很难受到外界先进技术的影响，而只能在其封闭的环境中孤立而缓慢地发展。这一状况理应成为西双版纳傣族传统灌溉技术得以保存的重要原因。

---

①《西双版纳傣族自治州概况》修订本编写组. 西双版纳傣族自治州概况 [M]. 北京：民族出版社，2008：240.

二、以水稻为核心的傣族社会有利于保存其传统灌溉技术

人类文明的历史是从农业的诞生开始的。自农业产生以来，农业就一直是人类社会赖以存在和发展的基础。然而，不同国家和不同地域由于所处的自然环境、驯化的主体农作物种类以及由此所导致的农业生产方式的不同，往往制约着最初所诞生的社会发展趋向，并由此产生不同的社会特点来。同时，所形成的社会特点又将影响和制约着产生于这种特定社会中的各种具体技术的应用。因此，认识这种特定社会的特点，是认识各种传统技术得以保留和流传的不可或缺的内容。从这一角度出发，认识傣族以稻作农业为核心而建立起来的社会特征和特点，并由此来分析傣族传统灌溉技术得以保存的原因，应该说是必须的。

首先，历史上西双版纳傣族社会的建立，一开始就是建立在以水稻为核心的农业生产基础上的，这种社会具备了特殊的东方亚细亚农业社会的特征。这种特征不仅与欧洲的社会特征不同，而且同我国以汉文化为主导的农耕社会也存在着差异。这种不同和差异，对于傣族传统灌溉技术的保存具有不可忽视的作用。从大量的调查资料来看，傣族是我国较早种植水稻的民族，因为无论从西双版纳的地理环境条件还是其植物的种类来看，水稻都最具备被驯化为农业作物的优势。由于水稻的生长发育对水需求的绝对量较大，从而对灌溉的需求必然比其他旱地作物高，正是这种需求刺激和推动了傣族传统灌溉技术的发明与发展。值得注意的是，对于西双版纳地区来说，水稻的生产相对于旱地来说具有较好的稳定性，也即稻作农业相对于旱地农业来说具有较好的经济性。由于经济稳定往往可以一定程度上促进社会的稳定，建立于稻作农业之上的傣族社会由于天生得到了这一地区大自然的“恩惠”，使之能够保证稻作生产基本上旱涝保收，进而为傣族社会的存在与发展奠定了良好的物质基础。由于社会存在决定社会意识，经济基础决定上层建筑，毕竟“民以食为天”，粮食是一切社会存在

的基础。由这一基本原则出发不难看到，正是稳定的稻作农业形态保障了傣族社会的稳定。也正是从这一原则出发，这种社会的稳定性又反过来保护和促进了与之生存和生活息息相关的传统水稻生产的有序进行。即使这种社会形态发育比较低下，生产力水平不高，但是由于水稻生产基本上能够保证傣族社会生活的物质需求，加之在西双版纳这样封闭的自然环境条件下，往往导致这一特定社会形态下的人们不思进取、安于现状。西双版纳这种稻作农业生产环境和社会生态条件相互影响和相互作用，十分有利于与傣族传统灌溉技术的“生存”，使这一技术长期以来没有出现重大的突破，即使有所改进，也只是局部的、非根本性的变化。以至于傣族传统灌溉技术的应用延续到新中国成立时，仍然基本上保持着原有的状态。傣族稻作农业具有的这种保守性和稳定性，有效地维护和巩固了傣族封建领主制度及其统治，而在此基础上建立起来的傣族社会上层建筑亦将强有力地反作用于它的经济基础，明显地阻碍傣族农业技术的发展，进而为傣族传统稻作灌溉技术的保存提供重要的社会条件。只要这种特定的稻作农业（经济基础）和社会制度及其社会意识形态（上层建筑）特征没有本质的改变，傣族传统灌溉技术就不会被轻易抛弃。

其次，稻作农业既然是水田农业的性质，那么由这种性质决定了其技术体系与我国黄河流域的旱地农业不同。因为黄河流域属于内陆性气候，气候干燥，由这一自然环境条件下形成的黄河流域的旱地农业的技术体系必须以“保墒”为其核心。但是，西双版纳的稻作农业与黄河流域的旱地农业不同，其农业技术体系是以“水”为核心来构建的，它不仅需要建设起稳定的水源保障设施，修建纵横交错的灌溉沟渠，开辟出平整的水田，即使是丘陵、山坡也必须做到水田平整，否则如果水田凹凸不平或坡度出现，都将使田中处于凸出部位或斜坡上部的水稻无法得到水分而导致水稻生长发育受阻，对此梯田的创立就是最好的说明。这一农业特点充分说明，在傣族水稻生产的技术体系中，灌溉技术是关键性的技术。它成为西双版纳农业生产的重要因素和关键环节，不仅决定和控制着稻田水量分配的合理性，也控制着水稻生长发育的进程。它与沟渠的修建以及水量的分配一起形成一个有机的庞大系统和网络，并且是决定稻作生产的核心技术和最基本的工程。然而，要建成这样一个与生产相适应的灌溉技术体系和灌溉工程，必须通过艰苦的劳动，需要平整土地、挖沟、建渠等繁重劳动。显然，建设稻作灌溉体系是一项庞大的工程，这一工程的实现，也即这个灌溉体系建设的完成，绝不是一件轻而易举的事。它与各类工程的建设一样，需要投入巨大的人力、物力，需要有一定的技术与之相配合；即使这一灌溉体系建设完成后，也还需要不断地维修与完善，并以此来保证它能够相对稳定地长期发挥出它所具有的功效来。这一特点表明，不到万不得已，耗资巨大的灌溉工程是不会被随意放弃的。尤其对于生产力不发达的傣族社会来说，无论是统治者还是普通的社会成员都决不会轻易放弃艰苦构建起来的传统灌溉体系。也即从社会的整体出发，轻易放弃或变革旧有的灌溉体系，都为社会不允许。正因为如此，它为傣族传统灌溉技术的保留提供了重要条件。

再者，傣族农业创立之初并没有将土地作为其立足之本，而是一开始就将水作为其社会存在的根本。正如马克思指出的那样："像水一类东西，在它归一个所有者所有，表现为土地附属物的限度内，我们是把它作为土地来理解的。"① 傣族民间一直广泛流传着这样的谚语："有了傣勐（即最初傣族地区的土著居民）才有水沟，才开田；有了田才有召（官家）；有了召才有领囡、洪海。领囡、洪海的田是在后开的。"这一深入傣族人心的思想观念透露出一个确切的信息：水不仅对于傣族农业有着决定性的作用，而且正是开挖水沟推动了农田的不断开垦，进而有了不断扩大的人群和由此形成的日趋复杂的人际交往，以至最终在最基本的劳动生产关系中产生和建立起了傣族的社会，形成了傣族的统治者和统治阶级，并且由此形成特定封建领主社会形态。诚然，西双版纳稻作农业的形成具有多方面的复杂因素，但是水是其中的重要的因素之一。正是由于西双版纳优越的自然环境为这一地区提供了丰富的水资源，也正是水这种自然力被有效地开发和

① 马克思，恩格斯. 资本论（第一卷）[M]. 北京：人民出版社，1953：631.

应用，才为后来稻作农业的产生奠定了基础，而相对稳定并且经济效益较好的稻作农业也才能在不断的历史进程中充分保证傣族社会的相对稳定。水对于傣族稻作农业，以至于后来不断完善的傣族文化，无不起着重要的作用，发挥着举足轻重的影响。正如著名民族学家黄惠焜所指出的，傣族稻作文化“是一种典型的以水稻和耕织为特征的生态文化，一种在相当程度上具有原生态的稻作文化。一旦失去水与森林，失去半山和平坝，这种文化便无所依存，剩下的便只能是枯萎凋敝”。[①] 大量的调查表明，西双版纳得天独厚的自然条件和水资源的优越性哺育了西双版纳傣族稻作农业，为其社会奠定了良好的物质基础，促成了傣族精神和文化的形成。显然，傣族传统灌溉技术不仅是这种农业生产技术体系中的一个重要组成部分，而且是其水文化以至傣族整个文化体系中一个不可缺少的环节。由于傣族文化是傣族自身在长期历史发展过程中形成的，不会轻易消失，具有相对稳定的特征，况且无论是西双版纳封闭的自然环境还是其保守的社会状态，都十分有利于傣族传统文化的保存。只要这种文化尚存，就必然在其自我保护的同时，有效地保护了这一文化所包含的元素——傣族传统灌溉技术。

此外，新中国成立后，国家从民族团结和不同民族的利益出发，充分考虑西双版纳的具体情况，采取了特殊的民族政策。尽管通过努力废除了封建土地所有制，但为了有利于民族团结和巩固国防，所采取的变革是自上而下的和平协商方式进行的改造。当时提出的口号是：“在中国共产党的领导下，团结各族劳动人民及其他各阶层人民，团结教育与群众有联系的民族领袖人物，采取自上而下的和平协商的方式，有步骤有分别地废除封建领主土地所有制，逐步地组织起来，发展生产。”[②] 事实表明，这一政策的实施，有效地推进了西双版纳社会的进程，使这一地区的社会形态在较短的时间内过渡到了社会主义社会的新形态，得到了广大傣族群众和爱

---

① 高力士. 西双版纳傣族传统灌溉与环保研究［M］. 昆明：云南民族出版社，1999（2）10.

②《民族问题五种丛书》云南省编辑委员会. 傣族社会历史调查（西双版纳之二）［M］. 昆明：云南民族出版社，1983：80.

国人士的赞同和拥护，达到了预期的目的。但是，也正是由于这一特殊政策的实施，使西双版纳地区的传统稻作生产劳动方式没有受到明显的干扰，进而使传统灌溉技术没有受到过多的冲击。时至今日，傣族传统灌溉技术之所以能够得以延续，与国家对西双版纳地区所采取的特殊的政策和政治路线具有直接的联系。

三、傣族历史上对水的严密管理体系、体制促进了传统灌溉技术的保存

西双版纳傣族建立政权至今已有800年。据《泐史》[①] 记载，叭真[②] 入主勐泐是傣历542年，即宋淳熙七年，也即公元1180年，直到1953年，西双版纳还是封建领主经济。在这种社会形态下，统治者为了保证自身的既得利益和保证社会的稳定，必须有一套与之相适应的统治体制，尤其是对经济进行调控的制度。由于傣族社会主要是相对单一的以水稻生产为主的农业生产特点，因此，对水资源的控制就占有十分重要的地位。

首先，西双版纳农业生产资料所有者对水资源的占有是通过对灌溉用水的控制来实现的。从所掌握的资料来看，历史上西双版纳傣族最高封建领主召片领（宣慰使）所统领的最高行政机构宣慰使司署和各勐[③] 土司的司署都设有管理水利的官吏，形成了直接由最高统治者进行控制的管理体系。为了保证对水资源的垄断和直接占有，负责灌溉资源管理的宣慰使司署的最高水利官员由宣慰使的亲近大臣、内议事庭庭长、司署内务财政官召弄帕萨兼任，并由上至下设置管理的官员和人员，形成一套严密的管理体系。例如，景洪是西双版纳傣族最高封建领主召片领（宣慰使）的所在地，这一地区的每一条水渠流经的村寨都设有专管水利的人员，并且从宣

① 《泐史》是记载西双版纳傣族历史的具体文献。

② “叭真”是创立西双版纳的第一人。

③ “勐”为傣语，意为平坝或区域。

慰使司署到各村寨的水利官员自成系统，不受行政区划的约束。各村寨的“板闷”[①] 可以由宣慰使司署议事庭加封为“帕”、“雅”、“鲊”、“鮢”不同等级的头人，但他们不得参与各级行政机构的行政事务。对于各勐的大沟渠，还设有“板闷龙”和“板闷囡”。其中，“龙”为大，是大沟渠的正水利总管；“囡”为小，为大沟渠的副水利总管，具体负责沟渠灌溉区域的水利事务。灌区内的各个村寨，根据村寨的大小，推出1—2人为“板闷”，协同正、副水利总管管理划定区域的灌溉具体事务。按照惯例，为了使灌溉水得到充分利用和合理分配，往往正、副水利总管分别由该灌区的水头寨和水尾寨的“板闷”来担任，以便于管理有序进行，避免靠近水渠的田水用不完，而离沟渠远的田得不到灌溉水，进而达到对灌溉水的合理利用，也避免了灌溉水的浪费。[②] 长期以来，这种传统灌溉体制的设立，有效地保证了西双版纳水利灌溉的运行，保障着稻作农业的稳定发展，得到了傣族的认可。尽管随着历史的演进，封建领主制被新的社会体制取代了，生产资料重新回到了人民手中，但是长期积累和沉淀下来的有效的灌溉技术和体制所内含的合理因素并不会随着社会制度的变迁而消失。在西双版纳稻作农业生产方式没有发生根本变化的情况下，其合理存在的理由是充分的，劳动人民同样可以利用这些合理的技术和制度来为稻作生产服务。显然，通过对灌溉用水的控制来实现对水资源的控制，是实现保存傣族传统灌溉技术不可忽略的重要因素。

其次，与傣族传统灌溉技术相配套的传统灌溉制度对保存传统灌溉技术也十分有效地发挥了作用。制度与管理机构和管理系统不同，制度是针对具体的技术操作而确立的规范，是技术操作必须遵守的原则，具有强硬的执行特点，它是保证技术操作得以有序进行和保证技术目的实现的前提。对此，西双版纳传统灌溉制度体现得十分充分。由于西双版纳傣族社会经济的主要支柱是水稻生产，从而无论是统治者还是稻作生产者都十分重视

① “板闷”是傣语，意为水渠的管理人员，板：差役，闷：水渠。

② 《民族问题五种丛书》云南省编辑委员会. 西双版纳傣族社会综合调查（二）[M]. 昆明：云南民族出版社，1984：67.

稻作生产的制度，其中，灌溉制度显得更为规范和具体，成为最具特色的傣族传统稻作生产的制度典范。

按照对水资源占有的权限，傣族的召片领具有绝对的占有权。流传于傣族社会中的谚语“南召领召”就是最有代表性的体现，其意思与汉族封建社会时所说的“四海之内莫非王土”的含义是一样的，意即水和土都是召片领（最高统治者）的。因此，由宣慰司署府发布的文稿将具有绝对的权威性，它通过对灌溉实施过程的具体规定而形成为事实上的灌溉制度。例如，西双版纳的宣慰使司署议事庭几乎每年都颁布修水利的命令。其中，公元1778年4月28日（傣历1140年7月1日）就曾发布过一份修水利的命令。这份文稿具有十分珍贵的价值和代表性，尽管前面曾经将其做了简单介绍，为更好地进行分析，这里再次转载如下。

“议事庭长修水利命令：

召孟光明、伟大、慈爱、普施十万个勐。作为议事庭大小官员首领的议事庭长，遵照议事庭、遵照松底帕翁丙召之意旨颁发命令，希各勐当板闷和全部管理水渠灌溉的陇达照办：

一周年过去了，今年的新年又到来了，新的一年的7月就要开始耕地插秧了。大家应该一起疏通渠道，使水能顺畅地流进大家的田里，使庄稼茂盛地生产，使大家今后能丰衣足食，有足够的东西崇奉宗教。

命令下达以后，希勐当板闷及各陇达官员，计算清楚各村各户的田数，让大家带上园凿、锄头、砍刀以及粮食去疏通渠道，并做好试水筏子和分水工具，从沟头一直到沟尾，使水流畅通无阻，不管是一千纳[①] 的田、一百纳的田、五十纳的田、七十纳的田都根据传统规定来分，不得争吵，不得偷放水。谁的田有三十纳也好，五十纳也好，七十纳也好，如果因缺水而无法耕耘栽插，

① “纳”，傣语，为西双版纳傣族常用的土地面积单位，一般4—5亩约为1纳。

即去报告勐当板闷及陇达，要使水能够顺畅地流入每块田里，不准任何一块宣慰田或头人田因干旱而荒芜。[①] 各勐当板闷官员，每一个街期[②] 要从沟头到沟尾检查一次，要使百姓田里足水，真正使他们今年够吃够赕[③] 佛。

如果有谁不去参加疏通沟渠，致使水不能流入田里，使田地荒芜，寻末，官租也不能豁免，仍要向种田的人每一百纳收租谷古十挑。如果是由于勐当板闷等官员不分水给他，就要向勐当板闷收缴官租。如果是城里官员的子侄在哪一村种田，也要听勐当板闷的通知按时到达与大家一起参加疏渠。如有人贪懒误工，晚上喊他说没有空，白天喊他说来不了，就要按传统的规矩给予惩罚，不准违抗，这才符合召片领的命令。

其次，到了10月份以后，水田和旱地都种好了，让勐当板闷、陇达等官员到各村各寨做好宣传：要围好篱笆，每庹栽三根大木桩，小木桩要栽得更密一些，编好篱笆，使之牢固，不让猪、狗、黄牛、水牛进田里来。如果谁的篱笆没有围好，让猪、狗、黄牛、水牛进田来，就要由负责这段篱笆的人视情况赔偿损失，有猪、狗、黄牛、水牛的人，要把牲口管理好，猪要上枷，狗要围栏，黄牛、水牛和马都要拴好。如不好好管理，让牲口进入田地，田主要去通知畜主，一次两次若仍不理睬，就可将牲口杀死，而且官租也由畜主出。

以上命令希到各村各寨宣布照行。

傣历1140年7月1日写。”[④]

以上修水利命令不仅体现出了傣族传统水利灌溉的体制，而且也勾画

① “宣慰”，傣语，“宣慰田”意为西双版纳最高统治集团所据有的田。

② 按当地习惯，5天为一个街期。

③ “赕”，傣语，为西双版纳一切奉佛活动傣族称之为“赕”。

④ 张公瑾. 西双版纳傣族历史上的水利灌溉［J］. 思想战线. 1980（2）：60.

了灌溉制度的基本轮廓。尽管这份命令没有提出具体的制度条文细则，但从新中国成立后的调查材料可以看到，这些细则是存在的。例如，景洪坝子的5条大水沟之一的“闷南永”水渠，全长15—16千米，灌溉着曼火勐、曼列、曼沙、曼依坎、曼回索、曼东老、曼拉、曼莫龙、曼莫囡、曼景囡、曼景兰等11个寨子。灌区的水利官“板闷”要负责动员和组织各寨的农民修沟，检查渠道质量，维持水规，处理水利纠纷，以及根据田亩的大小应用分水器进行灌溉水的合理分配，“按照规定每500纳安放一个分水筒，每安放一个分水筒，受益户必须缴纳槟榔1串、半开（银洋）1角，做手续费……水利官每5天沿沟检查一次，若发现有人偷水，有意将分水筒洞口放大者，水利官有权按情节轻重予罚款。情节严重者罚槟榔一串（2斤）、猪一口（100斤左右）；情节轻者罚槟榔1串、半开（银洋）1元、2元、3元不等”。[①] 由此不难看出，严格、细致的灌溉制度，保证了传统灌溉技术的实施，进而保证了稻作农业生产的有序开展，最终保证了农业生产效益的实现，成为这一地区傣族所愿意接受和具体运用的灌溉制度。正是由于这种灌溉制度的有效性在漫长的历史进程中不断为老百姓所接受，并潜移默化于人们的意识之中，进而才在历史的进程中无声地为傣族传统灌溉技术的保存创造了重要条件。

① 《民族问题五种丛书》云南省编辑委员会. 西双版纳傣族社会综合调查（二）[M]. 昆明：云南民族出版社，1984：67—70.

第四节 傣族传统灌溉技术得以保留的传统文化及宗教的原因

什么是文化？“有的学者认为，文化是以价值系统为其核心的一整套的行为系统；有的认为文化可解释为生活方式或‘生活之道’；也有的认为，文化是人类社会实践中创造的各种物质的、精神的成果”。[①] 还有的认为，“文化是人类为了生存与理想而进行的物质生产和精神生产活动中所获得的能力及其全部产品”。[②] 但无论如何，文化作为一种稳定存在的物质或精神产品，既是历史的，也是现存的，体现着人类物质与精神世界的统一。诚然，文化的产生有着具体的条件，表达着特定地域和不同民族的传统和认知，以及与此相符合的能力。显然，傣族传统灌溉技术作为一种特定的生产手段和操作体系，它的产生、发展和保存，是离不开与之相适应的精神支持的，简言之，它有着自身文化的背景。

一、傣族原始宗教对傣族传统灌溉技术保存的影响

恩格斯认为：“宗教是在最原始的时代从人们关于自己本身的、自然和

① 李建珊．科技文化的起源与发展［M］．天津：南开大学出版社，2004：1.

② 同①。

周围的、外部自然的、错误的、最原始的观念中产生的。"① 西双版纳傣族社会尽管在自身的历史演化中最终以外来的小乘佛教为其宗教的主体，但是扎根于这片土壤的土生土长的原始宗教，却并未消失，仍然顽强地与佛教混杂在一起，对傣族的生活、生产发挥着作用。傣族原始宗教概括起来可以归结为对寨神和勐神的崇拜，对水的敬畏与渴望，对与稻作生产有关的神鬼的祭祀。

首先，西双版纳傣族以水稻种植为生活的主要来源，而保证水稻生产顺利进行的重要因素又在于涵养水源的森林，为此，就不得不对西双版纳的"垄林"进行分析。研究表明傣族把自己居住的村寨称为"曼"，"神"叫"丢拉"，"丢拉曼"就是寨神或村落神。"丢拉曼"一般是建寨期间做出贡献的或历史上为保卫本寨而献身的祖先著名人物。"丢拉曼"分为善恶两种，善者是为保卫本寨而献身的英雄，恶者是被消灭的仇敌。"丢拉曼"居住的森林称为"龙秀曼"，按照傣族传统，每年栽秧前为祈求丰年和秋后感谢神恩，都要对它们进行两次定期的祭祀。傣族还把有着共同血缘关系或者历史关系的许多村寨组成的一片地区称为"勐"。"丢拉勐"即勐的守护神。相传他们都是傣族历史上的领袖人物化身。"丢拉勐"就其起源来说，是勐中最古老的村落的"丢拉曼"。对"丢拉勐"的祭祀傣族称为"灵披勐"。每一个傣族村寨都有自己的寨神，每一个勐都有自己的勐神，寨神和勐神的祭坛必定设在森林里面而成为"垄林"。既然"垄林"是寨神与勐神居住的神圣之地，因而"垄林"的一切动植物、土地、水源都是神圣不可侵犯的，否则将会受到神的惩罚，会导致疾病、减产、灾害的到来。为此"垄林"严禁砍伐、采集、狩猎、开垦，即使是风吹下来的枯树枝、干树叶、熟透的果子宁可让其腐烂也不能拣。为了乞求寨神、勐神保佑村民的人畜平安、五谷丰产，每年还要以猪、牛作牺牲，定期祭祀。西双版纳借助"神"的力量保护的"垄林"，西双版纳 1958 年以前有 1000 多处，面积包括山坝区，不低于 10 万公顷，约 150 万亩，约占全州总面积的 5%，

① 马克思，恩格斯．马克思恩格斯全集（第 21 卷）[M]．北京：人民出版社，1965：348

“垄林”面积相当于今天国家自然保护区的1/3。尽管“垄林”是原始宗教祖先崇拜的产物，但正是通过这种原始宗教，我们却看到了傣族人民纯朴的自然生态观[①]，投射出傣族祖先借助于神的力量保护人们的平安和健康，以求得人和自然环境的和谐一致的良好愿望。事实表明，傣族的“垄林”与今天的“自然保护区”实际上相差无几。并且由于人们对“寨神”、“勐神”这一超自然神灵普遍具有敬畏之心，因而“垄林”对森林资源的保护功效甚至超过了今天的自然保护区，成为傣族稻作农业生产最直接的水源林。

“垄林”对傣族稻作农业的效用是在傣族传统的“垄林”——人工薪炭林和经济植物种植园林——村寨菜园——水稻田组成的农业生态系统中实现的。“垄林”不仅是其中的一个组成部分，而且还发挥着重要的作用。在这个农业生态系统中，“垄林”的存在可以减轻水土流失、调节地方性小气候、预防风火寒流和抗病虫害，是傣族稻作农业生态环境的重要维持因素。通过“垄林”的保水、保土作用，使得当地的稻作农业生态环境相对稳定，对保持农田稳定和生产潜力的发挥起了重要的作用。傣族学的研究者高立士认为，“垄林”是傣族传统农业生态系统良性循环的首要环节，因为傣族农村布局由“垄林”、坟林、佛寺园林、竹楼庭院林、人工薪炭林、经济植物种植园林、菜园、鱼塘、水稻田组成，呈立体分布。“垄林”的地理位置最高，其下依次为佛寺及经济作物种植园、村寨、坟林、人工薪炭林、菜园、鱼塘、水井，大面积水稻田则处于靠近河谷的较低位置。由此构成了一个环环相扣、良性循环，以村寨为单位的小型生态系统。“垄林”位于村寨背靠的大山上，作为村寨的保护神，居高临下，全村的农舍、人畜、农田均在其视野之内，面积一般300—500亩，多者达上千亩不等。另外，由于“垄林”在整个农业生态系统中地理位置最高，占地面积最大，成为功能最多的一个环节。它起到保持水土、涵养水源、制造有机肥料的作用，既是调节地方性小气候的空调器，又是预防风灾、火灾、寒流冻害的自然

① 高立士.“垄林”——傣族纯朴的生态观［J］.昆明师范高等专科学校学报，2000，22（1）：60—62.

屏障，还是植物多样性的储存库及农作物病虫害的天敌繁殖的基地。只有“垄林”的功能得到充分发挥，才能启动整个系统的正常运转，进入良性互动循环。例如，“垄林”中的腐殖质，通过雨季，源源不断地流经村寨，加上禽畜粪农家肥，一起流入稻田。当地农谚说：“林茂粮丰，林毁粮空”，就是这个道理。据统计，“垄林”中的植物，通过残留物归还土壤地灰分元素及氮素含量年均每亩为 175.9 千克，相当于施入土壤中硫酸铵 62 千克／亩，氯化钾 4.9 千克／亩①。“垄林”作为西双版纳傣族原始宗教崇拜的遗迹，已有上千年的历史，它对于环境保护、生态平衡、农业的稳定发展以及促进经济和社会的可持续发展，都具有十分重要的意义。因而傣族原始宗教祭祀寨神与勐神，实际上也就通过原始宗教的力量达到了保持水源林的稳定，进而保护灌溉水水源的目的，其对传统灌溉技术具有的重要性是不言而喻的。

其次，傣族在开展自身的农事活动时，往往要进行农业祭祀，这种农业原始宗教祭祀的对象主要是农作物的精灵。每年传统农事活动从开始到结束，中心都是围绕水稻进行的，从放水、撒秧、栽水稻一直到收割、进仓，各个重要的环节，都通过农业原始宗教祭祀并配合佛教仪式来组织人们进行活动和推进生产活动的开展，其中也包括传统灌溉技术的实施。对水的祭祀是祭水沟；栽秧后就献“鬼鸡”；水稻开始抽穗时要于田间树立由竹编的保护谷物生长成熟的“旁挽”，也即保护谷物生长成熟的“精灵”；稻谷成熟举行吃新米仪式；收割稻谷要叫谷魂。如前所述“每年傣历 5—6 月（公历 2—3 月），修理水沟 1 次，完工后，用猪、鸡祭水神，举行‘开水’仪式；同时进行一次对各寨修理水沟的工程检查；从水头寨放下 1 个筏子；筏子上放着黄布（袈裟），板闷敲着铓锣，随着筏子顺水而下；在哪一处搁浅或遇阻挡，就饬令负责该段的寨子另行修好，外加处罚，筏子到沟尾后，把黄布（袈裟）取下，再去祭曼火勐白塔”②。从这种活动中不难看出原始宗教的祭祀活动实质是组织水沟修理和检查的外在形式，缺乏了

① 汪春龙. 景洪县森林遭受严重破坏地调查［J］. 云南林业调查规划，1981（2）：43—44.

② 诸锡斌. 中国少数民族科学技术史丛书——地学、水利、航运卷［M］. 南宁：广西科学技术出版社，1996：484.

这一环节，也就缺少了组织这一生产性活动的理由和依据。可见，原始宗教对组织和实施传统灌溉技术起到了预想不到的保证作用。

最后，形成于特定自然环境和傣族社会的原始宗教与后来传入的佛教不同，它所崇拜的是自然的神灵，而不是虚无的幻世。尽管它存在着不合理的因素外，但也透视出傣族在与自然的抗争，为了自身的生存而进行的艰苦奋斗。完成于傣历 903 年（公元 1542 年）的《谈寨神勐神的由来》的傣族诗歌对此有比较好的反映，它指出佛教要人们“盘腿闭目吧，风就是粮食，云会填饱你的肚子；盘腿合掌吧，虎豹豺狼不会来伤害你，大水大火不会来损害你的皮毛，因为你的灵魂已住在天上的仙宫”，引导的是不现实的虚幻的精神追求。但是寨神、勐神却告诉人们“要杀生害命：要打猎，要用快刀剥兽皮。要杀猪、杀鸡、杀牛”。因为人类毕竟只有保证了吃、穿、住才能生存，因此只有杀生，包括收割稻谷，才是保证人们生存的基本手段。但是无论是动物还是植物或作物，都是有生命的，是有魂的，所以原始宗教要求人们“叫牛魂”、“叫谷魂”。这与佛教的宗旨是对立的，广泛流传于西双版纳地区的“谷魂奶奶”与佛主斗法的故事就充分反映这一历史状况。故事说，一天佛主帕召宣布，一切神灵都必须服从于它，要向它下跪。这时谷魂奶奶雅奂毫站出来说，自己是世上一切谷类的灵魂，人类离开了谷子就无法生存。因此谷子才是至高无上的、神圣的、主宰一切的，从而不能向佛主下跪磕头。说完就躲了起来，于是人间没有了谷子，也就没有人去祭神赕佛，也没有人给佛爷和和尚送饭了，弄得人间和鬼神、天上和地下一片混乱。最后，佛主帕召没有办法，只好承认谷神是至高无上、主宰一切的，这才恢复了平静和原来的生活。从这个传说可以看到，傣族原始宗教是把物质生活和物质生产看成第一位的。正是由于傣族原始宗教具有这样的特征，进而在实践中一定程度上符合了人们的生产、生活需要，从而即使在历史的演化中佛教逐步取得了主导地位，但傣族原始宗教仍然有效地发挥着作用，成为当地不可忽视的思想观念。这种相对务实的宗教色彩和深入人心的观念，为保存傣族传统灌溉技术发挥了一定的作用。

从以上分析中不难看出，尽管傣族原始宗教未能客观地以理性的方式揭示和解释自然界以及自然界与人类生产、生活的内在联系，但是傣族原始宗教生态自然观以及崇尚自然物和物质生产的观念所导致的深刻后果，对于生态保护以及推动物质生产活动却是具有相应积极作用的。尤其在人类的实践活动导致生态平衡已成为世界不得不给予高度关注的今天来说，傣族这种生态思想和具体的实施方式，一方面为认识傣族传统灌溉技术得以保存的原因提供了新的认识论的视角，另一方面也从现今生态环境和水资源保护的角度为人们展示了一个新的认识层面，为今天的生态保护提供了有益的借鉴。

二、傣族水文化对傣族传统灌溉技术保存的作用

马克思主义认为，物质决定精神，社会存在决定社会意识，任何文化的产生，必然有其特定的物质基础。一方面，人类所依赖的最基本的物质生产状况就是所有文化和意识的产生、发展、变化的核心因素；然而，值得注意的另一方面是，一旦与物质生产相适应的文化和意识形成，又将反过来对特定的物质生产产生强大的保护和促进作用，诚然也将包括对物质生产技术的保护和促进作用。

首先，西双版纳傣族是一个以水稻为主要农作物的农耕民族，水稻就是傣族人民赖以为生的物质基础。在与自然的长期相处中，傣族人民深刻认识到没有水源就没有水稻田，没有水稻田就没有鱼米；如果没有人们赖以生存的鱼和米，人类也就不能繁衍生息。傣族与水，似乎有一种特别的缘分。傣族生产、生活离不开水，傣族谚语说："建寨要有林和箐，建勐要有河与沟。"傣族非常崇拜水，并像保护生命一样保护水资源。也正是在这样的实践中，傣族形成了具有自身特色的水文化，它与其他文化一起对傣族的生产、生活发挥着积极的作用，并在一定程度上对傣族传统灌溉技术的有效保存发挥了积极的功效。

在西双版纳初建时期，傣族曾与当地的其他民族，尤其是与布朗族和

哈尼族氏族部落发生过战争。据调查，傣族社会长期流传着这样的传说："后来哈尼族和傣族商量居住地区划分问题，傣族提议，以水和火为界，水淹到哪里，傣族就住到哪里；火烧到哪里，哈尼族就住到哪里。傣族在山坡下放起火来，火向山间蔓延，坝子里却烧不到，从此哈尼族便都住到山上去了。现在傣族还流行这样一句话：'费埋藤的乃宾洪锅，南吞河的乃宾洪傣'。直译出来就是：'火烧的山上是哈尼，水淹的地方是傣家。'"① 类似这样的传说还有许多，尽管形式各异，但是都透视出傣族对水的钟爱和对水的利用。以至于在傣族的传统宇宙观中，认为"没有水就没有宇宙、地球万物和人类，创世神帕雅英是水变成的，万物与人也是水和土拌成泥巴后捏出来的"②。这种对水的崇敬和对水的利用甚至深入傣族日常生活的方方面面之中，于无形中影响和左右着傣族的思想和行为。现今在西双版纳社会中广为流传的各种谚语和传说，大多与水相关，人们把水看成是纯洁的象征、美好的祝愿和对生活以及理想的向往。当每年旱季过后，雨季即将来临的时候，也就是被傣族认为新的一年即将到来，万物复苏，新的农事即将开始的时候，傣族就要庆祝人们所熟知的泼水节。人们用清水相互泼洒，以除去污垢，以清新的姿态迎接新一年的到来。即使对于日常的水井，也抱有十分尊敬的态度，在每一个傣族村寨，傣族都会为为水井砌建"房屋"，使得水井有了庄严的面貌（图 8-3）。此外，在各项农事活动进行时，人们对水的态度，往往表达出傣族人民对水的爱护和敬意，就是在进行灌溉的过程中，这种态度也是十分突出的。例如，前边所提到的在新的一年到来，即将开始又一次农事耕作的时候，为检验和庆贺灌溉水沟的修整而举行的放水仪式，就已经将水的地位抬到了十分高的程度。尽管水对于任何民族来说都具有十分重要的作用，但对于以稻作农业为生的傣族来说，水的重要性将显得更为突出和明晰。因此，这种于历史演化中形成的水文化对于促进傣族自觉遵守传统灌溉技术的操作规程，不断推动与水文

---

① 江应樑. 傣族史［M］. 成都：四川民族出版社，1983：179. 转引自《西双版纳傣族自治州社会概况——傣族社会调查材料之四》第 63 页。

② 高立士. 西双版纳傣族传统灌溉与环保研究［M］. 昆明：云南民族出版社，1999：27.

图 8-3　傣族的水井（诸锡斌 2007 年拍摄于景洪县嘎洒乡）

化相适应的传统灌溉技术传承、发扬将是十分有利的。它从无形的文化层面保证了传统灌溉技术的应用。

其次，傣族对水的尊重和对水的保护并不仅仅是直接针对河水、灌溉水、田水而言，在已形成的傣族水文化的熏陶下，傣族以水为自身的特点，以水为自身的生活的来源，以水来维系稻作农业的存在。由于傣族生活的地域是栽种水稻的平坝，它与以旱地农业为主的山区不同，平坝地区缺乏丰富的森林和木材，也即缺乏与生活直接相关的燃料。由于仅有的"垄林"和神山是不能随意砍伐和破坏的，为了解决这一矛盾，傣族进行了艰苦的探索，并最终找到了一种被俗称为"黑心树"（中文名：铁刀木，拉丁名：cassia siamea）的树木，并在长期的驯化中演变为傣族烧柴的重要来源。这种"黑心树"树与其他树木不同，分蘖能力很强，砍下树的一枝，来年它发出两枝，越砍越发。由于它既能保护水源，又能提供燃料，被傣家人种植于房前屋后、道路两边，加之它的生长周期很短，其枝干每隔 1—2 年就可以达到做燃料的标准，一个家庭只需种植10余棵就可以满足烧柴需要。今天，我们仍能看到傣族寨中的许多家庭都种有黑心树（图8-4）。人们砍伐黑心树做燃料，对保护森林是十分有效的，它集中体现了傣族人民爱护森林、珍惜水资源的可贵思想。正是水文化的熏陶，进而为传统灌溉技术的实施提供了保护水源的思想，并进而转化为实实在在的自觉行为和可行的有效措施。如果没有这一思想和这些措施，傣族水源林的保护将面临尴尬的局面，而传统灌溉技术要得到延续也就很难设想了。

图8-4　傣族寨中的黑心树（铁刀木）
（诸锡斌2008年摄于景洪县勐罕区曼洒寨）

实际调查发现，直至今天，于西双版纳傣族村寨中，大多数老一辈的村民还能够认识传统灌溉技术并实际进行应用的事实表明，历经了漫长的时间，在现今现代科技如此飞速发展的情况下，能展现这样的现状，不得不把其中一个原因归之为文化的作用。傣族的水文化对保存传统灌溉技术所起的作用是不容忽视的。

三、傣族佛文化对傣族传统灌溉技术的保存具有重要作用

傣族文化中除了水文化之外，佛文化是其又一突出的文化特点，并且

佛文化对于傣族传统灌溉技术的保存起到了十分重要的作用。甚至可以说，正是借助了佛文化的力量，才使得傣族的大量传统科学技术，也包括傣族的传统灌溉技术得以延续至今。

西双版纳地区笃信小乘佛教，至于小乘佛教何时传入西双版纳，存在着不同的看法。王懿之通过实地调查，并结合历史文献分析后认为："根据傣文史料记载和其他有关实地调查材料说明，小乘佛教传入西双版纳，既不是公元 12 世纪，也不是公元八九世纪，据传早在公元前三四世纪，释迦牟尼及其弟子就到东南亚及我国西双版纳一带传教。公元前后，佛经、佛像相继传入，并先后在景洪、勐龙、勐海等地建盖了佛寺和佛塔，最后才从景洪逐渐传到勐腊等地。"① 大量的研究不断表明，小乘佛教很早就已经在西双版纳地区存在，并且在历史的演化过程中，随着傣族地区生产力水平逐渐的提高以及封建领主社会形态的形成，外来的佛教力量逐步替代了傣族的原始宗教而上升为占主导地位的统治力量，其不仅在傣族不同的社会阶层广泛流传，并且在统治阶级中有十分重要的影响，至迟到了公元 8 世纪（据傣族文献记载，傣族的历史分为 3 个时期，第三个时期为"米召、米宛、米倘"的时期，即"有官、有佛寺、有负担"的时期，由于文献用"傣历"记载，因而对照公历进行推算，应为公元 700—公元 1950 年②），西双版纳的傣族社会已经开始政教合流了。这同解放前西双版纳政治和宗教关系的情况，已无多大差别。如果政治统治已经渗透着如此浓厚的宗教意识，那么宗教文化也必借政治力量而得以传布推广。③ 在这样的历史和社会背景下，傣族传统灌溉技术与其他农业技术一样，只能借助宗教的力量才能实施、巩固和不断完善。

首先，长期以来，西双版纳没有真实意义上的学校，儿童的学习基本上是在佛寺中进行的。按照习俗，傣族男性儿童 7-8 岁就要进佛寺当和尚，使其成为接受教化的"文化人"，并且只有如此，才具有社会地位而受人

① 王懿之，杨世光．贝叶文化论［M］．昆明：云南人民出版社，1990：410.

② 江应樑．傣族史［M］．成都：四川民族出版社，1983：144.

③ 张公瑾．傣族文化研究［M］．昆明：云南民族出版社，1988：115.

尊重，也才有建立家庭的资格。寺庙中的学习除了经书、佛学理论和戒律外，还要学习傣文以及傣族的历史、天文历法、文学、艺术、医药等，其中也渗透着相应的科技文化。显然，佛寺就是傣族知识文化的聚集地和文化传播的场所。从佛寺中出来的和尚就是接受过综合教育的知识分子，是傣族社会的精华人物，他们受到傣族的欢迎和尊重，尤其是佛爷还俗成为“康朗”后，就成为傣族中最有威望的知识分子。正是西双版纳这种特殊的社会结构，导致佛教渗透到了人们生产、生活的各个方面。其中，以佛教形式出现的对整个自然、社会、生命、生存、生活、生产、伦理等的解释，成为傣族社会判定是非的标准，而以佛教为代表的政教合一的社会特征，又进一步为这种解释提供了可靠的政治保证。傣族社会这种特殊的状况，使佛爷、和尚和“康朗”这批特殊的“知识分子”，一方面担负起了对日常生产、生活经验等各方面的总结与记载的任务，且代代相传，传递着傣族的文明；另一方面，他们又是具体制定和推动各种政治路线和政策的实际人物，成为实现政教合一体制的具体实践者。寺庙成为傣族社会生活中的政治文化中心而受到重视。据 1957 年对西双版纳州的佛寺以及相关人员进行统计整理，我们可以得到表 8-8。

表 8-8　1957 年西双版纳州佛寺及相关人员统计

县　份	寺庙（座）	佛爷（人）	和尚（人）	备　注
勐海县	269	470	2861	
景洪县	208	321	2214	
勐腊县	117	243	1531	
总　计	594	1034	6561	不完全统计

资料来源：王懿之，杨世光．贝叶文化论［M］．昆明：云南人民出版社，1990：414. 所载数据由西双版纳州委统战部提供的档案材料进行整理。

从表 8-8 不难看出，西双版纳的佛教势力是十分强大的，成为这一地区社会生活、政治经济、文化不可或缺的重要内容，而与傣族社会息息相关的传统灌溉技术之所以能够在长期的应用中长盛不衰，并不断得到完善，实际上是与这些知识分子的工作分不开的。

其次，农业生产与其他行业不同的最显著之处在于，农业生产必须按照自然界一年四季轮回的内在规律来进行，春播秋收就是不可违抗的“法则”。因而在农业生产中，历法具有至上的权威，它既是开展农事活动的依据，也是衡量农事活动是否合理的标准。大量的研究成果表明，傣族的纪时法与小乘佛教的传入有直接关系，“从这种历法的内容来看，许多专用名词都译自梵文，傣历重推算的特点也与印度古代天文历法同属一种类型，有的傣历文献如《历法星卜要略》中还有傣历与佛历的换算法，傣历中的几个重要节日如泼水节、关门节、开门节等同时又是宗教节日，而且傣历的推算与颁布权又都属于佛寺，因此傣历纪元纪时是随着小乘佛教的传布而使用开来的。”① 显然，傣族的农业生产要获得收益，就必须根据由佛寺颁布的历法来安排具体的农事活动。例如，当人们庆祝泼水节时，就是以佛教的方式宣布新的一年的农事活动即将开始；庆祝开门节时，也就标志着栽插的农忙时节开始了；而庆祝关门节时，则标志着一年的秋收农忙结束而转入新的活动了。正是在这样的现实条件下，傣族传统的修理灌溉沟渠的活动，大都在雨季即将到来之前，也即泼水节之前的公历 2 月份前后进行，而对修理灌溉沟渠质量的检验往往就在泼水节前后的公历 4 月份进行。通过宗教的力量，傣族达到了有效保证开门节到来后，满足栽插农忙时节灌溉水的需要。这无疑说明这样的一个不争的事实，即传统灌溉技术之所以得以保存，宗教力量是重要的因素。

再者，由于西双版纳傣族社会是政教合一的社会，统治者要实施自身的统治就必须依赖于佛教的力量，通过佛教来统一人们的思想和意识。实际调查表明，傣族封建领主要实施自己的统治，就需要有自身的一套官吏的任命机制，但在具体实施过程中，宗教的色彩是十分浓厚的。有一份译自西双版纳傣族自治州政协文物室藏本的由车里② 宣慰使颁发的《阿牙谢孔》③ ，即“加封召勐随同委状颁发的诏书”。在诏书中，明确规定受封的

① 张公瑾．傣族文化研究［M］．昆明：云南民族出版社，1988：114.

② 景洪于明清时被称为“车里”。

③ “阿牙谢孔”为傣语，直译“阿牙”意为命令，“谢孔”意为锋利的刀刃。

官员必须“要通告晓喻百姓：要按照佛教教规生活，年年月月，不忘赕佛，遵照佛教的‘八戒’、‘五戒’处世为人”[①] 。并且受封后的各地召勐必须始终按《阿牙谢孔》执行，如有逾越《阿牙谢孔》者，车里宣慰使有权撤消其召勐官爵并问罪，或出兵讨伐。由此可看出，佛教对于封建领主统治具有的重要性，几乎在统治者对傣族社会实施其政治路线与政策的全部过程中，都是借佛的名义来推行的。其中，也包括推动与傣族社会的存在与发展息息相关的农业生产。如前所述，在西双版纳的宣慰使司署议事庭于公元 1778 年 4 月 28 日（傣历 1140 年 7 月 1 日）发布的那份修水利的命令中就曾提到：“召孟光明、伟大、慈爱、普施十万个勐。作为议事庭大小官员首领的议事庭长，遵照议事庭、遵照松底帕翁丙召之意旨颁发命令，希各勐当板闷和全部管理水渠灌溉的陇达照办……”命令中的“召孟”是召片领（封建领主）的等级尊称，“松底帕翁丙召”意为“至尊佛主”，也可以看成为是召片领的宗教尊称。显然，召片领要发布命令也必须借用宗教的名义，凭借宗教的强大影响力来推行其政治主张和实施其行政措施。因此，凡遇重要活动，召片领大多都会向百姓表白是遵照议事庭和佛主的旨意在发布命令。显然，至高无上的宗教在推动傣族社会各项活动中发挥了无法替代的重要作用，当然其中也包含了对傣族稻作农业生产和水利灌溉的作用。

最后，随着佛教不断深入傣族的人心，并成为西双版纳地区人们的主要信仰之后，它作为指导人们行为的思想意识，发挥了强大的作用。这种作用具有突出的号召力和凝聚力，以至于在人们日常的工作和生活中都习惯于用宗教的力量来团结人们和推动各项事情的发展。仅就西双版纳地区农业生产而言，本来十分直观的农业生产活动，也往往需要借用宗教的力量。例如，不仅具有重大意义的泼水节、关门节、开门节等与农事活动直接相关的活动，都是直接以宗教节庆的方式来组织和推动的，而且即使像每年灌溉水沟修理完成后的质量检验全过程，也要以宗教开水仪式的方式

---

① 《民族问题五种丛书》云南省编辑委员会．傣族社会历史调查（西双版纳之二）[M]．昆明：云南民族出版社，1983：104.

来组织和实施。如前所述，每年傣历 5—6 月（公历 2—3 月）所进行的对各寨修理水沟的工程进行检查的放水仪式的全过程，佛寺的宗教人士都要参加仪式的主要环节，并且所用的祭物是袈裟。例如，景洪最大的“闷纳永”水渠举行放水仪式时，“该渠正水利监‘帕雅板闷景兰’率副水利监‘扎板闷贺勐’及各寨‘板闷曼’，专制一个验收竹筏……竹筏上放着一张篾桌，傣族称‘康’，即供桌，上置新袈裟一件，象征奉‘帕召’佛主及召片领之旨意，水利员一人在前鸣锣开道，一人在沟中牵着筏子（牵筏者必须一寨送一寨），正、副水利监……走在渠堤上……筏子到达渠尾后，让其流入曼蚌囡佛塔的护塔渠道，渠水环绕佛塔流一周，将新袈裟取下献给佛主。据传说，此渠系佛主释迦摩尼用禅杖画出来，故通水后需先赕佛、祭塔始能灌溉。灌区各寨及附近村寨群众、僧侣均着节日盛装，敲着象脚鼓，举着敬献佛主的高升（土火箭）、鲜花、糯食、果品，欢聚曼蚌囡，举行赕塔活动，庆祝通水典礼”。① 佛教在整个活动中扮演了从内容到形式上的主导者，尽管这个活动的实质是对所修理的灌渠进行检验，但全部活动的组织与操作，却是通过佛教的力量来实现的。由此可以看出，傣族传统灌溉技术之所以能够长期稳定地存在、完善和发展，佛教文化起到了十分重要的作用。

总而言之，作为西双版纳傣族传统农业体系中一个重要组成部分的傣族传统灌溉技术之所以能够于这一地区稳定的存在和发展，不仅其优越的气候、地理、生态等特殊的自然环境条件为其奠定了基础，而且傣族创造发明的稻作农业本身所具有的优势以及与这种稻作农业相配合的独到的农业技术等因素，都为傣族传统灌溉技术的存留提供了相应的保证条件。更值得注意的是，傣族传统灌溉技术之所以能够不断地完善和发展，还与傣族社会的特殊性有关。由于西双版纳傣族社会发育程度较低，加之其封闭的自然环境，出于封建领主自身利益的需要和稻作农业具有的稳定性，在不受或很少受外来冲击的情况下，傣族这种原生态的灌溉技术得到了不断

① 高立士. 西双版纳傣族传统灌溉与环保研究［M］. 昆明：云南民族出版社，1999：149.

的巩固和发展，并且这一传统灌溉技术得到了来自于统治阶级的政策和法规的保证和来自于傣族乡规民约的支持，使这一技术在不断强化管理的过程中得以完善。加之产生于稻作农业基础之上的傣族水文化、佛文化以及原始宗教观念的影响，各种因素的综合作用，最终使傣族传统灌溉技术在漫长的历史进程中不但没有被削弱，而且能够完好地保存到 20 世纪 80 年代。

保护和

傣族传统灌溉技术是傣族文明中的一枝奇葩，是中华民族和中华文明的一个部分。发掘、抢救和弘扬这一民族的优秀结晶是当今的一项紧迫任务。一方面，由于长期形成的傣族传统灌溉技术与傣族传统文化有着千丝万缕的联系，因而至今傣族文化仍将其视为自身的一个部分而不断地完善、发扬、传承；另一方面，傣族传统灌溉技术又是一项傣族人民发明创造的实用技术，与当地的地理环境相适应，具有明晰的实用性和可改造性，并且这一传统灌溉技术对于保护生态环境和保持生态平衡有着特殊的作用，因而至今仍

第九章

开发傣族传统灌溉技术的可行性

在个别乡村应用，其在现今社会发展历程中的价值亟待研究和借鉴；加之目前我国和国际上对非物质文化遗产保护的需求和呼声越来越强，以及弘扬傣族优秀文化具有增强民族团结、稳定边疆的作用，且国内和国际上科技和学术交流也存在着需要，因而综合各方面的需求来看，都要求对傣族传统灌溉技术进行发掘、保护和开发利用。那么，在现今社会主义市场经济体制已经建立的条件下，这种保护和开发的可能性存在吗？

第一节 傣族传统灌溉技术已植根于傣族文化之中

文化作为一种社会历史现象，不同的社会、不同的民族都有与之相适应的文化。它在特定社会实践中逐步形成，既是社会物质生产活动的精神产物，又与特定的社会生产力和社会发展程度相适应，并以一定的传统为基础而存在。由于文化集中体现了一定社会、一定时代人们长期形成的风俗习惯、行为规范以及各种意识形式和意识形态，所以每一个民族的文化都代表着这个民族的生存状况、思维观念、心理、性格、信仰、传统，是这个民族于特定时代、特点社会时代条件下的精神之精华。这里正是从这个意义上来讲的文化。

傣族是我国民族大家庭中的一个成员，在长期的社会历史发展过程中，傣族文化沉淀下了有利于傣族自身生产力发展、有利于傣族社会稳定、有利于促进自身民族团结和有利于保护生态平衡的许多有价值的因素。而这些因素就是傣族优秀文化的体现，它体现着傣族的思维观念、心理、性格、信仰、传统等，并且以不同的方式从不同的方面影响着傣族的传统灌溉技术。因此，弘扬和保护傣族优秀文化是保护传统灌溉技术的基本前提。

一、傣族传统灌溉技术固化于傣族传统的“法律、法规”中

傣族优秀文化是在历史的演化中形成的。恩格斯指出：“人们必须首先吃、穿、住，然后才能从事政治、科学、艺术、宗教，等等。”[①] 傣族文化的形成与演化同样离不开具体的物质生产和物质生活，它本身就是对社会存在的反映。但是，我们也必须看到，作为与傣族社会经济基础相对应的、具有上层建筑色彩的傣族文化一旦形成，必然对与之相适应的经济基础产生强有力的反作用。它要为自身的经济基础服务，为傣族社会赖以存在的稻作农业服务，其中自然包括了对傣族传统灌溉技术的服务，它包括了对傣族传统灌溉技术具有保护性固化作用。

傣族传统灌溉技术本身就来自于西双版纳特定的自然环境和社会。不可否认，民主改革前西双版纳封建领主社会是建立在农村公社基础上的。公社内部的公共事务（甘曼）不可能由单家独户来完成，而必须由不同的村寨和家族来完成。其中最突出的就是傣族社会赖以生存和发展的、与稻作农业生产息息相关的灌溉水渠的开挖、修理和管理这样的公共事务。因为庞大的灌溉沟渠开挖、修理和管理需要从山上一直延伸到傣族进行稻作生产的坝区，需要穿过不同的村寨，需要组织和协调不同村寨的人来共同进行。如果这样的公共事务不能顺利完成，不仅各村寨的利益要受到伤害，而且对统治者的利益也将是严重威胁。因此，西双版纳封建领主从未忽视过水利灌溉的重要性，毕竟这是保证其统治的基础。为此，西双版纳封建领主（召片领）建立了一套相当严密的水利灌溉管理体系，并直接由召片领政权的议事厅直接管辖，制定了相应的水规。早在1950年以前，西双版纳封建领主（召片领）议事厅制定的《西双版纳傣族法规》[②] 中第三章《破

① 马克思，恩格斯. 马克思恩格斯选集（第3卷）[M]. 北京：人民出版社，1995：574.

② 该文本原为老傣文的手抄本，原文没有名字和标题，由译者按顺序做了相应整理并加了章节。

坏私人财产及农业》的第三节《破坏农业生产》就针对破坏水坝、水渠、破坏水规、偷放水、妨碍灌溉等做了详细的规定，其中：

“第 30 条　破坏水坝，罚银 440‘罢滇’；

第 33 条　未经田主同意，用鱼笼安放在其灌沟中捕鱼，罚银 220‘罢公’；

第 34 条　将鱼笼放在田埂的水口处捕鱼，在孕穗时，罚银 220‘罢公’，在抽穗时，罚银 330‘罢公’；

未经田主同意，挖沟从他人田里经过，罚银 220‘罢公’；”①

“派修水沟不去者，罚银 100‘罢公’”；

“偷别人田里的水，灌自己的田者，罚银 101‘罢滇’”；

“破坏水规，偷放水渠的水者，罚银 404‘罢滇’”；②

“故意将分水口放大者，水利监有权按情节轻重予以罚款，情节重者罚干槟榔一串（1 千克）、猪 1 头（50 千克）；情节轻者，罚干槟榔一串、银元 1—3 元不等”。③

此外，如前所述，历史上曾经出现的西双版纳的宣慰使司署议事庭于公元 1778 年 4 月 28 日（傣历 1140 年 7 月 1 日）所颁布的那份修水利的命令，也十分有效地为我们提供了这种传统灌溉技术如何受到“法律、法规”保护的重要依据。

以上所提及的诸如此类的与傣族传统灌溉技术相关的各类规定在西双版纳傣族的正式法规中大量存在。显然，傣族传统灌溉技术已固化于这样的“法律、法规”之中，固化于傣族社会所要求的行为规范之中。历史发展到今天，这些“法律、法规”虽然已不再为封建领主政治服务，但是任何一项技术以及为保证该项技术实施而制定的制度并不会因为社会的变迁而轻易消失，反过来它可以为不同的人或阶级服务。毕竟自然科学和技术是没有阶级性的，而为保证特定技术的实施而建立的“法律、法规”，即使

---

① 转引自高立士. 西双版纳傣族的历史与文化［M］. 昆明：云南民族出版社，1992：220.

② “罢”是傣族清代以前的货币单位；“滇”意为实，是实数；“公”意为虚，是不足实数的虚数，约为实数的 2/3。100“罢滇”为三两三钱银，100“罢公”即二两二钱银。

③ 高力士. 西双版纳傣族传统灌溉与环保研究［M］. 昆明：云南民族出版社，1999：154.

时代不同也有其自身应用的合理性，是完全可以为现实的稻作农业生产服务的。虽然，在历史发展过程中，不断积淀和完善的传统灌溉技术正是得到了与之相配合的水利灌溉制度和“法律、法规”的保护，才得以完整地保存和延续下来，使由傣族人民创造的传统灌溉技术得以固化成为现今仍然充满生机的傣族优秀文化的一个组成部分，进而为这一传统技术于这一地区的保护和开发利用奠定了有利的基础。

二、傣族传统灌溉技术固化于傣族的心理、思维观念和传统中

傣族传统灌溉技术作为傣族文化的一个部分，具有悠久的历史根源。西双版纳地区“在最古的分田故事中，‘板闷’分的田比召片领（叭阿拉武）多，说明傣族的农业，与农业半数的灌溉事业，自不可记忆的时代起就已经发生了。在这里，灌溉成为农业的基础，也是国家重要的经济功能。据说：勐遮的‘召勐’，为了要开发水利，就曾以最高官爵加封过一个‘板闷’”[①]。这一记载，透露出这样的信息，犹如我国大禹治水，凡是能够对事关社会根本利益和社会稳定做出重大贡献的人，都应该得到人们的信任，受到人们的敬仰，都应该委以重任。而这种社会心理和思维观念，是符合社会发展需求和社会发展规律的。它也同样符合傣族社会的实际，并且正是在这样的历史进程中，才逐步衍生出特定的文化来。这种文化体现着这个民族的生存状况。当然，傣族文化透射出的是傣族特有的思维观念、心理、性格、信仰、传统。其表明在长期的生产实践中，傣族与水结下了不解之缘，正是以水为基础，傣族才进而创立了自身的稻作农业，形成了特有的傣族社会，同时也抚育了与之相应的民族文化。而这种文化一旦形成，又将渗透于傣族生产、生活的各个方面，使傣族的生产、生活和行为都深

① 《民族问题五种丛书》云南省编辑委员会．傣族社会历史调查（西双版纳二）［M］．昆明：云南民族出版社，1983：40.

深打上水的烙印。对水的崇敬不仅会在各种节日庆典中表达出来，而且也将渗透到具有傣族民族文化、思维观念、心理、传统等因素的傣族传统灌溉技术之中。也正因为如此，傣族对传统灌溉技术的钟爱不会轻易消失，也不会因为外界因素的干扰而轻易放弃，它将十分顽强地通过民族的意识强有力地体现出来。1987 年 4 月，笔者曾到西双版纳进行农田灌溉调查。当时正是水稻栽插的农忙季节，农田对水的需求量比较大，加之当时已实行了家庭联产承包责任制，对灌溉水的分配就更显得十分敏感。然而，在这样的情况下，一个令人奇怪的现象引起了笔者的注意。按现今的科学技术条件和内地对边疆的支援来说，把流量计这样的现代设备应用于灌溉水量的分配，应是比较准确和受欢迎的。但奇怪的是，类似这样的先进设备和技术在这里却得不到推广，国家支援边疆民族地区的先进灌溉设备在经过努力安装起来之后，却没有能够充分发挥作用，而是在那里闲置和生锈，造成了不必要的浪费；反之，傣族传统灌溉技术中的分水器“根多”、“南木多”却取代了这些仪器而深受欢迎。究其原因，这种已为傣族群众熟悉的传统灌溉技术的使用不需要培训，就由当地傣族群众自发地组织起来加以应用了，而且凡是应用了传统灌溉技术的地方和村寨，基本上没有出现水利灌溉的矛盾，有效地保证了稻作生产的顺利进行。而那些没有应用传统灌溉技术的村寨和田地，灌溉用水矛盾显得比较突出。按照科学理性的认识来看，并不是流量计不好，导致这样后果的众多因素中，真正的原因是长期形成的、深入傣族人心的传统分水技术已适应了傣族社会的民族心理、思维观念和传统习惯，成为傣族传统文化中不可缺少的一个组成部分。

三、傣族传统灌溉技术固化于傣族的宗教和艺术中

傣族是一个勤劳勇敢的民族。然而，在长期的历史演化中，如前所述，傣族社会形成了以佛教为主、原始宗教为辅的信仰特征。但是值得注意的是，傣族对于佛教的信仰除了追求精神上的寄托之外，一个更重要的原因

是，由于长期以来傣族社会没有真实意义上的学校，从而对知识的获取、道德的修养和生产、生活技能的培训，很大程度上必须依赖于寺庙。寺庙在促进傣族社会的稳定、提高人们的素养方面曾经发挥了重要作用，成为保存和发扬傣族文明和文化的重要阵地。也正因为如此，傣族绝大多数和尚在完成了寺庙的教化之后，是要还俗的。这实质上与汉族学生在学校完成学业走向社会是一样的道理。傣族的这种社会特征，必然使佛文化成为其文化的重要特色，毕竟傣族人民长期积累下来的经验和智慧是通过寺庙来保存、整理和完善的，而其中不乏大量合理的、对傣族社会的发展有利的思想、观念、知识和技艺。这些合理的、对傣族社会的发展有利的思想、观念、知识和技艺正是傣族优秀文化的体现，其中也必然包含了与傣族社会息息相关的传统灌溉技术。其实，我们只要考察以佛教的形式来宣传、组织和推进农业生产的过程不难发现，佛教文化对于傣族稻作农业和灌溉技术的实施，有着特殊的作用。例如，景洪存在有 5 条重要的灌溉大沟，它们分别是：

“闷帮法”：起源于陇会的曼菲龙，经陇洒的曼景蚌等寨，至陇匡曼依枫、曼景法，流入流沙河。

“闷姐来”：起源于陇洒的曼养里，经曼广等寨，至景东的曼景傣，流入流沙河。

“闷难细”：又称“闷难永”或“闷南永”，起源于陇东的曼火勒，流经景德街，至曼景兰汇入流沙河。

“闷回卡”：起源于陇匡的曼火蚌，经曼火纳等寨至曼书公，流入流沙河。

“闷难兴”：起源于陇洒的曼达，景陇会的曼洪等寨，之陇洒的曼占宰流入纳瓦河。

关于这 5 条大沟一直都流传着这样的神话：“这五条水道是帕召（佛祖）行经此地时用禅杖划定的。”[①] 而借用佛教的力量来组织和实施对灌溉渠道修理质量检验的仪式和过程，实质也是运用经验技术的操作和实施过程。对此，由西双版纳傣族佛教人士所绘制的反映水利灌溉工程修建状况和由

① 《民族问题五种丛书》云南省编辑委员会. 傣族社会历史调查（西双版纳二）[M]. 昆明：云南民族出版社，1983：40.

傣族学者所绘制的充满了宗教色彩的对灌溉渠道修理质量检验的仪式（图9-1）和放水仪式（图9-2）的图画，就具体地体现了这一特点。

图9-1所体现的是景洪最大的“闷纳永”水渠举行的灌溉渠道修理质量检验仪式时的状况。放水时，制作一个专门的验收水渠质量的竹筏，竹筏上放着一张篾桌，篾桌上置新袈裟一件以为贡品，象征奉‘帕召’佛主及召片领之旨意。渠水流动时，该渠正水利监和副水利监以及各寨“板闷”（管水员），沿渠顺水而下，各寨水利员一人在前鸣锣开道，一人在沟中牵着筏子，并由各个寨子相互轮转牵筏，正水利监、副水利监则走在渠堤上进行监督。如果竹筏在哪里不能转弯，说明水渠过窄或曲率过小，质量不合格；如果竹筏搁浅或行进不力，说明渠深度不足，质量也不合格；如果竹筏行进中受到两岸树枝杂物的空间阻拦，说明渠堤不畅，仍然不合格。凡是不合格渠段的村寨必须对自己修理的渠道负责，并被罚为所有参加检验的成员杀鸡备酒，盛情款待，直到沟渠修理合格为止（竹筏对沟渠检验的详细情况可参阅第六章第二节）。

图9-1　充满了宗教色彩的灌溉渠道修理质量检验仪式

图 9-2　充满了宗教色彩的放水仪式

注：图 9-1 和图 9-2 转引自高力士. 西双版纳傣族传统灌溉与环保研究［M］. 昆明：云南民族出版社，1999：扉页图画.

图 9-2 体现的是顺“闷纳永”水渠而下的筏子到达渠尾后，还必须让渠水流入曼蚌囡佛塔的护塔渠道，待渠水环绕佛塔流一周后，将新袈裟取下献给佛主。由于当地傣族认为是佛主释迦摩尼用禅杖划出了这条渠道，所以通水后必须要先赕佛、祭塔，以示对佛主的敬意，进而才能进行灌溉。为此，灌区各寨及附近村寨群众、僧侣均需着节日盛装，敲着象脚鼓，举着敬献佛主的高升（土火箭）、鲜花、糯食、果品，欢聚曼蚌囡，举行赕塔活动，庆祝通水典礼。

从这两幅图画中不难看出，西双版纳傣族对于传统灌溉技术不仅熟悉，而且已经通过傣族所谓的佛爷、和尚这样的“知识分子”将其融入佛教仪式之中，将其固化为佛教文化和艺术的一个部分，成为西双版纳傣族生产、生活中不可或缺的内容。

四、傣族传统灌溉技术固化于傣族的日常生产、生活和劳动习俗中

傣族传统灌溉技术发明于傣族劳动人民，创造于生产劳动，传承于民众之中，是西双版纳傣族农民所熟知的生产技术。傣族人民祖祖辈辈生活于自己的土地上，从流传下来的古老故事和传说中，可以看到灌溉技术的萌芽是十分久远的。例如，相传西双版纳勐遮坝子过去是一个大湖，那时景谷（现隶属云南省思茅专区，也即现今的普洱专区）一带居住着许多傣族，有一个叫岩亨竜（大力士之意）的傣族人在每年播种之前，都要到勐遮湖里去浸泡170万挑稻种。一次在回来的时候扁担断了，就形成了勐遮西北部的“累邦敢”（扁担山）。后来，一个叫“召敌咪”的人来到“累邦敢”（扁担山）并看到勐遮湖有一对“披牙”（厉鬼）在找鱼虾吃。厉鬼看到“召敌咪”后，也想把他给吃了。结果女鬼被“召敌咪”用宝剑杀死，泡在水里变成了现今的凤凰山，男鬼被杀死于水中变成了现今的景真乡小土山。后来，帕召（佛祖）来到这里，闻到死鬼的臭气，便用身上的袈裟搧掉了腥臭味，然后用他的手杖从现在的曼垒之地划出一条引水沟，于是便有了现今的“喃哈”（流沙河，“喃哈”傣意为死鬼的尸水之意）当把湖水排干后，就有了广大的平地，人们烧掉平地上的荒草，开垦农田，外地的人也纷纷来到这里，从此人口兴旺、经济繁荣。① 至今，流沙河仍然是西双版纳重要的灌溉源。

解放初期对西双版纳的社会历史调查的大量材料表明，对水利灌溉的重视和占有往往是形成“官田”的基础。调查中，如曼暖典寨的老人们说：“我们寨子原来没有波郎田（官田），最早开垦的田，无沟缺水，多是旱地。后来，波郎来到寨上，率全寨开沟灌田。开沟时，波郎备酒肉和大家一起吃，从此全部土地改为水田。到谷熟时，波郎怀曼妄说：“我为寨子开了

---

①《民族问题五种丛书》云南省编辑委员会. 傣族社会历史调查（西双版纳之三）[M]. 昆明：云南民族出版社，1983：25.

沟，应该得一部分。说着就去到田间，将谷子长得最好的划出 1000 纳（约 400 亩），从此曼暖典就有了波郎田。"① 这种情况在许多傣族寨子普遍存在，这正好印证了景洪"曼回卡"大沟的"板闷"（管水员）所说的"有了傣勐才有水沟，才开田；有了田才有'召'（官家），有了召才有'领囡'、'洪海'，'领囡'、'洪海'的田是后来才开的"② 的结论。

这些事实说明，傣族传统灌溉技术是在悠久的历史演化历程中发展和完善起来的，甚至发展到 20 世纪，还仍然深深地扎根于民间广大的群众之中。据我们 2008 年 5 月对西双版纳景洪市创业大沟灌区具有代表性的曼回索、曼龙罕、曼么龙、曼腊、曼沙、曼贺勐和曼列等 7 个傣族村寨 31 位傣族村民进行的调查表明，傣族传统灌溉技术至今仍然为大多数傣族村民所认知。村民对传统灌溉技术的了解和使用情况调查见（表 9-1）。

表 9-1 村民对传统灌溉技术的了解和使用情况调查

项 目	了解传统灌溉技术（人）	不了解传统灌溉技术（人）	认为使用年限在 20 年以下（人）	认为使用年限达 25 年以上（人）
总 计	31	0	1	30
百分比（%）	100	0	3.23	96.77

从表 9-1 中的数据可以看出，现今属于这一灌区 7 个村寨的 31 名村民对传统灌溉技术均有不同程度的认识和了解。其中，100% 的被调查者都讲述了自己村寨附近水沟的基本情况和自己曾经参加过大水沟修建和维护的经历。而对于传统分水的设施和器具"根多"和"南木多"的情况，50 岁以上的老人基本能够详细谈及其形状、功能和大致的制作工艺；但 50 岁以下的被调查者对此则相对模糊，只是简单地指出当前沟渠分水到田间的具体分水地点，并且知道很多是直接使用塑料或铁质的管子埋于沟渠堤坝的

① 《民族问题五种丛书》云南省编辑委员会. 傣族社会历史调查（西双版纳之四）[M]. 昆明：云南民族出版社，1983：97.

② 《民族问题五种丛书》云南省编辑委员会. 傣族社会历史调查（西双版纳之四）[M]. 昆明：云南民族出版社，1983：140.

底部，并由此来替换竹制的引水管“南木多”，理由是竹制的“南木多”易损坏，使用寿命短；对于自身在农业生产中使用这一传统灌溉方法的时间情况，被调查者回答使用 20 年以下的仅为 1 人，占 3.23%；而回答使用 25 年以上的为 30 人，占 96.77%。这说明现今这 7 个寨子的村民对于传统灌溉技术的悠久历史是清楚的，他们对这一技术的应用表现出了明显的热情和关心，傣族传统灌溉技术已经成为了他们生产、生活中不可缺少的内容。

显然，傣族传统灌溉技术是西双版纳傣族生产和生活中的一件大事。在长期的历史演化中它被傣族社会接受和肯定，已深深铭刻于傣族的思想观念和行为规范中，固化为傣族优秀文化的一个重要组成部分，只要这种文化没有消亡，它就必然有效地保护与之相适应的传统灌溉技术。事实表明，现今傣族传统优秀文化不仅没有消失，而且在解放思想、建设社会主义和谐社会的伟大历程中，在促进民族团结和建设边疆和谐社会的科学发展过程中，它进一步得到了国家和政府的肯定，发挥着其应有的作用。在这样的时代条件下，弘扬傣族优秀传统文化的同时，实质上也为保护傣族传统灌溉技术奠定了坚实的基础。

第二节 傣族传统灌溉技术的应用具有合理性以及可改造与可完善性

傣族传统灌溉技术是傣族劳动人民发明的，20 世纪 80 年代仍然在西双版纳个别地区应用。尽管随着现代科学技术的进步和社会的发展，这种传统灌溉技术的局限性越来越充分地暴露出来。但是这并不意味着传统技术就绝对失去了其存在的合理性，关键在于这种传统技术是否具有可改造性和可应用性。对于广大的农村来说，尤其对于边疆民族地区而言，这些地区的民族特殊性和生产力发展状况决定了对于特定的少数民族自身发明创造的优秀技术来说，如果能够进行改造，使之能够符合当地生产发展的需要，就应该大力扶持和完善。这对于促进当地的生产发展，推进边疆稳定是十分有利的。那么，傣族的传统灌溉技术是否也具有这样的特点呢？

一、傣族传统灌溉技术具有自身应用的合理性

黑格尔认为："凡是合乎理性的东西都是现实的，凡是现实的东西都是合乎理性的。"[①] 傣族传统灌溉技术 20 世纪 80 年代仍在应用的事实说明，这一技术即使在今天现代社会中也尚未完全失去其存在的合理性。关于这一技术

① 黑格尔. 法哲学原理［M］. 北京：商务印书馆，1979：11.

的基本原理和应用情况，前面已进行了论述，这里不再赘述。但值得注意的是，一项技术的应用，并不是技术本身就可以完成的，它涉及特定的社会条件、经济状况、社会文化特征、民族心理等多种因素。因此，对傣族传统灌溉技术应用的分析就不会是一元性的单项分析，而只能对其进行综合考察。

这里有 1987 年 4 月笔者到西双版纳进行农田灌溉调查时的一份具体调查材料。通过对具体实例的分析，可以为我们认识傣族传统灌溉技术于西双版纳地区应用所具有的合理性提供有益的视角。

嘎洒区是西双版纳景洪县所属的一个区，也是历史悠久的勐（平坝），它不仅是景洪县重要集市所在地之一，而且是历史上稻作农业的典型平坝区。就嘎洒区的水利情况而言，现今共有 4 条主要输水干渠，它们灌溉着这一地区的广大稻田。20 世纪 80 年代时，这里开始种植双季或三季稻，但进行这项生产活动却受到了西双版纳特定气候的限制。尽管这里雨量充沛，但在旱季时，缺水与稻作需水的矛盾却特别突出。当笔者在这一地区考察时正值旱季，曾亲眼看到因水源不足而使水稻生产蒙受极大损失的状况。此区所辖的曼景蚌、曼猛、曼赛等寨，就因缺水而使 500 亩田的水稻大幅度减产，有的甚至颗粒无收。其中，曼景蚌寨的 125 亩稻田最为严重，当时正值栽种的双季稻的头季水稻最需水的孕穗时期。农谚说："谷打苞，水齐腰。"而稻田中的水这时却已干涸，甚至达到使田干裂成大缝的程度，稻田中成片枯黄的水稻待毙，这一情况参看图 9-3。

从当时的情况来看，其缺水程度是相当严重的，寨子也曾派出巡水员监督管理水渠的水量分配，然而由于解放后这一传统的分水方法已被废除而改由集体规划使用灌水，尽管在实行计划经济的年代，灌水矛盾不突出，但在实施了包产到户的现实情况下，农民种粮的积极性高涨，以致因水量不够而致抢水的现象重新抬头。据巡水员（"板闷"）介绍，他们是十分愿意恢复使用过去的分水灌溉技术的，但又顾虑这是历史上的"旧东西"，从而不敢使用，怕被"革命"，采取听之任之的态度。现场调查表明，一些田户在缺水的情况下，干脆弃田不种，从而出现大片因缺水而荒弃的稻田（图 9-4）。

图 9-3　因缺水稻田中成片枯黄待毙的水稻实况（诸锡斌 1988 年摄于景洪县嘎洒区）

图 9-4　因缺水而荒弃的稻田（诸锡斌 1988 年摄于景洪县嘎洒区）

有的田虽然水稻已接近收获之时，但因缺水，损失惨重。他们也只好自认“倒霉”。一个傣族青年农民介绍说，他已几天几夜在田中巡水，想极力保证自己承包的田块，然而无济于事，因为他的田地属远离灌渠的田，往往得不到应分配的水量，大量灌水已为近水渠田的农户“垄断”。迫于情势，人们开始自发地运用“南木多”分水，但由于缺乏领导的支持和有效的组织，往往进行不下去，造成上水寨田水充足而下水寨的田只好弃荒。为争得灌溉水，上水寨与下水寨已屡屡发生械斗，多次开会也没能得到妥善解决，成为嘎洒区发展双季稻的一个重大障碍。对此，区领导十分重视，多次开会听取群众意见。一些有经验的老农在这种情况下，几乎都同时提出恢复传统的分水灌溉技术的建议。根据他们的经验，过去比这种干旱严重的年份，由于运用了傣族传统的灌溉技术，各村寨的灌溉用水是基本可以保证的。当时，区水管站在进行实事求是的调查中，在充分听取群众意见，特别是听取有丰富生产经验的老农的意见后，已准备在传统分水技术的基础上进一步用水泥材料代替竹制的“南木多”，使之分水更准确和更坚实耐用。

通过实际调查，事实告诉我们，既然傣族传统灌溉技术在实际生产中为傣族群众认可，就必然有它存在的理由和内在的原因，起码说明了以下几个值得注意的方面。

首先，无论任何技术，当然也包括傣族发明的传统灌溉技术，它们作为人类利用自然和改造自然来获取物质财富的手段，本身并不具有阶级性。尽管人类社会在不同的发展阶段上，由于使用技术的人所具有的阶级性会使技术在运用中体现出阶级的意志，因此新中国成立前传统的分水灌溉技术在事实上也被封建领主用于体现对水、土等生产资料的私人占有。但是，技术本身无阶级性的本质决定了它也完全可以由人民自己掌握为自身服务。然而，遗憾的是，长期以来由于“以阶级斗争为纲”极左思想路线的干扰和“文化大革命”形而上学认识路线的影响，使西双版纳傣族人民对这一问题产生了一定程度的糊涂观念，加之“大锅饭”的生产形式，导致这一传统技术一度被打入“冷宫”。直到实行了联产承包生产责任制后，这一传统分水灌溉技术才又重新被人们重视起来。因而如何鼓励他们发扬自身历史上具有民族特色的传统农业技术的优点，分清技术的客观性与技术应用的阶级性二者间的界限，仍是十分必要的。

其次，众所周知“人们自己创造自己的历史，但是他们并不是随心所欲地创造，并不是在他们自己选定的条件下创造，而是在直接碰到的、既定的，从过去承续下来的条件下创造”[①]。同样，生产技术作为人类向大自然获取生活资料的手段和方法，也与人类历史相一致，有一个继承和发展的过程，并且总是与特定的社会条件、自然环境和生产方式相联系。因此，我们不能以简单的方式强迫傣族农民接受诸如流量计一类的先进设备和先进技术，而必须在不断的实践中，启发、引导他们去认识和应用先进技术。由于西双版纳属于边疆少数民族地区，从这一地区的实际社会状况出发，有必要在尊重傣族传统文化和习俗的基础上，进一步正确认识和对待传统的灌溉配水技术。这不仅有利于使傣族人民更好地认识自己的文化，促进各民族之间的相互了解，促进不同民族之间优秀文化的相互交流，而且通过这一活动的实施，也有利于引导傣族农民在充分发展农村经济的同时，逐步走上依靠现代科学技术发展生产的道路。

最后，当前，我国的社会主义社会还处在初级阶段，我们必须从这个实际出发，而不能超越这个阶段。我们有必要从这一国情和具体的实际状况出发，从与其生产力水平相一致的劳动生产方式出发来进行分析和认识。事实表明，20 世纪 80 年代以来，西双版纳地区也和全国一样，全面落实和贯彻了党在农村的经济政策，普遍实行了联产承包责任制，极大地调动了傣族农民的社会主义积极性，粮食产量大幅度上升。但是，这种大好形势也带来了新的问题。由于新中国成立以来，这里主要以生产队为劳动单位，灌溉水由集体支配、统筹安排，从而配水矛盾不大，但随包产到户和生产责任制的不断落实和深入，用水矛盾又重新突出出来，以至于传统的灌溉配水技术又重新引起了人们的注意。由于“包产到户”劳动形式

① 马克思. 路易 · 波拿巴的雾月十八日［M］// 马克思，恩格斯. 马克思恩格斯选集（第一卷）. 北京：人民出版社，1972：603.

十分适合长期以来于这一地区特定自然条件下形成的传统灌溉配水技术的应用，并且如果这一技术运用得当，完全可以为我国社会主义农业发展做出应有的贡献。

此外，发明于西双版纳地区的传统灌溉技术是傣族人民根据自身农业性质和特定自然环境于长期生产实践中总结出来的成功经验技术，并且这种技术运用简单，取材方便，为广大傣族人民所熟悉（这一传统灌溉技术应用的详细情况参见第七章、第八章第二节）。从而一方面，在这一地区文化水平普遍落后的情况下，推广和运用这一技术，费力小而收效大，成为傣族农民极易接受的实用技术；另一方面，从运用这一技术的投资与收效来看，几乎可以说投入微乎其微，但却可以获得巨大的技术和经济效益，是一项节约用水、合理灌溉、保证稻作生产顺利进行的有效农业生产技术。

二、傣族传统灌溉技术具有可改造性

傣族传统灌溉技术在西双版纳地区具有的民族性、实用性、广泛性，以及这一技术具有的悠久历史性都向人们无言地述说着其自身在这一地区应用的合理性。但是，合理的不一定就是完善的。因为时代是变化的、社会是不断进步的，随着人类认识的不断进步和改造自然能力的提高，技术进步将以加速度的态势呈现出来，任何技术如果不能及时更新、完善，最终将面临被淘汰的结局。傣族自己创造的传统灌溉技术在今天世界经济一体化的新形势下，也同样无法摆脱这一局面。那么，傣族传统灌溉技术现在还有改造、完善的可能性吗？通过对大量事实的分析可以看到，对傣族传统灌溉技术进行改造，并使之成为与边疆社会主义新农村建设需要相符合的实用技术的可行性是存在的。

首先，技术与科学原理不同。技术的本质在于通过方法和手段的应用以及程序的实施进而达到特定目的。只要目的能够实现，则任何不同的方法和手段的应用和程序的实施都是可行的，并且如果某种技术能实现的目标越彻底、成本越低，这种技术就越好。显然，技术可以是多元的。正是由于技术具有这样的特征，因此一定程度上，技术可以在形式上“忽略”其所内含的客观规律。也就是说，往往一些技术可以在人们并不理解其内在科学原理的基础上实施，仍然可以达到预期目的。尤其在人类早期认识程度相对低下的情况下，这种情况更加突出，因而人们将这种技术称之为经验技术。但这并不是说，经验技术可以违反客观规律。事实上，经验技术之所以能实现预期的目的，本身就是对规律的应用，只不过其对客观规律的应用是经验性地应用罢了。傣族传统灌溉技术正是这样的经验技术。从前文对傣族传统灌溉技术原理的分析不难看出，这种技术内涵的科学原理是十分合理的，它所采取的输水和分水的方式是有压涵管式的分水。由于这种输水和分水可以减少水分的蒸发和渗透，并且由于是在水渠的底部安置分水涵管进行分水，从而渠水的压力可以有效提高输水效率，表明傣族传统灌溉技术所应用的输水和分水原理是较合理和具有科学根据的。即使在科学技术现代化的今天，这一灌溉原理也为人们所肯定。只是由于长期以来傣族在应用这一传统灌溉技术时，并不认识这种灌溉技术所蕴含的科学原理，而仅仅是经验性地加以操作而已。这就给这种传统灌溉技术的改造留下了充分的余地。

其次，任何技术都是人类改造世界的物质手段。这种手段都需要借助于具体的工具、器具等来实施，离开了物质前提，任何技术都不可能实现改造世界的目的。傣族传统灌溉技术是于西双版纳地区创造的技术。从它诞生的第一天起，这一技术所应用的器具就深深地打上了这一地区自然环境的烙印，它表现得非常的现实、具体。例如，分水用的“根多”器具是用西双版纳特有的“黑心树”的树心来制作，这种木料黑色的树心坚实、耐磨，用其来制作使用频繁的配水量具，具有一定的实用性。而制造输水涵管兼分水涵管的“南木多”，则就地取材，利用当地丰富的竹筒制成；由于竹子经济、实惠，成本低、取材方便，从而就地取材采用竹筒制作的“南木多”能够遍布于各村各寨的沟渠和大小田块之间，可想而知其用量之大，甚至连检验灌渠修理质量的器具——竹筏也是竹子制成的。如果缺了竹材这一形状独特、结构合理的材料，西双版纳特有的分水技术将不复存在。如此种种说明，竹子对这一地区灌溉技术的发明和应用具有深刻的影响，发挥了相当大的作用。另外，西双版纳地区长期以来处于相对封闭、落后，交通不便，生产力水平和认识水平较低的状况下，当地傣族人民不可能超越这一条件去“神思”和寻找制作灌溉设施和工具的物质材料，更不可能去奢想诸如水泥一类的现代建筑材料，他们只能于其生活的特定环境去寻求出路。而西双版纳自然环境条件所提供的丰富竹资源和植物资源，尤其是竹资源成为了制作傣族传统灌溉技术各种器具最有效而现成的物质材料（图 9-5）。

图 9-5　竹子被广泛应用于灌溉的各个环节中（诸锡斌 1987 年拍摄于景洪县）

事实说明，在特定的社会历史条件下，以竹子为主要材料来制作灌溉技术器具是傣族对自己生存环境认识的结果，也是特定时代条件下无可奈何的选择。尽管竹材料为传统灌溉技术的应用提供了现实的物质条件，但是也存在着突出的局限性。由于竹子的坚硬程度有限，且容易腐烂，使用期限十分有限。尤其是埋于渠堤底部、用竹筒制作的输水管兼分水管道的“南木多”一旦破损，则渗透到“南木多”竹管外的水将对渠堤缓慢侵蚀，使渠堤土基松软、渗水，严重时甚至造成渠堤的垮塌。当然，这种缺点并不是不可克服的，现今诸如金属、塑料等新材料层出不穷，完全可以用现代的材料进行替代，在保证传统灌溉技术基本原理不变动的条件下，使之为现今的农业灌溉服务。

再者，傣族传统分水灌溉技术尽管在运用中有其优点和合理性，但其在分水过程中仅只通过“南木多”孔径大小对流量进行控制，而对灌溉时间忽略不计。这样，尽管傣族传统灌溉技术在栽插季节或者灌溉用水高峰时期能够明显地体现出这种技术的优势和合理性，但由于“南木多”被埋置于灌渠底部，并利用渠水的静压力使其输水，而且其分水量也是根据配水量具“根多”所固定的“南木多”的分水孔径来实现（关于其分水的基本情况可参见第七章），因此“南木多”孔径一旦被固定，要改动就十分困难。然而，农田对灌溉水的需要却是变动的，随着水稻的不断生长，庄稼对灌溉水的需求量也需要不断调整，这就使傣族传统灌溉技术的缺陷突出出来。一方面，如果在某一时刻或某一时间段需要改变灌溉水的水量，则需要将埋置于灌渠底部的“南木多”取出来，重新改变其输水孔径并再次重新埋置，这不是轻而易举就能做到的，尤其是在灌渠已经充满流水的情况下，这一目的几乎无法实现；另一方面，以整个农业生产周期而言，如果固定于灌溉渠堤下的“南木多”一直安置不动，也即如果其固定的分配水量不变，那么即使在不需要灌溉水或需要较少灌溉水的情况下，灌溉水仍将不断流入田里，发挥不了灌溉效益，甚至造成水资源的浪费。

显而易见，傣族传统灌溉技术不仅在材料的使用上存在着缺陷，而且对水量的控制和对灌溉水的充分利用也是存在缺陷的。因此，怎样改进和完善这一传统灌溉技术仍有很大的潜力。如果能结合现代科学技术的基本原理，在保证原有技术原理的基础上进一步加以改进和完善，使其成为当地傣族既熟悉又方便的实用技术，则这种扎根于现实中的傣族传统灌溉技术将有可能为今天边疆民族地区社会主义新农村建设做出它应有的贡献。

三、傣族传统灌溉技术的应用具有较好的群众认知基础

任何一项技术要能得到应用和推广，必然有它自身的内在根据。“在一个社会里，技术的不断发展又依赖于人们对于环境的看法、观点及其各种社会关系。只有当他们充分认识到技术是有用的而且是必要的时候，技术的发明才有可能被利用并促进其发展”。① 傣族传统灌溉技术的发明和发展，同样是历史与自然、经济与文化相互作用和影响进而于现实世界中诞生和展示的一种文明现象，它具有自身的社会背景和群众基础。

首先，西双版纳是边疆民族地区，在长期的历史发展过程中，至今仍较好保持着傣族自身的民族文化、习俗、心理、信仰、思维习惯。一般来说，“技术是用来满足人的需要的，而人的需要则因不同的历史阶段、不同的主体、不同的生产方式和社会制度以及在此基础上形成的世界观和文化类型而有不同的情况，也就是说，对技术的不同立场、态度、看法形成不同的评价标准”。② 诚然，技术与科学不同，技术的判定标准具有多元性，只要技术的操作能够满足特定主体的需要，并且满足程度越高，其价值就越大。也即说，判定技术的价值取向会受到特定的政治、经济、文化、心理、信仰、思维习惯等多种因素综合的“诱导”，形成“好”与“不好”的判定。显然，西双版纳傣族地区与内地不同，受其特定社会状况的影响，对傣族创造和发明的传统灌溉技术也将形成不同的价值判断标准，以及附带于这种判断标准上的民族情感。尽管随着信息时代的到来，各民族之间的文化在现代科学技术的促进下，形成了有效的融合，尤其是在社会主义市场经济体制已经建立起来的情况下，西双版纳已发生了很大的变化。但

① ［德］弗塞尔. 科学技术哲学（《德国彩色弗塞尔大百科全书》）［M］. 黄见德，译. 叶其荣，校. 北京：知识出版社，1987：23.

② 诸锡斌. 自然辩证法概论［M］. 昆明：云南科学技术出版社，2004：197.

是，当地傣族仍然对传统灌溉技术有着较好的民族感情和群众基础。根据2008年5月对景洪市历史上被称为“闷南永”大沟，20世纪中叶被改造为“创业大沟”所灌溉的有关7个村寨[①] 31名村民的调查表明，大多数群众支持对传统灌溉技术进行改造，使之能更好地发挥作用。村民对使用传统灌溉技术供水情况的评价见表9-2。

表 9-2 村民对使用传统灌溉技术供水情况的评价

项　目	有　余	够　用	不够用	有时够用
总计（人）	10	10	8	3
百分比（%）	32.26	32.26	25.81	9.68

调查结果表明，被调查的31人中，认为采用传统灌溉技术能够满足灌溉需求，并且使灌溉水有余的村民为10人，占32.26%；认为灌溉水够用的村民为10人，同样占32.26%，二者合计占64.52%；认为采用传统方法灌溉水不够用的为8人，占25.81%；认为灌溉水不足，有时够用的为3人，占9.68%。同时，调查结果进一步表明，回答灌溉水够用的村民均属于灌溉沟渠上游村寨的村民；回答灌溉水不够用的村民均属于灌溉沟渠下游的村寨，而且不够用的情况发生在干季的4月份左右。造成这一后果的原因，一方面是西双版纳地区干湿季的降水量差异大，造成区域水资源时间上的分配不均。当4月份旱季到来之后，恰逢稻田插秧，雨水迟迟不来，加之新中国成立以来，传统灌溉制度受到了很大的冲击，尤其是社会主义市场经济体制建立后，传统灌溉制度的实施面临着严峻的态势。所以尽管传统的管理方式还在延续，但已经比较松散了，以致沟渠上游村寨不再严格按传统灌溉制度分水，私自开挖分水沟进行灌溉，使输送到下游村寨的灌溉水量大减，从而导致沟渠下游村寨灌溉用水紧张，以至于这些村寨在水不够用的情况下，只好使用抽水机抽取离自身田地较近而又低于田地的天然河流的水来进行灌溉，增加了灌溉的成本。至于离天然河流较远的村寨，

① 调查涉及的主要村寨为嘎栋乡的曼回索、曼龙罕、曼么龙、曼腊、曼沙、曼贺勐、曼列7个傣族寨。

则基本只能等待降水来缓解田地旱情了。另一方面是由于把期望寄托于现代沟渠的建成，而对旧有灌溉沟渠建设不重视，管理松散，致使沟渠的质量降低，沟渠淤塞，渠道变窄，原有的传统灌溉技术无法发挥功能，这也是使下游村寨的灌溉水量不够用的又一原因。为此进一步对这些村寨 31 名村民进行调查，当问及他们是否愿意参与对传统灌溉技术进行改造时，大多数村民们表示愿意自愿参加对传统灌溉技术的改造，见表 9-3。

表 9-3　村民对传统灌溉技术进行改进的意愿

项　目	愿　意	不愿意	无所谓
总计（人）	19	2	10
百分比（%）	61.29	6.45	32.26

从表 9-3 中的数据可以得知，31 人中有 19 人愿意对旧的分水方法和灌溉技术进行改造，占 61.29%；有 2 人不愿意，仅占 6.45%；有 10 人无所谓，占 32.26%。实际调查还表明，大多数村民认为采用旧灌溉方法进行灌溉，对灌溉用水的管理较严，能保证沿沟渠各户村民农田灌溉用水的公平分配。当然，也有人认为，现今采用水泥修筑“三面光”的沟渠来进行灌溉和运用现代技术开闸门分水，沟边较为牢固，不易塌陷，又比较容易维护，是最好的方法，但由于建设费用较高，往往无法实现。在这样的情况下，因地制宜地发挥传统灌溉技术的优势，通过改进是可以以低成本而高效益地实现灌溉目的的。由于傣族传统灌溉技术的实施成本低、效果好、不增加农民的负担，因而大多数傣族村民对于改造传统灌溉技术是有积极性的。尤其是通过对熟悉灌溉的处于水利管理第一线的管水员的调查表明，这些长年累月穿梭于沟渠和村寨之间，对传统灌溉技术的应用具有深刻体会且经验丰富的实际灌溉管理者们认为，传统的灌溉方法相对于目前的开闸放水更加简便实用，并且用传统方法进行灌溉不论在雨季还是旱季都能基本满足农业和生活用水，特别是在水量不足的情况下，能够很好地分配有限水资源，相较于现代的灌溉和方法，传统灌溉可以达到的效果，而现代灌溉技术在某些情况下却明显不能满足村民的用水需要，特别是雨水较

少的年份，现代灌溉技术未能合理分配有限水资源的情况更加突出。显然，灌溉效益的好坏以及灌溉水分配的公平与否，直接关乎着傣族群众的利益，关乎着民族地区社会主义新农村的建设。既然傣族群众有这样的积极性，愿意参加到对传统灌溉技术的改造中来，说明开展这项改造工作的群众基础是牢靠的，只要能够正确引导，是可以实现将其改造为一项具有民族特色的实用灌溉技术的。

其次，应用“南木多”来进行分水和联通各农田田块的方式，现今也被傣族熟练地改造应用于其他一些生产领域中。既然傣族是一个以水而生的民族，所以除了水稻种植之外，养鱼同样是傣族十分熟悉的行业。尤其田间养鱼是傣族十分看重的劳动内容，也是傣族生活和经济来源的重要组成部分。但是，在农业生产承包责任制的条件下，各块农田是分属于不同农户（承包者）的，不同的农户往往根据自身的需要和劳动资源，从最大效益的角度出发来安排具体生产内容，从而出现在同一大田区域里，某一户农民在自己田里种的是水稻，而紧邻的另一户农民却是在田里放水养鱼；当然，也同样会出现不同的农户在各自相邻的田里同时发展养鱼业。然而，养鱼的水必须是流动的活水，它需要使水从上水田流入下水田，不论下水田里是种植水稻还是养鱼，水的流动方向总是由高向低流动的，这就带来一个问题，即上水田中的鱼，尤其是小鱼或鱼苗必然会随着流水从上水田（鱼塘）流向下水田中去。为了解决这个实际问题，傣族借鉴“南木多”分水的方式，在上水田的田埂顶部埋置防止小鱼（鱼苗）随水“溜走”的“过滤器”（图 9-6）。这种“过滤器”实质是用竹筒制作的过水竹筒。笔者 2013 年 2 月于西双版纳勐海县曼召寨调查时看到了这样的器具。从图 9-6 可以看出，这种“过滤器”实质是将竹筒底部的一节保留，而将剩余的竹筒中的竹节打通，然后在保留竹节的底部上方开挖漏水的条缝。这样一来，既可实现输水的功效，又可避免小鱼溜走，具有很好的“过滤”功能。实测表明，竹筒的直径为 17 厘米，长 1.5 米。对于水已经满塘的养鱼田块，这种“过滤器”完全能够满足流水进出，保证鱼塘实现活水的需要了。

显然，这种利用竹筒来防止鱼苗或小鱼流失的器具和技术，与傣族

图 9-6　傣族防止小鱼“溜走”的出水“过滤器”（诸锡斌 2013 年摄于西双版纳勐海县曼召寨）

早已谙熟于心的传统灌溉技术有着密切的联系。现实的田野考察表明，将“南木多”改头换面为养鱼塘防止鱼儿溜走的出水筒，尽管其使用的目的不同，内含的原理也不同，但在形式上却是十分雷同的。这不得不使人相信，傣族传统灌溉技术在傣族群众中不仅具备了坚实的基础，而且还具有灵活应用的空间。这从另一个侧面说明，于西双版纳地区改造和利用傣族传统灌溉技术，是具有较好群众基础的。

第三节 傣族传统灌溉技术有利于维护自然资源的稳定

灌溉技术作为一种改造和利用自然的手段，其本质和目的在于利用客观自然规律来为人类自身利益服务。具体说，它是保证和促使作物产量不断提高，以满足人们生活需求的必要措施。很清楚，作物产量就是灌溉技术追求的最终目的。然而，“农作物是与自然界紧密结合的统一体，正是各种因素的相互联系和作用才推动了农作物的生长，它本身就是各种因素作用的结果”① 。因此，以作物产量为目的的稻作灌溉技术在其产生和发展过程中，就不只涉及与之相适应的具体作物本身，而且还涉及与之相关的地理环境、水利、气候、生态、土壤等自然因素。为此，要真正有效实现灌溉的目的，就必须对与灌溉相关的各种因素做全面、系统的认识。

一、傣族传统灌溉技术有利于水源林的稳定

傣族传统灌溉技术是于特定的社会环境和自然环境条件下形成和发展的。由于西双版纳优越的自然条件，使这里的热带雨林繁茂，至今这种先天的优势仍然存在，正是西双版纳这种繁茂的自然森林优势，使山林涵养

---

① 诸锡斌. 数理统计在现代农业科学试验中的方法论意义［J］. 云南农大科技. 1984（4）：17.

的水分比较充分，进而为傣族传统灌溉技术的长期应用提供了优越的条件，成为保证和促进西双版纳稻作农业顺利进行的基本前提。

首先，傣族是一个有着悠久历史的农耕民族，他们所实践的农业本身就是一个正确处理好人与自然关系的最直接、最客观的一种劳动产业。傣族谚语说："有了傣勐，[①] 才有水沟，才开田。"从这一朴实的语言可以看出，傣族对于稻作农业的产生是以"人—水—田"这样的先后顺序来认识的。首先是有了人，然后人认识了水，进而才在此基础上开出了田。这种田不是别的田，正是傣族别具一格的水田，是傣族稻作农业赖以存在的基础。显然，在傣族稻作农业中，水是核心，是前提，没有水，就没有西双版纳的农业和以此为基础形成的傣族社会。既然水的作用和地位如此之高，那么保证水源的充足就是保证稻作农业和傣族社会存在的基本条件。分析研究表明，在生产力水平和认识水平相对低下的条件下，以漫灌形式为主的傣族传统灌溉技术只不过是如何将这种大自然所恩惠的、由森林所涵养的水分转化为稻作农业的灌溉用水罢了。大量调查的事实也说明，傣族传统灌溉水的来源，主要靠的就是山涧沟箐汇集而来的各种散水，并且绝大多数灌溉主沟渠基本上也都是围绕山脚而修建的。因此，只要山上的森林茂密，灌溉渠中的水就少不了，森林的存在与否以及发育的茂盛程度成了决定水源好坏的关键因素，也成了傣族稻作农业的能否存在的决定性因素。既然傣族稻作农业与森林的关系如此密切、如此直接，那么采用传统灌溉技术，很大程度上将依赖于森林植被的有效状况，保持良好的森林覆盖率成了傣族传统灌溉技术是否能够延续的关键。由于农业生产涉及千家万户，涉及傣族社会生活的各个方面，涉及傣族社会的稳定以及统治者的利益，因此保护森林的完好性，就不会是单一的个人或家庭的需要，而是西双版纳傣族社会的共同需要。正是这种需要促成了保护森林的自觉性，并且这种保护将来自于两个方面的基本需要。一是稻作生产者和社会基本成员的需要，因为灌溉直接与稻作生产相关，而森林的存在又与灌溉直接联

① 傣勐即最初傣族地区的土著居民。

系，最终与每一个人的实际生活相关，这就与每个人自身最直接的利益结合起来，它迫使人们不得不对森林的有效性高度关注，并避免森林遭受损害；二是傣族社会的统治者对于其统治和自身利益的需要。傣族传统灌溉技术的实施，所采用的有压涵管式的灌溉配水技术的发明与创造，是在渠水充分的前提下实施的。因此，作为过去的统治者或者是对于今天的政府和执政者来说，为了保证社会的稳定，不使统治者或者今天的社会公共利益受到损失，也要求对森林进行保护。这样，如果应用傣族传统灌溉技术，就必然要强化对森林的保护，这在一定程度上可以促进对森林的保护。毕竟这种传统灌溉技术与现代灌溉技术不同，现代灌溉技术往往可以凭借着现代工业和科技的力量，采取电力抽水的方式来灌溉，而傣族传统灌溉技术的使用只能是原生态的。

其次，傣族传统灌溉技术是建立在对“水”的神圣崇拜基础之上的。水文化对于傣族传统灌溉技术的应用发挥着深沉而重要的作用，尽管在这一传统技术采用了沟渠引水、“根多”量水、“南木多”分水等技术措施和与之相配套的灌溉制度，建立起了一个严密的由引水、分水、用水和与农业生产相互协调的庞大的水利灌溉系统，以及严密的水利灌溉管理体系。但是，在这一技术体系和管理体系的背后，却是傣族对水和森林的敬仰与崇拜，其得益于傣族水文化的支撑。经过历史的长期检验，傣族传统灌溉技术和管理制度对于小流域地区的灌溉简单而有效，它以较低的技术成本实现了较高的生产回报，给傣族人民带来了实实在在的实惠。然而，必须清楚，这一技术实施带来的良好效果，首先是以“垄林”崇拜，涵养水源为前提的。值得关注的是，这种与传统灌溉技术的应用不仅与水文化有关，而且还直接通过宗教的力量，使其技术的操作固化于稳沉的宗教理念之中，使傣族的水文化与傣族的原始宗教和佛文化有机地结合在一起，演变成一种超强的精神力量。这种精神力量从无形的伦理道德方面，制约和促进人们对森林的维护和敬仰，成为人们日益强大的自觉保护森林的内在动力。尽管这种自觉性带有十分强烈的非科学理性色彩，但恰巧是这种非科学理性的思想和行为无意中带来明显的对生态保护的实际效应。这就显示了这样一个基本的事实，即傣族传统灌溉技术是带有浓厚的功利性的，它实现的是傣族自身生产和生活的具体价值，而并不在乎口头的科学论证，只要能够实现农业生产的经济效益，就是这种技术价值的实现。因此，傣族传统灌溉技术与所有的技术一样，目的就是获取最大的实惠，至于采取什么手段和方法，则是无所谓的。也即无论是科学理性指导下的行为，还是充满了感情冲动的非理性的宗教指引，只要能够达到目的，都是可以接受的。显然，支撑傣族传统灌溉技术应用的水文化、原始宗教和佛文化从本质上说，都不属于科学理性的范畴，然而这种非科学理性方式指导下推行的技术后果，却不仅满足了农业生产的灌溉需要，而且有效地保持了森林的生态平衡。这就不得不让人们去考虑，既然傣族的水文化、原始宗教和佛文化对傣族传统灌溉技术和森林保护有这样明显的效果，那为什么不可以充分应用它们来为现今西双版纳的农业生产和生态保护服务呢？反过来说，傣族传统灌溉技术的应用（当然是在傣族水文化、原始宗教和佛文化背景下的应用）能够有利于西双版纳森林植被的保护和发展，并可以满足基本的农田灌溉需要，那又为什么不可以充分利用这一传统灌溉技术来实现这些目的，使其在保证灌溉需求的同时，达到保护森林生态，以使技术的价值和效益最大化呢？

二、开发傣族传统灌溉技术有利于节约水资源

地球上的水量是极其丰富的，其总储水量约为13.86亿立方千米。但水圈内水量的分布是不均匀的，大部分水储存在低洼的海洋中，占96.54%。而其中97.47%（分布于海洋、地下水和湖泊水中）为咸水，淡水仅占总水量的2.53%，并且这些淡水主要分布在冰川与永久积雪中，占68.70%，而地下水只占30.36%。由于现有的经济、技术开发能力有限，理论上可以开发利用的淡水不到地球总水量的1%。实际上，人类可以利用的淡水量远低于此理论值。由此可见，尽管地球上的水十分丰富，但适合工农业生产和人类生活的淡水水源则是十分有限的。20世纪70年代以来，水资源短缺的

情况日趋严重，水资源的短缺导致工业、农业生产开工不足，饮用水发生危机，造成了巨大社会经济损失，逐渐显现出水资源已成为国民经济持续快速健康发展的瓶颈，成为世界各个国家关注的重大问题。节约用水，就是对水资源的开发，也是新型农业发展的必由之路。在这样的时代背景下，傣族传统灌溉技术的应用，为新型节水灌溉农业的建设提供了一个可供参考的视角。

首先，傣族传统灌溉技术尽管属于经验技术，并且与现代灌溉技术相比存在着许多缺陷，包括这种技术所应用的材料也与现代灌溉设施采用的诸如水泥一类的材料格格不入，但值得注意的是，傣族的这种传统灌溉技术在进行水量分配时采用的原理却具有合理性和一定程度节约用水的特点。对于农业作物生产而言，“根据不同地区农作物对灌溉的要求，可将全国分成 3 个不同的灌溉地带。即多年平均降水量少于 400 毫米的常年灌溉带；大于 400 毫米，小于 1000 毫米的不稳定灌溉带；大于 1000 毫米的水稻灌溉带”。[①] 西双版纳的常年降雨量达 1200—1900 毫米，常年降雨量最低限度已达到 1200 毫米，对于种植水稻而言，条件是十分优越的，这也是西双版纳稻作农业稳定发展的基本条件。但是，西双版纳的水稻生产也有自身的薄弱环节。这就是这一地区常年的降水量虽然丰富，但是由于这一地区的降雨集中在每年 5—10 月，而 4—5 月即是水稻的插秧的大忙季节，又是双季稻种植的第一季水稻生长发育进入孕穗时节，都是大量需要灌溉水的季节，可 4—5 月却处于相对干旱即将结束的时期，降水相对稀少，成为制约水稻生产的突出障碍。从水稻田水量平衡公式可知：

水稻田水量平衡公式：$h_1+p+m-E-c=h_2$.

式中：h_1 为时段内初田水面深度，p 为时段内的降雨量，m 为时段内的灌溉水量，E 为时段内田间耗水量，c 为时段内的排水量，h_2 为时段内所需要的总灌溉水量。

从这一平衡公式可知，西双版纳地区 4—5 月份时，p 略大于 0，也即

① 张展羽，俞双恩．水土资源分析与管理［M］．北京：中国水利水电出版社，2006：23.

此时段内的降雨量十分有限；那么，水稻田水量的主要来源就只能依赖于灌溉水了。正是由于这样的自然特点，导致了西双版纳稻作农业在开展栽插大忙季节时，只能把灌溉水作为其唯一的依靠，有限的灌溉水如何分配成了十分敏感的问题。在这个环节上，傣族传统灌溉技术充分发挥了其优势，通过应用“根多”配水量具来进行精细的配水，应用“南木多”这种管道来进行有压式的输水，不仅使有限的灌溉水的分配公平合理，而且应用“南木多”这种管道来输水也在一定程度上减少了渗透和提高了输水效率，充分发挥了灌溉效益，化解了灌溉用水中的矛盾，保证了水稻生产的顺利进行。这种高效利用灌溉水的技术的应用，从本质上说，就是节约用水的体现。

其次，傣族传统灌溉技术的实施必须有相应的灌溉制度来保证。由于灌溉技术的应用实际上是技术操作程序和手段的落实，这种程序是不允许更改和随意变动的。如何才能保证技术操作的程序不变呢？最根本的就是通过灌溉制度的贯彻来实现。虽然傣族的传统灌溉制度是根据传统灌溉技术的需要制定出来的，它与今天的灌溉制度有着许多不同之处，但是它毕竟是傣族从自身灌溉实践中不断总结和完善起来的经验积累，其中包含着这一技术具有的合理性。虽然这种制度延续至今已发生了一些变化，但基本原则并没有根本的改变。那么，这种灌溉制度在傣族群众中有没有市场，人们对它的认知状况又如何呢？为此，2008 年 5 月的实际调查为我们提供了较为直观的认识，根据对景洪市创业大沟灌区 7 个村寨 31 名村民对传统灌溉管水规矩了解情况的调查，可以得到表 9-4。

表 9-4　村民对传统灌溉管水规矩了解情况的调查

项　目	知　道	不知道	知道一些
总计（人）	10	5	16
百分比（%）	32.26	16.13	51.61

从表 9-4 可以看出，在被调查的 31 人中，有 10 人知道管水的规矩，占 32.26%；有 5 人不知道，占 16.13%；有 16 人表示知道一些，占

51.61%；对管水规矩的了解，回答不知道的 5 人中，均是在 30—39 岁这一年龄段，表明随着时间的流逝，对传统灌溉制度的接受程度与年龄成反比。调查表明，至今傣族传统灌溉制度的核心仍然是按照传统的规则，通过各村寨的管水员于灌溉沟渠向农田分水之处埋设不同口径的“南木多”来进行灌溉水量的分配；并且“南木多”口径的标准是根据各家田地多少、沟渠水量大小来具体确定的，而其配水孔径的大小，主要依据灌溉制度的规定，由标准量具“根多”具体进行度量而实现。调查同时也表明，“根多”作为量水器具至今仍然得到各村寨认可，对于由“根多”度量好的输水管——“南木多”于渠堤下埋设好后不得随意更换和改动其分水口径这一规则，大多数村民都知道；对于沟渠的维护是以村寨集体“岁修”的情况，以及对沟渠的质量采用竹筏顺沟渠而下进行检验的历史，许多傣族村民也都基本认同。这一实际调查的结果显示，傣族传统灌溉技术的实施和制度的执行内容，现今仍然为这一灌溉区大多数傣族群众认同，是具有群众基础的。如果能够在此基础上结合现今的实际生产需要进行改进，这种技术和制度的合理性是可以被充分发掘和利用的。

无论如何，傣族传统技术既有其技术的物质载体，又有其所依托的制度背景。而技术和制度背景又深深浸润着傣族文化的精髓，并且这种传统灌溉技术和制度与其他的农业生产技术和制度相配合，于长期的演化中形成了一个有效的机制。这种机制不仅在保护水源林方面发挥了积极的作用，而且在保证灌溉水的合理分配以及节约用水方面，一直都发挥着有效的功能。如果能够从西双版纳傣族地区的实际出发，扬长避短地进行改进，则对于保护这一地区的自然生态资源和水资源都不失为有益的实践。

三、傣族传统灌溉技术有利于巩固人与自然和谐相处的观念

任何技术应用都是特定自然、社会和文化共同作用的结果，尤其灌溉

本身就是一个各种复杂因素综合作用的结果。正因为如此，指导技术应用的观念就具有突出的作用，傣族传统灌溉技术也不例外。那么，在主导傣族传统灌溉技术应用的观念中，是否存在合理因素，这些因素可否为今天的农业生产和灌溉提供借鉴呢？

首先，傣族作为一个具有悠久稻作历史的民族，在他们的历史发展过程中，对于自然界的认识总体上并没有将客观的自然力量看成是与人对立的力量。反之，在大量的诗歌、文学艺术作品以及日常生活中，更多看到的是人们对在自然神灵的护佑下获得生活基本条件的颂扬。其中，尤其是对大自然和生态的美好赞扬，给人们描绘出了西双版纳的美丽与温柔。事实上，这种赞扬与敬畏，从一个侧面反映出傣族对大自然的感恩和对大自然付与的生活条件的满足感，毕竟西双版纳优越的自然环境与其他地方相比，确实是太突出了。生活于这样的环境中，人们感到满足，不愿意失去这一先天优势。而傣族传统灌溉技术，就是在这样的历史条件下产生出来的。因此，傣族在进行灌溉的整个过程中，必须要祭奠森林之神、祭奠水之神、祭奠谷之神、祭奠各种与农业生产相关的神灵，希望能够得到神灵的保佑，以祈求获得丰富的物质收获。在这种潜移默化的发展过程中，傣族形成了人必须要与自然界友好相处的观念。这种观念要求人们的行为必须要得到自然界的恩允才会有善报，也只有这样，所有的生产才能取得预期的效果。事实表明，一旦这种观念形成，就会潜在地发挥影响和作用，进而转化为人们的自觉行动。诚然，这种观念与唯物的具有理性特点的科学思想是存在差距的。但是，抛弃了这种观念中不合理的因素后，却也留下了傣族那种一直延续至今的敬畏自然、善待自然的合理的因素。这种观念曾在经历了破除迷信、征服自然、以阶级斗争为纲等的冲击和我国民主改革、“文化大革命”等运动之后，发生了较大的变化。但毕竟敬畏自然、善待自然的观念是从傣族自身最实际的生产和生活中体验出来，并世代相传。因此，这种民族传统观念并不会轻易退出历史舞台。值得关注的是，在今天，人们应用科学技术取得令人惊诧成就的同时，生态破坏、环境污染等一系列的问题开始突显，甚至成为了全世界必须面对的重大问题。

1999 年，联合国环境规划署发布了《2000 全球环境展望》报告，指出目前世界上 1/3 的哺乳动物面临灭绝危险，全球珊瑚礁有一半以上受人类影响而退化，全球约有 20% 的人难以获得安全的饮用水，地球表面覆盖的原始森林 80% 遭到破坏。全世界开始进入了反思人与自然关系的新时代。在这样的时代背景下，傣族敬畏自然、善待自然的传统观念却恰好反射出其具有的合理性，它从另外一个角度启示着应该如何对待人与自然的关系。其中，蕴含于傣族传统灌溉技术中的具体处理人与自然关系的办法和措施，是十分具体和实在的。因此，保持和应用傣族传统灌溉技术，将有助于敬畏自然、善待自然这一合理观念的延续。而且如能在此基础上联系现今实际进行理性的分析，抛弃过去那种诸如大跃进、以阶级斗争为纲、批判宗教等过激的行为，客观地对待傣族文化背景下的合理观念和这一观念指导下的传统技术后果，进而以事实为依据对傣族的这种传统观念和具体方法加以合理的利用，这对于增进人与自然和谐相处思想的形成，一定程度上是有帮助的。

其次，傣族传统文化的重要特色是在历史的长期发展过程中，不仅积淀形成了水文化，而且进一步形成了佛文化。佛文化渗透于傣族生活的各个方面。今天，虽然傣族社会已经进入了社会主义，解除了傣族社会政教合一的政治制度，但是佛教仍然对西双版纳地区发挥着重要的影响，并且也渗透到了现今仍在应用的传统灌溉技术中，使灌溉的进行充满了宗教的色彩。为什么佛教会对具体的农业生产产生这样大的影响和作用呢？这同样与西双版纳的传统观念是分不开的。由于傣族长期以来形成的敬畏自然、善待自然的观念与佛教对自然界的看法有着相似的共同点，从而接受佛教并以此来推动灌溉和农业生产就有了内在的根据。由于佛教思想在看待自然界时存在着顺应自然、服从自然的观念，这种观念一定程度上制约了人们向自然界功利性掠夺和主动“进攻”，一定程度上有利于延缓人们对生态等自然资源的破坏。特别值得注意的是，如果这种观念一旦与傣族传统的敬畏自然、善待自然的观念相配合，二者共同发挥作用，其所产生的后果将比这两种观念中的单一一种观念发挥作用要强。尤其在具体进行诸如农业生产和进行农业灌溉等具有实际物质效果的实践过程中，这两种观念叠加产生的效果更为突出，其进一步强化和促进了自然界的神圣化进程，使人与自然的关系在佛教的催化下，自然界成为了人的尊重者和朋友。从傣族自然环境的历史变化和发展现状来看，正是这种观念的存在，导致了傣族社会在经历了人类要“征服自然”的年代以后，西双版纳地区的生态仍然保持着良好的状态。不可否认，在“大跃进”以及“文化大革命”时，西双版纳在“以粮为纲”和“以阶级斗争为纲”的路线指导下，也曾出现过批判旧有观念和落后思想、大面积砍伐森林的情况，使森林覆盖率一度迅速下降。但是，在纠正了这种错误路线之后，西双版纳的森林覆盖率即迅速上升，与内地和汉族地区相比情况要好得多。当然，导致西双版纳的森林覆盖率迅速上升的因素是多方面的，但其中西双版纳地区佛教文化所发挥的作用是不容忽视的。这就带来了一个令人深思的问题：对于西双版纳民族地区，既然传统灌溉技术渗透了佛文化的因素，而这种技术的应用又与佛文化的自然观息息相关，那么如果推广这种传统技术，同时也就在一定程度上推广了佛文化中的自然观。然而，实践是最好的检验标准，传统的不一定就是不合理的，只要我们正确地对待佛文化及其自然观，取其精华，去其糟粕，那么合理的、符合规律的认识就可以在这一地区以其独特的方式体现。这对于巩固傣族实现和深化人与自然和谐相处的观念是有利的。

第四节 保护傣族传统灌溉技术可创造新的经济价值和社会价值

傣族传统灌溉技术是傣族文化中的一枝奇葩，它具有多方面的价值。就价值而言，它是由主、客体的关系中产生出来的。一方面，被认识和改造利用的客体必须具有满足主体需要的属性，如果客体满足主体需要的程度越高，则其对于主体的价值就越大；另一方面，主体需要具有认识和利用客体的属性，主体认识和利用客体属性的可能性越大，客体对于主体的价值就越容易实现。依据价值及价值实现的基本原则来进行分析，傣族传统灌溉技术具有多方面的价值。这些客观存在的价值为现今保护傣族传统灌溉技术提供了有效的内在根据。

一、傣族传统灌溉技术具备了开发为特色旅游产品的潜力

傣族传统灌溉技术是傣族文化的一个部分，也是直到 20 世纪尚在应用的一项别具一格的具有民族特色的实用技术。随着时间的流逝和现代科学技术的冲击，这一特殊的传统灌溉技术面临着消失的危险。由于这一传统技术深深渗透了傣族的文化，并且是傣族发明创造的优秀农业技术，是考

察、研究稻作农业和傣族社会、政治、经济和文化重要而直观的内容，无论从具体的技术形态，还是操作过程，都充满了别具一格的特点，它所具备的旅游资源的性质日趋显现出来，如果能够进行合理开发，将有可能转化为西双版纳一项特色旅游产品。

首先，傣族传统灌溉技术具备了旅游资源的基本性质。一般认为旅游资源是“客观地存在于一定地域空间并因其所具有的审美和愉悦价值而使旅游者为之向往的自然存在、历史文化遗产或社会现象”[①]。具有可观赏性、区域性、自在性、不可转移性、时代性、民族性或文化性。傣族传统灌溉技术都具备了这些特性。①就观赏性而言，这一传统技术与其他技术的操作不同，从它的开水仪式一直到分水器具的安装和使用，不仅具有突出的观赏价值，而且还具有科学研究的价值。无论是一般的观赏还是专业工作者进行研究，都可以给他们带来愉悦，满足他们的需要。②就区域性而言，根据现有的研究成果，傣族传统灌溉技术目前主要存在于西双版纳傣族地区，是这一地区独特的一种技术。它的客观存在与实际应用与西双版纳地区特定的地理和气候直接相关，离开了这一自然条件，它的使用将是不现实的，因而傣族传统灌溉技术应用的区域性是明显的。③就自在性而言，“旅游资源是指那些客观上已经自然地或社会地存在着的或因其他功用而被创造出来的事与物，并不包括那些不依赖既有旅游资源而仅凭生产企业的人财物力便可无中生有地创造出来的一些人造景观”。[②] 对此，傣族传统灌溉技术显然并不是为了成为旅游产品而进行人为生产的现实存在，而是历史上为了进行灌溉而发明的传统技术。它的出现并不会意识到今天会成为一种可供人们观赏、考察的对象，只是人类社会发展到今天，这种独到的技术才形成了可以开发成为为人们提供旅游服务的潜在的特殊资源，它具有自在地转化为旅游产品的潜力。④就不可转移性而言，不可转移性强调的是它的异地性，由傣族传统灌溉技术的地域性和自由性特征，必然决定了这一灌溉技术

① 谢彦君，陈才，谢中田. 旅游学概论［M］. 大连：东北财经大学出版社，1999：84.

② 谢彦君，陈才，谢中田. 旅游学概论［M］. 大连：东北财经大学出版社，1999：86—87.

对于旅游来说具有的异地特征，也即它所具有的不可转移性，正是这种特征的存在，才吸引着旅游者前来参观、考察和游览。⑤就时代性而言，今天经济和社会发展都十分迅速，人们都迫切需要对人类文明的历史进行发掘、整理和认识，需要从过去的技术中汲取合理的因素。尤其是在城市日趋扩大、生活节奏紧张、竞争激烈的社会环境下，人们更向往人与自然的和谐相处，向往在回归自然状态下的愉悦。为此，傣族传统灌溉技术传递的正是人们的这种需求信息，它可以从观赏、考察、学习、研究等多个方面满足现时代人们的需求。⑥就民族性或文化性而言，傣族传统灌溉技术本身就是由傣族于长期的实践中发明创造并在生产实践中发展起来的，它具有的浓郁的民族特点毋庸多言，并且如前所述，其具有的文化特征更是突出，因而是具有典型性的一种包裹着浓厚傣族文化的传统灌溉技术。虽然生活于不同环境和文化背景中的人对于不同的旅游资源价值的判断会有所不同，但是对于傣族传统灌溉技术来说，不仅其具有独特的本民族及其本民族文化的色彩，并且它所表达的是无论任何人都需要面对的人与自然这一最基本的关系，从而它具有的民族性和文化性也就成为它作为旅游资源的一个重要内在根据。

其次，傣族传统灌溉技术具备开发为特色旅游产品的潜力。资源是一种客观的存在物，它作为客体，具备了满足作为主体的人的需要的属性。但是，如果人不去开发它、应用它，资源永远都是外在于主体的。当然，旅游资源也是一种相对于旅游业而言的资源。同样的道理，要使旅游资源真正成为人们需要的现实存在物，就需要实现由旅游资源向旅游产品的转化。一般认为“旅游产品是指为满足旅游者审美和愉悦的需要而被生产或开发出来以供销售的物象与劳务的总和”[①]。旅游产品的生产与其他产品生产不同，主要有两种方式，一种是依托旅游资源而形成的产品，另一种是凭借人、财、物而仿造或创造出来的旅游产品。显然，傣族传统灌溉技术作为旅游产品的生产与开发，应属于前一种。那么，这种产品应具备哪些基本的特征呢？事

① 谢彦君，陈才，谢中田. 旅游学概论［M］. 大连：东北财经大学出版社，1999：112.

实上，这些基本特征主要表现为：功能上的审美与愉悦性、空间上的不可转移性、生产与消费的不可分割性、时间上的不可储存性、所有权的不可转让性。①就功能上的审美与愉悦性而言，傣族传统灌溉技术可以满足旅游者的猎奇心理。这种灌溉技术不仅与人们日常所见的灌溉方式不同，而且它内涵着的合理的科学因素在经过分析和思考后往往会给人们有益的启迪。况且这种灌溉技术是傣族于特定的历史与环境条件下创造出来的，它与傣族其他诸如泼水节、小竹楼、佛寺等浓郁的风情相配合，尤其是与独特的诸如放水仪式、分水技术等传统灌溉的现实操作相结合，完全可以形成一种充满民族特色和民族气氛的、可供观赏和考察的系列项目，并以此来满足旅游者的愉悦和其他方面的需要。②就空间上的不可转移性而言，傣族传统灌溉技术是西双版纳傣族特有的传统技术，它的应用与当地的稻作农业生产直接相关，是傣族文化具体应用并且形式独特的一个部分。它的应用离不开特定的西双版纳傣族这种文化背景、社会基础和具体的生产、生活方式。如果离开了这个前提，那么这种传统技术就失去了其旅游资源的色彩，也就失去了开发为旅游产品的意义与价值。③就生产与消费的不可分割性而言，旅游产品生产的开始同时也就是消费的开始，消费的结束同时也就是这一生产周期的结束。旅游者只有参加到旅游产品的实际生产过程中去，也即旅游者只有亲身去体验这种生产过程，才能获得对这种产品的消费。显而易见，傣族传统灌溉技术就是一种实实在在的操作，对于旅游者们来说，他们可以通过直接的观赏、考察、参与来获取各自不同的需要，它不仅可以为旅游者提供直观感性的快感，而且也能提供精神的享受和理性的沉思，生产与消费的同一性由此得到了体现。④就时间上的不可储存性而言，旅游产品与其他产品不同，它不可能物化为具体的实物进行储存，进而使生产时间凝固于具体的物质产品之中，而是具有通过时间的流逝来实现其产品价值的。傣族传统灌溉技术恰好具备的是以技术操作的过程本来吸引旅游者参与，并在时间一维的流逝中实现其价值，这种属性所体现的正是其时间上的不可储存性。⑤就所有权的不可转让性而言，旅游产品转让给旅游者的只是其产品的部分所有权，而不是像其他产品那样转让的是全部所有权。因为旅游者所带走的只是旅游进行过程中所获得的愉悦和其他方面，而不是产品的全部。傣族传统灌溉技术被开发为旅游产品之后，同样是定格于西双版纳特定环境和文化中的灌溉技术，它并不会因为被旅游者观赏、考察之后就转为旅游者所有，基本的所有权仍然属于当地的傣族所有。这种所有权的不可转让性，是其旅游产品的重要特征。由此可见，傣族传统灌溉技术具有被开发为旅游产品的潜力，只要能够从实际出发，对这种传统灌溉技术进行适当的利用，则它具有的商业价值是完全可以实现的。

二、开发傣族传统灌溉技术具有促进灌溉管理进一步完善的功能

灌溉是农业生产不可缺少的物质实践活动，涉及方方面面的因素，不可能孤立地实施，它需要通过各种因素共同作用来实现其功能。一方面，灌溉作为一个完整的技术工程体系，它由一系列技术环节、技术过程构成。这些技术环节、技术过程之间有着内在的逻辑联系，是一个完整的技术系统。另一方面，灌溉又是一种公共技术，具有较强的社会属性，是一种社会“合作”性质的技术。它与当地民族的社会结构有着直接的联系，如西双版纳傣族传统灌溉技术的应用就与这一地区村社土地制度和村寨社会关系、土司制度、宣慰署司对水利的管理制度等因素相关联，而且这些制度是长期维系当地传统水利灌溉技术体系的重要因素。在这些众多的因素中，灌溉的管理往往是最直接体现其社会属性和促进傣族传统灌溉技术发展的关键。因此，从实际出发，挖掘傣族传统灌溉管理的合理因素来为现今的农业灌溉服务，将有助于改进和完善西双版纳民族地区灌溉管理状况。

首先，作为广泛应用的一般实用技术来说，灌溉技术与现代高技术不同，往往具有较强的历史继承性，尤其是我国目前于广大农村应用的灌溉技术，大多数还是在原有灌溉技术基础上的继承和发展，它离不开原来的技术原理。从而在灌溉的管理上也就必须以这种技术的应用为基础，形成

符合这种灌溉管理的体制，傣族传统灌溉管理也同样如此。那么，傣族传统灌溉技术的管理应该如何来与其灌溉技术的原理相配合呢？实际上，傣族传统灌溉技术应用的基本原理中，主灌渠的输水采用的仍然是传统的明渠输水的原理，从而在管理上也就形成了以保证沟渠的质量和输水通畅为主要“目标”的管理特点。这种管理中，如前所述，通过带有宗教色彩的放水仪式来进行水渠质量的检查，以保证灌渠的畅通和沟渠其他方面的完好。这些管理措施在实践中被证明是有效的，并为当地的傣族群众所接受。在具体进行实际的灌溉水分配中，所采取的又是相对特殊的涵管式分水技术，这种技术所要求的是分水的公平、高效。与灌渠的管理相比较，由于其涉及每一家农户和每一个村民的具体利益，从而显得更加敏感，要求的严密程度更高。这种具体的分水技术通过传统的配水量具“根多”和输水管道“南木多”相配合来实现有效管理，在长期的生产实践中同样也达到了相对理想的效果，得到了傣族群众的认同。历史的和现实的调查均说明，这种管理是有其合理的依据的。那么在今天的现代管理中，是否过去曾经被实践证明有效的管理措施也能够为今天的灌溉管理提供一些有益的借鉴呢？如前所述，傣族传统灌溉的管理不仅具备了对违反灌溉制度的物质性惩罚手段，而且能够从当地傣族的伦理道德、社会心理和特定的文化出发，从更深层的方面来实现管理的效果。例如，对于事关全局、涉及面宽的灌溉水渠质量的检验，当发现质量不过关的时候，并不是简单的罚款了事，而是要求负责修理该渠段的村寨以好酒好肉招待检验人员为形式，这种款待一直到该村寨将沟渠修理合格为止，以示惩罚。这种方式既避免了动辄罚款的粗暴、简单的做法，又保证了沟渠的修理质量，似乎还很有人情味，得到了傣族群众的认可。况且在傣族传统灌溉管理的法规中也有不少适用于这一地区的合理性内容。无论如何，傣族地区所具有的民族生活习性、民族心理特征、民族文化特点等因素都对灌溉管理提出了特殊的要求，忽略了这些因素，往往得到的是事倍功半的结果。要促进傣族地区灌溉管理水平的提高，就需要认真总结和分析傣族传统灌溉管理的经验，发掘其合理的因素，古为今用，这是促进现代水利灌溉管理中不应忽视的基础性工作。

其次，灌溉管理水平提高的关键在于人，人的素质的高低往往决定着灌溉管理的好坏。如前所述，西双版纳傣族地区历史上曾经形成了一套与该地区的文化、生产力水平相一致的传统灌溉技术，以及行之有效的灌溉管理体系，建立起了相对完善的管理队伍，为该地区的水利灌溉管理和稻作农业的发展做出了重要的贡献。但遗憾的是，随着傣族社会形态的变迁，尤其是新中国成立以后，这种传统灌溉管理方式日趋衰败，进而在相当长的一段时期内，这一地区在推广现代灌溉管理体制和管理方法的过程中，往往只注重了现代科学管理中的技术成分，而往往忽略了管理中的文化成分，尤其是傣族传统文化的成分。这种简单的做法，使西双版纳在推进现代管理的过程中忽略了对傣族传统管理合理性的分析和借鉴。一味机械地推广现代灌溉管理体制，其后果使年轻的灌溉管理人员逐渐生疏了傣族传统灌溉管理的细节，淡漠了傣族传统灌溉管理中的合理因素；其结果势必最终造成傣族的传统灌溉管理体系甚至这种管理体系中所内含的合理因素走向消亡。这是令人惋惜的后果。所以，从这个角度来说，提高当前灌溉管理人员管理水平的一个重要任务，就是要转变思想观念，以客观的、辩证的眼光来审视傣族传统灌溉管理。尤其对于高层管理人员，更需要充分认识傣族传统灌溉技术和管理方式对现今水利灌溉管理具有的作用，认识傣族传统灌溉管理具有的合理因素，并把这些合理的因素与现代科学管理的需要结合起来，使之在传统与现实的结合中看到过去，认识今天，服务当前。毕竟现代灌溉管理也需要“以人为本”地从西双版纳的实际出发，在尊重傣族文化和傣族人民历史的基础上来进行管理，只有这样才能形成有效而合理的灌溉管理体系和管理机制，才能实实在在地提高管理人员的水平和水利灌溉管理的效益。

三、傣族传统灌溉技术对丰富中华文明、促进边疆稳定和民族团结具有一定的价值

中华文明源远流长，但这一文明并不为单一的汉民族所创造，而是在

不同的民族相互交流与融合过程中实现的。傣族传统灌溉技术就是中华文明中不可或缺的部分。因此，开展这一方面的研究除了实际的物化价值外，它所具备的精神价值也应该引起注意。

首先，由于各种历史、社会、地理等复杂原因，长期以来人们对傣族传统灌溉技术的认识和对其具有的地位和作用从总体上看仍然不够。我国是一个农业历史悠久的大国，但是长期以来对农业灌溉的研究大多集中在黄河流域和长江流域以及珠江流域，对于边疆地区，尤其是对边疆少数民族地区的农业灌溉研究十分缺乏。这对于全面认识我国农业科学技术的发展是不利的。傣族是一个以水稻种植为基础的民族，在长期的实践过程中，同样创造了十分合理的农业技术。其中，傣族创造的以传统灌溉技术为代表的传统技术就是边疆傣族地区带有典型色彩的核心农业技术。从我国内地的农田灌溉技术演化的历史来看，主要是以明渠灌溉和明渠分水形式为主，并以此为基础形成了相对完善的灌溉管理体系和管理机制。例如，笔者 20 世纪 80 年代时曾对山西洪洞县的“三七”分水形式进行过调查，对于内地来说，这种灌溉水分配形式具有一定的代表性和普遍性。实地考察的结果表明，洪洞县广胜寺旁有一霍泉，霍泉紧靠霍山山麓，面积约 300 平方米，由该泉流出的水沿霍渠而下，灌溉着 10 余万亩的农田，是这一地区历史上重要的灌溉水源。因此，对于如何合理进行灌溉水的分配，也成了历史上一直关注的问题。根据霍渠出水口处的《建霍渠分水铁界详》碑文记载：“广胜寺下泉窦二十余渟泓澄渝，东出西流，曰唐贞观以来分溉洪赵两邑于泉下，流百步许，创定南北两渠，从泉遭注而西者名北霍渠，渠口宽一丈六尺一寸，得水七分，溉赵城县永乐等二十四村庄共田三百八十五顷有余，西北入汾。从泉折注西南者名南霍渠，渠口宽六尺九寸，得水三分，溉赵城县道觉寺四村，南溉洪洞县昏生等村共田六十九顷有余，三七分水久矣。宋开宝年间，因南渠地势洼下水流湍急，北渠地势平坦，水流纡深，分水之数不确，两邑因起争端，閧年不已。……”当地人为了达到合理分水的目的，在府吏的准允下，一方面于两渠分水口处设立了一块使渠底平直的“长六尺九寸、宽三尺、厚三寸，安南霍渠口水流有程不致急泻”的“门限石”一块；另一方面“又虑北渠置注水性顺流，南渠折注水激流，于北内南岸，南渠口之西，立拦水柱一根，亦曰逼水石，高二尺，宽一尺，障水西注，令入南渠，使无缓急不均之弊”。曾一度解决了当时的分水矛盾。但是，随着时间的推移，明清时期，由于这一分水技术精确度不高，矛盾重起，以致造成人为毁渠抢水的严重后果。为了平息这一矛盾，清雍正年间，在当地县府的组织下，“即令渠上游丈许，法都门水栅之制，铸铁柱十一根，分为十洞，洪七赵三，则广狭有准矣，铁柱上下横贯铁樑，使十一柱相连为一，则水底如画，平行不狭矣，栅之西南面自南自北，四根铁柱界以石墙，约长数丈，迤遇斜下，使南渠之口可致水势陡折，两渠彼此顺流且升栅使高，令水下如建瓴，则缓急疾徐亦无不相同矣。如此则门限石、逼水石二石可以勿用，庶三七分之永，无不均之患，一劳永逸，民可无争”。这一遗迹一直保存至今。山西洪洞县广胜寺霍渠三七分水设施俯视简图和实物图分别见图 9-7 和图 9-8。

根据霍渠碑文的记载和实地考察的情况可以看出，我国内地的灌溉水分配技术的状况，对于稳定当地社会和促进农业生产具有十分重要的作用。这种灌溉水分配技术主要是以明渠的方式来构建其基本的分水原理和操作程序的，曾经历了由粗糙向精细的发展历程，为我国内地农业的发展奠定了重要的基础。但是，除了这种灌水的分配技术之外，如前所述，傣族所

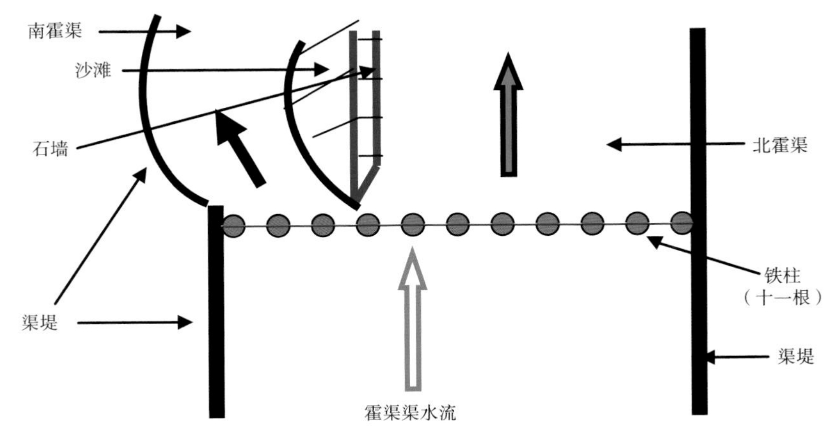

图 9-7　山西洪洞县广胜寺霍渠三七分水设施俯视简图

图 9-8　现今洪洞县广胜寺霍渠三七分水设施实物

注：图片来源：百度 http://www.soobb.com/Destination_Panoramio_5733345.html.

发明和创建的以竹筒作为“涵管”并将其埋植于渠底的分水技术，属于有压式涵管式的分水技术，其原理相较于内地明渠的分水技术原理来说，具有更为合理的成分。由于傣族的这种分水技术通过涵管的孔径大小来控制水量，十分精确有效，加之将涵管埋植于渠底部，既可以利用渠水的静压力增加输水的效率，还可在一定程度上减少灌溉水的无效渗透，同时配合之严格的灌溉水分配制度的实施，进而强有力地保障了西双版纳地区的农业生产长期得以顺利进行。即使在降水很少而时值栽插的农忙时节，也很少出现因为灌溉水不够出现尖锐矛盾和械斗的情况。傣族传统灌溉技术的发现，弥补了中国科学技术史中灌溉技术研究的一项薄弱环节，其所具有的学术价值应该引起充分重视。同时，这一发现和研究成果理应对丰富中华文明具有特定的价值。

其次，傣族传统灌溉技术是傣族自身发明和创造的技术，从根本上说它是傣族科技文化中应该弘扬的优秀文明成果，保护这样的优秀成果，实际上也就是保护中华文明的优秀文化，二者是相辅相成的。由于傣族生活集聚地基本上都是我国的边疆地区，并且傣族又是一个与东南亚联系十分紧密的跨境民族，往往与东南亚国家有着十分密切的联系，甚至就是亲戚关系。在这种一衣带水的环境下，傣族文化的影响十分明显。1985 年 12 月，泰国拉雅妮 · 瓦塔娜公主殿下来西双版纳访问，与西双版纳第一任州长召存信一起，亲手于西双版纳总佛寺种下两株菩提树，立有一块大理石碑，上刻有三行红色碑文："泰王国"；"干拉雅妮 · 瓦塔娜公主殿下"；"植树纪念"。落款日期是"一九八五年十二月"，以表达两国人民心心相印，世代友好。在院场东边，还植有二株高 1 米余的贝叶树，两树中间立有一碑，上书："泰王国僧王颂绿 · 帕映纳讪旺智护尊者于一九九三年六月卅日法驾亲临西双版纳跋洁总佛寺，种下两株贝叶树，以示中泰两国人民友谊及佛教交往万古长青。"落款"佛历二五三六年"。院场西北角上也植有一株菩提树，树干直径十余厘米，株高十余米，已长成两个主干，无数细枝。树前立有一碑，上书："泰王国诗琳通公主，于一九九五年三月二日至四月访问西双版纳期间，于四日亲临我寺种下一株菩提树，以示中泰两国人民及佛教友谊万古长青。"落款"佛历二五三八年"。西双版纳总佛寺见图 9-9。

由于我国边境线十分漫长，并且与西双版纳相邻的国家都是信奉佛教的国家，傣族优秀传统文化对周边国家的影响和对我国边境地区的稳定有着紧密的联系，对我国的社会主义建设和改革具有十分突出的重要性。边境不稳，必然会给我国的社会主义建设带来不利的后果。针对这一客观现实，千方百计保证边境地区的安定就显得十分迫切。对此，充分认识和弘扬傣族优秀传统文化以及傣族传统灌溉技术的合理性，一方面，有利于促进傣族对中华民族的认同和有利于将傣族优秀文化与中华文明的融合，提高傣族对自己生活于我国民族大家庭中的自豪感，潜在地起到促进民族团结的作用。值得注意的是，现今情况并不令人乐观。随着我国市场经济的发展和对外开放力度的加大，许多傣族年轻人已经对自身传统文化逐步淡忘，而过多地以现代物质追求取而代之。傣族自身优秀文化的丧失，将削减我国多民族文化的色彩，使得原来具有发展

图 9-9　西双版纳总佛寺（诸锡斌 2008 年摄于西双版纳总佛寺内）

注：西双版纳总佛寺位于景洪市曼厅公园内，泰国干拉雅妮 · 瓦塔娜公主、诗琳通公主等都曾经到西双版纳省亲时亲手种下了象征两国友谊的树。

前景的优秀文化的底蕴弱化。这不仅对傣族自身的文化发展不利，即使对于中国的文化发展也是一种缺失，应该尽量避免。另一方面，傣族与周边国家长期形成的一衣带水的关系，十分有利于傣族通过自身对中华民族文化的认同而将这种观念传播出去，通过正式的文化交流或其他大量存在于民间的、诸如边民之间的贸易交流、走亲串戚等方式而得到传播和弘扬。这将有利于提高周边国家对我国民族政策的认识和了解，提高中国与周边邻国及其不同民族的亲和力。其中对傣族传统灌溉技术采取肯定的态度和进行宣传，就一定程度上有益于向周边国家展示我国民族政策的优势和效果，表达傣族这一少数民族对国家的拥护和热爱，其将从另外一个角度促进着边疆的稳定。更何况在认识和传播傣族传统灌溉技术的同时，不仅可以让更多的人认识傣族优秀文化的价值，还可以在更广泛的空间通过相互切磋使其进一步得到改进、完善和弘扬，促进与周边国家友好关系的发展。

第五节 保护傣族传统灌溉技术与保护中华民族优秀遗产相一致

随着对傣族传统灌溉技术研究的不断深入，人们对它的认识和了解与过去相比已经大大进步了。但是，由于现代化的冲击和社会化生产的迅猛发展，这一在汉族历史文献中几乎不见，而在傣文献中也为颇为罕见的傣族传统灌溉技术尽管现今还遗存，却没有引起高度注意。它作为傣族文明遗迹，具备了明显的非物质文化遗产的特点，在中华民族的历史演进过程中，已成为中华民族优秀遗产的一个组成部分，理应得到充分的保护和利用。

一、非物质文化遗产的界定

人类在漫长的历史进程中创造了自身的文明，创造了光辉的文化，留下了大量的文化遗产。但是随着科学技术的迅猛发展，尤其是现代科学技术的广泛应用，人类"改天换地"的能力有了超乎寻常的发展。20世纪中叶以后，世界范围内因为工业、城市、工程建设的发展而毁掉的古迹已远远多于两次世界大战对古迹的破坏，使人类的物质文化遗产遭到了巨大损失。更令人担忧的是，物质文化遗产与非物质文化遗产相比，非物质文化遗产消失的状况更加严重。以至于非物质文化遗产的抢救与保护工作已成为我国和全世界一项艰巨的任务。那么，什么是非物质文化遗产呢？

首先，非物质文化遗产与物质文化遗产同属于文化遗产，对于一个民族和整个人类来说，它们都是人类智慧和劳动的结晶，是人类文化多样性的生动展示。但是，非物质文化遗产又与物质文化遗产相区别，它并非是一种有形的人类物质文化的存留，而是一种包含了更多随时代变迁而易于消失的文化记忆，是一种更加难以保护的无形的文化遗产。当然，非物质文化遗产概念中的“非物质”并不是说与物质无缘，没有什么物质因素，而是指它与物质文化遗产保护的侧重点不同。非物质文化遗产重点强调和保护的是物质因素所承载的非物质的、精神的因素，而不是物质因素本身。由此可以看到，非物质文化遗产往往是活态的遗产，具有可传承性和延续性，它深深植根于民间和群众之中，突出了人的主体地位和创造性因素，蕴含着一个民族或群体的思维和行为方式，并映射出特定的传统文化的底蕴。2003 年 10 月 17 日，联合国教科文组织第 32 届大会于巴黎通过的《保护非物质文化遗产公约》第二条的“定义”一款中将非物质文化遗产明确定义为：“非物质文化遗产指各社区群体，有时为个人视为其文化组成部分的各种社会实践、观念表达、表现形式、知识、技能及相关的工具、手工艺品和文化场所。这种非物质文化遗产世代相传，在各社区和群体适应周围环境以及自然和历史的互动中，被不断地再创作，为这些社区和群体提供持续的认同感，从而增强对文化多样性和人类创造力的尊重。”我国是一个非物质文化遗产十分丰富的国家，随着改革开放的不断深化，我国也积极加入到非物质文化遗产保护的行列中来。2004 年 8 月，第十届全国人大常委会第十一次会议批准我国加入联合国《保护非物质文化遗产公约》，成为较早批准加入该公约的国家之一。2005 年，国务院办公厅在《关于加强我国非物质文化遗产保护工作的意见》中明确指出：“非物质文化遗产与物质文化遗产共同承载着人类的文明，是世界文化多样性的体现。我国非物质文化遗产所蕴含的中华民族特有的精神价值、思维方式、想象力和文化意识，是维护我国文化身份和文化主权的基本依据。”

其次，非物质文化遗产具有自身的认定标准和判定依据，不仅在联合国《保护非物质文化遗产公约》中记载了认定非物质文化遗产的标准，而且国务院办公厅也在2005年3月提出《关于加强我国非物质文化遗产保护工作的意见》，制定了具体的认定标准。这些标准归纳起来主要是：①具有杰出价值的民间传统文化表现形式或文化空间；②具有见证现存文化传统的独特价值；③具有鲜明独特的民族、群体或地方文化特征；④具有促进民族文化认同或社区文化传承的作用；⑤具有精粹的技术性；⑥符合人性，具有影响人们思想情感的精神价值；⑦其生存呈现某种程度的濒危性。[①] 此外，在我国国务院办公厅2005年3月26日下发的《关于加强我国非物质文化遗产保护工作的意见》的附件《国家级非物质文化遗产代表作申报评定暂行办法》第3条提出了相关的分类依据：“非物质文化遗产可分为两类：①传统的文化表现形式。如民俗活动、表演艺术、传统知识和技能等；②文化空间，即定期举行传统文化活动或集中展现传统文化表现形式的场所，兼具空间性和时间性。非物质文化遗产的范围包括：①口头传统，包括作为文化载体的语言；②传统表演艺术；③民俗活动、礼仪、节庆；④有关自然界和宇宙的民间传统知识和实践；⑤传统手工技能；⑥与上述表现形式相关的文化空间。”这一分类与联合国《保护非物质文化遗产公约》的分类基本一致，(联合国《保护非物质文化遗产公约》将非物质文化遗产分为：①口头传统和表现形式，包括作为非物质文化遗产媒介的语言；②表演艺术；③社会实践、礼仪、节庆活动；④有关自然界和宇宙的知识和实践；⑤传统手工艺)。不同之处在于相较于联合国的《保护非物质文化遗产公约》所分的5类而言，增加了第6类，即增加了“与上述表现形式相关的文化空间”这一类，并且在分类时更加突出了民族性和传统性。

---

① 王文章. 非物质文化遗产概论［M］. 北京：文化艺术出版社，2006：27.

二、傣族传统灌溉技术应属于非物质文化遗产的范围

傣族传统灌溉技术是一项现今仍然于西双版纳个别地区存在的传统灌溉技术。这种技术是否也属于非物质文化遗产的范围呢？笔者认为，根据联合国《保护非物质文化遗产公约》和我国国务院办公厅公布的《关于加强我国非物质文化遗产保护工作的意见》等相关文件所列具的原则、条款和标准，傣族传统灌溉技术具备了非物质文化遗产的性质、内容和特征。

第一，傣族传统灌溉技术属于"具有杰出价值的民间传统文化表现形式或文化空间"的传统技术。什么是文化空间？1998年11月，联合国教科文组织在其通过的《宣布人类口头和非物质文化遗产代表作》中对"文化空间"的界定是："一个集中了民间和传统文化活动的地点，但也被确定为一般以某一周期（周期季节、日程表等）或是一事件为特点的一段时间，这段时间和这一地点的存在取决于按传统方式进行的文化活动本身的存在。"联合国教科文组织北京办事处文化项目官员埃德蒙·木卡拉进一步解释时指出，文化空间是一个文化人类学的概念，是指"传统的或民间的文化表达形式规律性地进行的地方或一系列地方"。并且"从文化遗产的角度看，地点是指可以找到人类智慧创造出来的物质存留，像有纪念物或遗址之类的地方"。如果具体来分析就是"某个民间或传统文化活动集中地区，或某种特定的、定期的文化事件所选定的时间"[①]。傣族传统灌溉技术是傣族于自身生产实践中发明创造出来的技术，其历史十分久远。如前所述，傣族在实施自己的灌溉技术时是与远古的原始宗教结合在一起的，每年在水稻栽插大忙前都要对水沟修理和检验，整个活动包括要举行放水仪

① 埃德蒙·木卡拉．口头和非物质文化遗产代表作概要［M］// 中国艺术研究院．人类口头和非物质文化遗产抢救与保护国际学术研讨会，2002：65；王文章．非物质文化遗产概论．北京：文化艺术出版社，2006年10：47—48.

式，要祭拜水神，并通过宗教活动来实施对水沟的修理和检验。这一系列的活动，充满了特有的原始文化色彩，投射出傣族远古的生产状况和风俗，它存在于西双版纳傣族地区，具有特定的区域性。它进行的一系列活动又都具有集中的时间确定性，加之这一活动反映傣族早期的状况，一定程度上是人们了解傣族社会原始文化和早期生活的“活化石”，是当今最需要保护并且濒临消失的、具有重要的人类学、历史学、民俗学、社会学、技术学等学科研究价值的项目。

第二，傣族传统灌溉技术“具有见证现存文化传统的独特价值”。傣族社会是一个以水稻种植为核心的社会，围绕着水稻种植，傣族创造出了具有自身特色的稻作文化（水田文化）。水田文化之所以与稻作文化相一致，就在于两者的核心之一是“水”，无论是流传至今的泼水节、祭水沟、祭谷神等原始宗教活动，还是在后来发展中形成的稻作文化与佛教文化的结合，都无处不在地体现出水在其中的基础性作用。由此不难看出，水对于傣族经济、政治、文化和习俗的影响。按照马克思主义的基本观点，社会存在决定社会意识，在经济基础与上层建筑的关系上，物质生产是第一位的。傣族传统灌溉技术就是这种保证傣族农业生产和物质活动得以进行的最基本环节之一，没有这种活动，傣族社会也就失去了其生存和发展的基础，更无法产生出傣族的文化。正是这样的背景下，傣族传统灌溉技术在其应用的过程中，与当前傣族文化传统相呼应，充分体现了它所具有的独特价值。一方面，这种传统技术是傣族自身的发明创造，无论是它所采用的技术原理，还是它实际应用的程序，都与其他的灌溉技术有着差异，体现出它鲜明的特色，并且这种特色具有特定地域性，甚至它十分巧合地与现代灌溉技术推广的要求相吻合，其独特的价值是存在的。另一方面，这种传统技术的产生推动了傣族传统水文化的发展，促进了水文化与佛教文化的结合，甚至使傣族的原始宗教与实际的农业生产和佛教文化融为一体，对于现存的傣族文化传统具有明显的见证性，是人们认识今天傣族文化不可或缺的重要内容。

第三，傣族传统灌溉技术不仅“具有鲜明独特的民族、群体或地方文化特征”，而且具有“促进民族文化认同或社区文化传承的作用”。如前所述，傣族传统灌溉技术的发明具有各种复杂的因素，其中比较突出的是傣族生活的自然条件、稻作农业生产性质、特点以及在这样环境中发育生长的社会状况和文化背景。从我国民族分布的地区来说，傣族的生活集聚地仅存在于云南。因此，这种传统灌溉技术具有的民族特色和地方文化特征是十分明显的，它发明于傣族世代生活的西双版纳地区，发展和完善于云南，无论它的原理还是技术实施过程，都体现出了傣族地区、傣民族的浓郁色彩，离开这样的环境和特定的社会，几乎也就失去了它生存的土壤。这一传统灌溉技术在历史演化中已成为傣族的一种文化资源。当然，在长期的历史发展过程中，傣族传统灌溉技术也在不断的改进和完善，但是基本上相对稳定地保持了它具有的朴素形态。它与这一地区的经济、文化等社会因素相配合，充分发挥出对傣族社会的巩固和促进作用。尤其是由于它在傣族经济生产和稻作农业中所具有的不可替代的重要作用和地位，不仅使傣族农业劳动者需要这种灌溉技术来保证他们的生产活动，而且它在自身的历史演进过程中，由于对封建领主阶级巩固自身的统治具有的重要性，也得到了历代封建领主的青睐。正是傣族传统灌溉技术对傣族社会各方面都产生了重要影响，在社会各种合力的作用下，导致了这一传统灌溉技术于傣族社会漫长的历史演进中不断发展和完善，并保持到了今天。这对于现今的研究和认识来讲是难能可贵的，毕竟它有效地促进了民族文化认同，使这一技术在傣族地区于特定的文化背景下传承至今。

第四，傣族传统灌溉技术在其应用中，无论是灌溉器具的制作、还是灌溉器具的使用，都“具有精粹的技术性”。面对现代化进程的加快，傣族传统灌溉技术也面临着现代灌溉技术的巨大冲击，“其生存呈现某种程度的濒危性”。就傣族传统灌溉技术的精粹性而言，如前所述，这一技术在应用中颇具代表性，而特色内容在于它是一种特殊的分水技术。其分水用的器具主要由竹制的引水涵管“南木多”和采用铁刀木制作的分配灌溉水用的配水量具“根多”组成。这两种器具的制作有着严格的技术要求，引水涵管“南木多”从它的选材、去节、打眼，直至如何将其埋植与灌渠底部的位置都有严格的技术要求；而配水量具“根多”的制作同样在选材、确定量级的大小等方面有着严格的技术要求。由于配水量级的大小是与引水涵管配合使用的，也即“根多”量级（柱径）的大小决定着引水涵管“南木多”流量的大小，这将直接关系到种田人获得灌溉水的多少，关系到他直接的经济利益。因此，对“根多”和“南木多”的制作要求就相当精细，毕竟这关乎到村寨的稳定，关乎社会统治者的直接利益，在这样的条件下，傣族传统灌溉技术在应用中不精湛是不行的。此外，在具体进行灌溉水分配的过程中，需要有专门的一系列专业人员来实施。其中，对“板闷”（管水员）的要求更为严格，“板闷”必须按照具体的分水技术规范来严格把关，需要按照专门的程序来操作，因而其技术的精湛性在傣族的群众中是公认的。也正因为如此，“板闷”在村民中具有较高的威望，“板闷”成为傣族传统灌溉技术实际的技术传承人。

但是，随着现代社会的到来，现代科学技术以它不可抗拒的力量冲破了地域限制，并在人类社会的各个地方传播开来，傣族地区同样如此。现代科学技术带来的实效性和实惠，极大地转移了人们的注意力，况且傣族传统灌溉技术具有的局限性也在现代灌溉技术面前越来越显现出来。年轻一代的傣族“板闷”开始更多地应用现代灌溉技术而忽视传统灌溉技术，尤其严峻的是，熟悉和具有丰富传统灌溉技术经验的老一代“板闷”逐步离开了人世，傣族传统灌溉技术的传承面临着空前的危机。如果这一现状得不到尽快改善，由傣族发明并具有充分合理性的传统灌溉技术将出现高度的濒危性。

第五，傣族传统灌溉技术“符合人性，具有影响人们思想情感的精神价值”。灌溉本身就是农业生产必备的条件，尤其对于稻作农业更显得突出，既然傣族以稻作农业为基础进而形成了自己的社会特征，灌溉就必然成为其崇拜的对象。在长期的历史演化过程中，傣族通过各种活动，包括宗教的、政治的、经济的形式来促成灌溉的有序进行，从而建立于这种活动基础之上的文化就明显地反映出人们对灌溉的崇敬，体现着傣族的思想感情和精神依托。例如，西双版纳景洪有一条具有悠久历史的“闷南永”

大水沟，在每年 5 月、6 月栽插季节即将开始前，都要对水沟修理，“完工后，用猪、鸡祭水神，举行‘开水’仪式……从水头寨（曼火勐）放下一个筏子，筏上放着黄布（袈裟），板闷敲着铓锣，随着筏子顺流而下；在哪一处搁浅或遇阻挡，就饬令负责该段的寨子另行修好，外加处罚。筏子到沟尾后，把黄布（袈裟）取下，又去祭曼火勐的白塔”。[①] 从这一段实地调查的资料来看，如前所述，它是一项傣族对水渠质量进行检查的特殊技术，尽管具有其合理性，但却是以宗教仪式的方式来实现的。尤其是这种仪式既具有诸如用猪、鸡祭水神一类自然崇拜的原始宗教特点，又具有诸如在竹筏上放上黄布（袈裟）的佛教色彩，体现着这种仪式源远流长的历史底蕴，并且整个仪式充分表达着傣族对丰盈灌溉水能带给他们稻作丰收的虔诚期盼。再如，傣族的“垄林”崇拜是普遍存在的现象，这种崇拜祈求的是对水源的有效涵养和对森林资源的和谐永续利用，祈求的是傣族传统灌溉技术能够充分发挥效用，以保证稻作生产取得丰收。从某种程度上说，同样也是傣族对美好精神的追求和对美好愿望实现的企盼。显然，傣族传统灌溉技术“符合人性，具有影响人们思想情感的精神价值”。

三、保护傣族传统灌溉技术是保护中华民族优秀遗产的一个部分

纵观我国申报成功的非物质文化遗产项目及其内容，大多是与狭义上理解的文化有关，突出了语言、艺术、文学等方面，不但涉及包含民族传统技术在内的广义文化内容的项目却为数不多，而且申报的数量也存在着较大的差距。云南作为具有民族多样性优势的边疆省份，这方面的差距更显得突出，以至于目前国家所公布的两批非物质文化遗产目录中，云南有关民族传统技术方面的项目寥寥无几，成为云南急待解决的问题。在这样

① 《民族问题五种丛书》云南省编辑委员会. 傣族社会历史调查（西双版纳之三）[M]. 昆明：云南民族出版社，1983：78—79.

的情势下，挖掘和展示傣族传统灌溉技术，将其作为一项非物质文化遗产进行保护的价值和意义就更为明显。其实，对傣族传统灌溉技术保护的价值和意义远非非物质文化遗产保护这一层面，它所具有的价值是多方面的，它是中华民族优秀遗产的一个组成部分。

首先，中华民族是一个民族共同体，它由 56 个民族组成，在长期的历史演化和民族相互融合的过程中，中华民族最终形成了为今天世界所瞩目的优秀民族。古往今来，无论是生活于黄河流域的民族，还是生活于长江流域的民族；也不管是汉族，还是汉族之外的现今非主体的少数民族，其实质都是中华民族大家庭中的一员。中华文明正是在不同民族的相互交流、相互融合、相互促进的过程中逐步形成的，每一个民族都为中华文明做出过自己的贡献，每一个民族自身创造的成果，都是中华文明不可分割的一个组成部分。傣族是中华民族大家庭中的一个成员，它创造的文明成果当然也是中华文明不可分割的一个组成部分。因此，我们应充分认识不同民族在铸造中华文明中所做的贡献，这是关乎认识和复兴中华民族的大事。但是，由于种种历史的、社会的、自然的复杂原因，我国少数民族在生活环境、生产力水平、社会发育形态等因素的制约下，文明发育程度往往不高。西双版纳傣族社会也同样如此，即使到了 20 世纪初，也还处于封建领主的社会形态之下。应引起注意的是，与这种文明发育程度相一致，大多数少数民族的文化和文明程度相较于内地汉族要低，甚至有的少数民族连自身的文字也没有，从而在记载和保持自身的文明方面具有明显的缺陷，许多流传于现今民间中的认识成果，通常也是以口头的方式代代相传，延续至今。傣族也存在类似的情况。因此，挖掘和保护这一类民族遗产，就显得特别重要和紧迫。大量事实表明，一旦诸如傣族传统灌溉技术这样的优秀遗产消失，往往很难弥补，是永久性的损失。这种损失将不仅仅是傣族自身的损失，更是中华民族优秀遗产的损失。正是从这一实际出发，发掘和保护傣族传统灌溉技术也就是保护和丰富中华民族的优秀遗产。

其次，中华民族的优秀遗产的内容是多方面的，它既包含了有形的物质遗产，也包含了无形的非物质文化遗产，既具有传统技术的内容，也具有优秀合理的思想传统，是各种因素综合的体现。那么，傣族传统灌溉技术是否也具有这样的特征呢？从傣族传统灌溉技术的技术原理和具体技术应用程序来分析不难看出，一方面，傣族传统灌溉技术对于我国农村，尤其是诸如西双版纳地区这样的农村来说，它十分符合这里的气候、地理等环境条件，其独特而合理的有压涵管式的分水原理，对于今天的灌溉技术仍然具有参考和借鉴价值。如果将这种特有的技术进行改造利用，就完全有可能转化成为与现代灌溉技术相吻合的实用技术，也完全符合“古为今用”的原则。并且这种宝贵而具有民族特色的传统技术，对认识我国灌溉技术的发展历史和丰富水利灌溉史的内容具有十分重要的价值，毕竟它从另外一个方面弥补甚至填补了中国科学技术史的一个空白，是我国优秀遗产的一个新发现。另一方面，由于长期以来受我国历史上存在的大汉族主义和中原文化中心论的影响，诸如傣族传统灌溉技术这样的发明创造很难载入汉文献，也很难被广泛地认识，这极大地削弱了人们对傣族优秀文化遗产的了解，这无疑对于全面正确认识中华文明不利。因而加大对傣族传统灌溉技术的保护，实际上也就体现了对中华民族优秀文化遗产的保护。

再者，傣族传统灌溉技术作为一种遗产，不仅仅属于传统技术方面，而且还是一种具有启发性的优秀思想遗产。傣族传统灌溉技术的发明和应用，需要相应的思想文化背景来支撑，而贯穿于传统灌溉技术整个过程中的每一个环节，实际上都透射出人与自然和谐相处的理念来。众所周知，灌溉需要水源，水源越丰富，灌溉的实施就越有保证，但要使水源丰富，就必须有完好的水源林和良好的生态环境。如前所述，傣族在长期的实践过程中深刻认识到了水源林与灌溉之间的密切联系，并在此基础上，以原始宗教的力量来保持了具有水源林性质的“垄林”存在，进而为稻作灌溉提供了充分的保证。通过对这种原始宗教思想的认真分析不难看出，在它思想的深处，往往包含了爱护自然、保护自然以及人与自然和谐相处的思想理念，并且这种观念已经演化成为傣族传统文化中的一个重要组成部分。它与中国汉族“和为贵”的思想相似，同样表达着一种追求人与自然和谐相处的思想境界。另外，在傣族灌溉技术在具体实施过程中，对那种违反傣族传统灌溉条例的处罚，也采取了比较温和的方式，使灌溉管理相对来说更为“人性化”。例如，仅就傣族采用竹排来检查灌溉渠质量好坏的方式来说，如前所述，如果发现有质量问题，“板闷”和检查成员就可以有理由到该寨子中免费吃喝，一直吃喝到该寨子将不符合质量要求的灌溉渠修好，并以此来尽量避免直接的处罚。这种传统一直延续到今天，体现了其具有朴实的“以人为本”的观念，而不是简单粗暴地罚款了事。这种观念与当今的和谐思想具有一定的吻合性，是傣族在处理具体矛盾时的认识态度，一定程度上体现了傣族文化的特点，符合傣族的社会需要，具有相应的合理性。从这个角度分析，傣族传统灌溉技术中存在着可以挖掘和整理的优秀思想遗产，与丰富中华民族的优秀文化遗产具有一致性。

第十章
保护与开发傣族传统灌溉技术

西双版纳傣族传统灌溉技术是目前在现实中还可以直接体验的传统灌溉技术，其对于学术研究、文化传承、技术改造、遗产保护、民族团结等方面都具有特殊的价值。但是，这种传统技术在现代科学技术和市场经济的冲击下，正面临着消失的危险，其后果将是无法弥补的。因而抢救和保护这种优秀传统技术的任务更为紧迫。为此，探索出一条有效的保护途径不仅非常重要，而且也可以为其他传统技术的保护提供借鉴。

第一节
保护传统技术的基本原则

对于文化遗产、历史文物、传统技术等的保护是一项庞大的系统工程，其涉及面宽，内容复杂，实践性强。因此，要真正把传统技术的保护工作做好，首先必须充分认识好“保护”的含义。实际上，保护总是相对于所要保护的对象而言的，如果对象十分强大，也就失去了保护的需要。因而保护总是针对弱小的、处于不利地位的对象来说的。“保”就是保证、确保，也即保证弱小的对象能够存在下去；而“护”则是要通过具体的手段和方法来实现这一目的。“保护”实质上就是通过各种措施和方法来促使弱小事物在特定的环境中存在下去。因此，要实现对文化遗产、历史文物、传统技术的保护，就有必要针对保护对象，确定基本而有效的保护原则，以科学的态度，采取行之有效的方法来达到保护的目的，实现保护的稳定性与持久性。

一、保护需遵守被保护对象的原真性

原真性也叫本真性，“本真性”的英文为“Authenticity”，它的“英文本意是表示真实的而非虚假的、原本的而非复制的、忠实的而非虚伪的、神圣的而非亵渎的含义”。[①] 显然，本真性要求保护的是原生的、本来的、真实的历史原貌，保护它所蕴含的完整的历史文化信息。对于保护的本真性原则来说，以下几点是必须的。

首先，保护应使保护对象的原生性得到体现。我国具有悠久的历史，中华文明上下5000年，各民族都在自己的发展历程中留下了大量优秀的文明和文化遗产，留下了令人赞叹的传统技术。这些遗产无声地述说着不同民族在与大自然的奋争中的智慧与意志，犹如傣族传统灌溉技术是傣族人民在创立和发展自身稻作农业的艰苦历程中，充分发挥自己的聪明智慧而使之诞生那样，体现的是特定历史条件和环境状况下技术具有的原真性面貌，是人们认识自己历史最直接和最直观的存在物。这种现实存在的技术在历经了历史的长期考验之后，其基本的技术原理和技术程序本质上并没有根本的变化。并且它所具有的本民族的文化色彩也不是表面的，不是被人刻意强加上去的；即使它的技术原理和操作工艺有变化，也是从特定的环境和生产出发，从本民族深厚的文化中汲取营养而变化的，并没有改变这一传统技术的核心原理和其所反映的特定民族文化内涵。也即傣族的传统灌溉技术尽管在长期的演化中会有变化，但是这种变化不仅没有背离原有的技术原理，而是在本民族文化的不断丰富的过程中，与之相一致的不断丰富，体现了本民族文化的发展，其本真性使它的原生内容和特点得到了真实体现。当然，随着现代化进程的推进和市场经济体制在该地区范围的推行和实施，要保护傣族传统灌溉技术的本真性将面临着越来越困难的局面，甚至通过对其技术原理进行改造而力图进行保护的努力也显得力不从心，毕竟高技术具有的非连续性特点已成为当今技术竞争的一个特点。从而保护传统技术的本真性的实施，将面临着艰难的境况，对此应有清醒的认识。但无论如何，保护遗产的本真性是一个需要充分重视的基本原则。

其次，保护诸如傣族传统灌溉一类优秀技术本真性原则，并非仅仅针对技术原理和操作本身，更重要的还需要保护与之相适应，并由其体现出

① 王文章．非物质文化遗产概论［M］．北京：文化艺术出版社，2006：323.

来的特定的文化。由于傣族传统灌溉技术与傣族的生产、生活紧密相关，是傣族稻作农业得以存在和发展的核心技术之一。因此，建立在傣族稻作农业基础之上的稻作文化与这一技术有着密不可分的关系，这种关系反映在傣族生产、生活的各个方面，对此前边已多有阐述。事实表明，傣族传统灌溉技术之所以能够流传至今，除了其技术本身具有的合理性之外，更重要的还在于这种技术已成为了傣族传统文化中的一个有机组成部分。无论是在传统的劳动过程中，还是在日常生活中，随时都可以看到傣族对传统灌溉的认可和尊重，并潜化在傣族的头脑之中。但是值得注意的是，随着目前市场经济的不断深化，现今傣族的思想也发生了深刻的变化。在追求物质价值的过程中，为了获得具体的经济效益和得到更多的实惠，尤其是在我国社会主义市场经济体制建立起来以后，年轻一代的傣族青年往往习惯于将传统文化当作赚钱的内容和手段。在商业利益的驱使下，把传统文化变成了纯粹的商品，或是取悦于旅游者的表演，其深刻的文化内涵被商业的利益所"篡改"，致使传统文化的本真性被削弱，甚至丧失。因此，如何保护与傣族传统灌溉技术息息相关的文化，是保护傣族传统灌溉技术的关键，毕竟失去了文化支撑的傣族传统灌溉技术是无法真正实现其保护价值的。

诚然，开发传统技术的商业价值是无可挑剔的，但是如果只注重了传统技术的经济价值而抛弃了传统价值的文化本真性，则这种传统技术将失去其应有的文化价值。如果这种深刻的文化内涵和文化价值一旦丧失，其固有的商业价值也将被衰减，并最终有可能在现代科学技术的冲击下最终化为乌有。

二、需注意被保护对象的整体性

传统技术是在历史长河中不断改进和完善的技术体系，而不是技术体系中的某一片段和内容。因此，对于传统技术的保护就必须注意保护的完整性。所谓保护的完整性，就是要求对传统技术的保护做到内容和形式的完整，以及与之相配合的生态自然环境和人文社会环境的存在。

首先，对传统技术的保护应强调体现传统技术时间与空间的完整性。传统技术是一种物化的时间记忆和空间状态的具体表征，因此它是历史的符号。但是必须注意，传统技术又是一种发展中的人类为满足自身生产和生活需要的物质手段和操作方式，它之所以能够延续至今，就在于其总是处于不断的改进和创新之中。现今传统技术的物质空间存在形式，实际上是时间流逝的历史过程的具体体现，它在述说着传统技术的过去与今天。因此，对傣族传统灌溉技术时间与空间完整性的保护，实际也就是对其历史演化过程以非物质的保护方式与现存具体物质形态保护方式的结合。一方面，需要对傣族传统灌溉技术的发展历史和具体过程，包括技术原则与操作方法的演化状况进行系统的挖掘、整理和分析，形成相对完善的文献记载，以非物质形态的方式进行保护；另一方面，又需要对现存的傣族传统灌溉技术进行全方位的系统保护，这不仅需要通过各种手段和方法，包括行政的、民间的、经济的等手段和方法来对傣族传统灌溉技术的整个实施过程和各技术环节进行保护，同时也必须注意对传承人进行“保护”，努力创造条件使其能够顺利实施傣族的传统灌溉技术，并让其有可能培养传统技术的接班人。在现今市场经济条件下，更需要对此予以充分关注，以保证传统技术现存的物化形态能够在不断变化和发展中得到可持续的保护。

其次，就传统技术的保护而言，技术的完整性保护与技术转移不同。传统技术的保护除了需要对传统技术本身进行保护之外，还必须注意对这一技术应用的具体自然环境条件进行保护，如果丧失了这一基本条件，就无法真正实现技术的完整性。由于任何传统技术实际上都是在特定的自然环境条件下被创造出来的，傣族传统灌溉技术的诞生充分说明，如果离开了西双版纳特定的自然气候和地理环境，创造出来的可能就不是傣族地区特有的这种灌溉技术原理、技术规程和技术方法，而有可能是别的灌溉技术原理、技术规程和技术方法了。正由于不同的自然环境条件与传统技术的产生和发展息息相关，因此才有了不同民族、不同地区形式各样的传统技术，才有了传统技术的多样性。显而易见，技术的完整性保护是离不开技术之外的自然环境条件的。事实表明，如果西双版纳傣族地区垄林、神山和森林生态遭到严重破坏，那么傣族传统灌溉技术将丧失其基本的水源，丧失其得以存在的基本条件，即使通过人为的方式，例如通过修建水库来保证傣族传统灌溉所需的水源，并以此来保证传统灌溉的实施。如果我们准备对这种已经改变了原有自然环境条件的所谓传统灌溉技术进行保护，实质上与传统技术完整性保护的含义和要求已经产生偏差，甚至是背离其基本原则了。

最后，对传统技术的完整性保护除了技术本身和与之相应的自然环境条件外，更需要关注的是与这一技术相关的文化的完整性。任何传统技术在它的实施过程中，都渗透着与之相一致的文化因素，傣族传统灌溉技术同样如此。如前所述，傣族传统灌溉技术无论是它的水源保护、灌渠修理检验，还是实际的放水灌溉和涉及千家万户的灌溉水分配，实际上无不渗透着傣族特有的文化。为什么西双版纳傣族地区传统灌溉所需要的水源可以长期保持稳定，这与傣族所接受的垄林文化和尊崇自然、崇拜自然的传统观念息息相关。为什么这一传统灌溉技术在其实施和操作过程中能够为广大的傣族村民和管理者所承认和接受，也同样与傣族自身形成的文化相关，即使灌溉制度的形成，也离不开傣族传统佛文化的背景，需要借着佛的旨意来制定，并借助神和佛的威信来执行和实施管理。例如，西双版纳的宣慰使司署议事庭于公元1778年4月28日（傣历1140年7月1日）发布的那一份修水利的命令中，就要求作为议事庭大小官员首领的议事庭长，遵照议事庭和遵照松底帕翁丙召之意旨来颁发命令。而“松底帕翁丙召”就是“至尊佛主”，言下之意这个命令不仅仅是议事庭做出的，而且是佛的旨意，是佛要求各村各寨修理灌溉水利设施。傣族传统灌溉技术渗透的文化因素之深，由此也可见一斑。更何况进行灌溉管理的“板闷”几乎都是受过傣族寺庙佛教教化的人。除此之外，傣文化其他方面的内容也都渗透到了傣族传统灌溉技术之中。显而易见，离开了傣族特有的文化，傣族传统灌溉技术几乎是寸步难行的。因此，要保护傣族传统灌溉技术的完整性，离开了与之融为一体的特有文化是行不通的，也是不恰当的。那种把技术与文化割裂开，孤立地仅仅对技术本身进行保护的做法，有悖于保护的整体性原则。为此，有必要在对传统技术进行保护的同时，系统地对这种技术产生的文化背景、文化渗透、文化体现等方面充分进行研究和挖掘，以达到在保护传统技术本身的同时，实现对与之相一致的文化的保护。

三、需注意被保护对象发展的可持续性

传统技术与现代技术有区别，体现的是特定历史条件下特定民族所应用的技术。这种技术具有代代相传的保守性和适用性，具有特定的文化特征，反映着固有的历史内容。因此，如果不对传统技术进行保护，在现代技术的传播和冲击下，它将必然逐步衰弱、消亡，成为不可持续的技术而失去了它自身所具有的价值。为了使传统技术成为现实中可供人们认识的客观对象，甚至改造成为可以应用的实用技术，就必须注意采取各种方法和措施来使其实现可持续性。

第一，可持续并不是已经成为了现实中的持续状态，强调的是在将来具有持续性，具有逻辑上的一致性和合理性。这就要求对传统技术进行认真分析和研究，并且这种研究不仅涉及技术本身，还涉及与之相关的自然环境、文化环境、社会环境等多方面的因素。对此，在开展具体、系统的保护之前，需要通过反复论证，甚至进行初步的保护性试验，进而形成可行的思路、观念、设想，提出关于如何开展保护的具体方案、方式、措施、方法等，并对其进行分析论证，使被保护的传统技术在尚未正式进行保护前，在逻辑上具有预先的可靠性和合理性。显然，可持续性充分体现的是科学理性的实施，要求的是合规律性，而不是简单的尝试和经验性的操作。由于一些现存的传统技术的物质部分具有唯一性，经不起随意的改造和破坏，因而这种逻辑的先验论证就更显得重要。例如，与傣族传统灌溉技术密切相关的水源林，也即前边多次提到的神山、垄林的生态一旦被破坏，往往就很难恢复。毕竟这些山上的古木、大树是于漫长的历史进程中形成

的，如果一旦毁坏，这种充分体现着傣族特定文化色彩、并以物的形态体现出来的现实存在就有可能永久地失去了。尽管人们可以通过实践活动来弥补，可毕竟新诞生出来的人造生态已不再是自然形成的森林生态，它已失去了原有含义和文化本质。显然，在对传统技术进行全面、系统的保护之前，不仅需要预先对传统技术进行全面、系统的调查、分析和论证，还要重视对传统技术中具有唯一性的历史存在物的形态进行保护，使传统技术的保护既符合全面性原则，又能兼顾保护的重点和关键部分，使保护的可持续性成为可能。

第二，要真正使保护具有可持续性，还必须对被保护对象之所以存在的现实状况进行系统的、全面的分析和研究，明确它能够从古至今得以保存下来的各种原因与条件。因为传统技术是在历史演进中产生并延续至今的技术，这就要求人们对传统技术诞生一直到今天的变化进行系统的考察、分析。其中包含了对这种技术内含的基本原理的变化进行历史的实事求是的分析与论证，从中找出最核心的基本原理，以此作为对传统技术进行保护的基本依据，从而保证在保护过程中能够在各种复杂情况下，不被各种表面的形式所误导，进而使传统技术的精髓得到体现。例如，傣族传统灌溉技术中，有压涵管式的输水技术原理和以输水管孔径大小来进行灌溉水量分配的基本原理（“南木多”的应用），以及采用锥形台阶式等级的配水量具来控制输水管孔径大小的技术原理（“根多”的应用），就是这种传统灌溉技术的核心所在。要能够紧紧把握住这一传统技术的核心，就可以保护住传统技术的根本。因此，要实现传统技术保护的可持续性，就必须对传统技术本身进行认真的分析研究，从科学原理方面揭示传统技术的内在根本规律及其特点，把保护建立在稳定的科学理性基础之上。

第三，要实现对传统技术的可持续保护，还需要对被保护对象得以延续的环境条件进行分析研究。由于任何一种技术都是在具体条件下使用的技术，因此它又与科学原理不一样。科学原理揭示的是客观规律和对客观规律的解释，技术则可以不进行解释而只是经验性的应用，注重的是技术带来的后果以及实施技术应具备的条件。从而对技术实施的各种复杂环境和条件进行分析，就成为技术应用的必备前提。尤其对于传统技术而言，它注重的是技术各具体环节的衔接，注重的是具体方法的应用和有效手段的使用，严格遵守操作程序是其基本的原则。至于如何去揭示技术之所以可行的内在规律和原理，却是无足轻重的。只要能够实现技术功利性的目的，都是可行的。因此，传统技术能否将其操作的效果转化为人们期盼的结果，外在的环境和条件就成为不能忽略的重要决定性因素。为此，分析和掌握导致传统技术得以产生和不断演进的各种条件及其作用，就显得更为重要。马克思主义认为，任何事物的存在与发展，都是内因与外因共同作用的结果，尽管内因是事物变化的依据，但是如果没有外因，事物也是不会变化、发展的。对于传统技术本身而言，外因集中体现在特定的自然环境、生产力水平、认识水平、社会的经济、文化、政治等各个方面的影响。由于这些外在的、非技术本身的因素与传统技术的应用，以及这种技术应用程度和应用状况息息相关，从而外在因素的情况如何，将对传统技术的可持续性产生深刻的影响。值得注意的是，在今天现代科学技术已十分发达以及社会状况已经发生了深刻变化的情况下，要使传统技术能够实现保护的可持续性，就需要从实际出发，将传统技术的使用价值进行适当的转换，通过价值转换来尽可能地促进外在条件的变化，使之能够在内、外因素的相互作用下保证传统技术的可持续发展。就傣族传统灌溉技术而言，这是一项对西双版纳稻作农业发挥过重要作用的关键技术，是傣族优秀文化和智慧的体现，也是认识傣族历史和稻作文化的活化石，其具有的科考、文化、旅游等多方面的价值是十分明显的。如果能够合理地进行开发，尽可能地复原其原有的状态，它所带来的价值预期将是良好的。可以设想，如果一旦将傣族传统灌溉技术单一的灌溉价值转化为旅游价值、学术研究等方面的价值，那么随着价值取向的改变，必然导致原有的传统技术价值的外在条件改变，并且这种价值转换一旦实现，合理开发就能够有序进行。可以设想，如果将傣族传统灌溉技术作为旅游资源来开发，其所需要的外在环境和条件就不再与原来灌溉需要的条件相同，只要操作恰当，它将反过来在一定程度上促进傣族传统技术运行的外在条件的改善，包括自然生态的保护、傣族传统文化的发扬、稻作文化传统等支撑条件的改善。而这些外在条件的改善又将反过来促进傣族传统灌溉技术的可持续保护，毕竟外在条件与傣族传统灌溉技术的应用是相互依赖、不可分割的。

第四，保护传统技术要实现可持续性，正确观念的形成和树立全民保护意识是必不可少的。目前，对于传统技术的认识存在着不同的看法，一些人认为，传统就是保守与落后的代名词，从而对于传统技术不屑一顾，认为只有现代科学技术才是现今社会和人们所需要的，把传统技术打入“冷宫”；也有一些人认为传统技术尽管是人们认识自身历史和文化的重要内容，但只要将其记载入文献之中，成为一个认识的“符号”就可以了，至于要在现实中进行保留，是没有必要的；当然也有一些人，看到了旅游带来的巨大经济利益，认为可以将传统技术开发为有效的旅游产品，并且为了使这种传统技术具有吸引力以便带来更多的实惠，采取背离传统技术的原有技术生态、文化、历史环境，肆意进行人工的加工和改造，使传统技术失去了原来的面貌。诸如此类的认识与行为，实际上都与所要求的保护的可持续性相悖。作为特定的传统技术，它所蕴含的历史、文化和技术原理等因素，体现的是一个民族的智慧与精神，是一个民族自身文化的缩影，尤其在今天科学技术高度发达的情况下，人类更需要认识自己的过去，认识科学技术发展的历程，认识自身所应该具备的精神世界。因此，要实现传统技术的可持续保护，就决不能以狭隘的功利主义态度来对待传统技术，仅仅将其作为一种短期内可以带来具体实惠的功利性保护，而必须以对人类文化遗产负责的态度来对待，以抢救和开发的态度来行动。大量事实表明，许多现存的传统技术正在迅速消失，而这种消失，往往导致的是文化的消匿。可以设想，如果傣族传统灌溉技术一旦消亡，则体现于这种技术中的文化也将消失，如果诸如此类的不同民族的传统技术的消失一直延续，一个民族以至于人类文化就有可能日趋一元化，丰富多彩的人类文化将越来越苍白。这是任何人都不愿意看到的后果，尤其是在现今物质需要已经越来越得到满足的情况下，人们对精神生活的需求会越来越高。因此，加大对传统技术可持续性保护的宣传，形成正确的保护观念和意识，并以此来推进可持续保护行动，真正做到在思想和实际行动上重视对传统技术物质性的以及非物质性文化的保护，是实现保护可持续性的重要条件。

第二节 保护和开发傣族传统灌溉技术存在的困难

由西双版纳傣族创造发明的传统稻作灌溉技术是现今仍然存在并还在实际应用中的技术。随着我国改革开放的不断深入以及社会主义市场经济体制的建立，原来相对封闭的西双版纳现今已经成为了我国面向东南亚国家进行贸易交流的前沿，成为了对外开放的窗口和“桥头堡”。改革开放使西双版纳地区发生了翻天覆地的变化，不仅西双版纳地区的经济有了不同昔日的景象，现代科学技术也越来越广泛地普及，而且随着文化交流以及市场经济体制在农业生产中的不断推广，人们的思想观念也发生了迅速的变化。其中，傣族的文化观念和思想意识的变化更显得突出。在这样的情况下，保护与开发傣族传统灌溉技术也将面临着巨大的困难。

一、现代灌溉技术逐步取代或严重冲击了傣族传统灌溉技术

傣族传统灌溉技术是建立在传统稻作农业基础上的灌溉技术。其所依据的是传统小规模水稻种植为基础的劳动生产方式，以及与此相配合的传统管理方式和传统文化背景。受认识和生产力水平的制约，傣族传统灌溉

技术的应用具有明显的局限性和狭隘性，与现代灌溉技术相比，存在着明显的劣势。1950年云南省和平解放，1953年西双版纳傣族自治州成立。新中国的成立为现代科学技术在西双版纳的传播创造了更为有利的条件，同时也使西双版纳的传统灌溉技术受到严重冲击并逐渐退出了原来的主导地位。尽管傣族传统灌溉技术现今还在部分地区应用，但已是强弩之末，实际上成为了现代灌溉技术的补充或辅助因素，其保存和应用越来越困难。

首先，西双版纳的灌溉系统发生了本质上的变化。长期以来，西双版纳相对封闭的社会环境和优越的自然环境保证了西双版纳自然生态没有受到明显的损害，同时也保证了傣族传统灌溉水源的充盈。优越的水源条件是傣族农田灌溉系统得以建立的基础。因此，傣族传统灌溉系统的建立，基本上不依赖诸如水库这样的设施，主要是依据山势地形修建灌溉大沟，将山中丰富的自然山箐散水引入沟中，然后再通过无数的分水渠道进行灌溉，进而形成傣族特有的灌溉系统。据傣文古籍《勐泐王族世系》记载，在公元770年（傣历123年）时，傣泐王召巴塔维即令百姓在景洪开沟引水，开展农业生产。随着灌溉规模的逐步扩大，对水利灌溉进行有序管理的需要日趋突出，从而在此基础上创造了傣族特有的灌溉技术和管理制度，进而使这一地区的灌溉系统在漫长的历史进程中不断发展、完善。据傣文的《勐景洪志》记载，公元1464年（明天顺八年）时，景洪境内的灌溉水沟只有8条，及至西双版纳解放，“这八条水渠到解放时基本照样保留着，只是又增加了4条，共有12条……而且30华里以上的大沟仍只有5条”。[①]由西双版纳景洪坝子农田灌溉系统的历史发展可以看出，直至新中国成立前，傣族传统灌溉系统以及与之相配合的传统灌溉技术一直占有重要的地位，主导着景洪农业的发展。但是，随着新中国的成立，情况发生了根本性的变化。新中国成立后，内地工作组开始进入西双版纳。尤其是从20世纪50年代起，国家将西双版纳作为橡胶生产基地进行重点建设之后，大批支援边疆的人员源源不断地从湖南等地来到西双版纳，随之也带来了先进

① 张公瑾. 西双版纳傣族历史上的水利灌溉［J］. 思想战线，1980（2）：60—63.

的灌溉技术及其设施。由此开始，西双版纳的水利建设有了新的、本质的变化。其中，最突出的就是新修水库。1958年大跃进时期，西双版纳水库建设纷纷上马，经过多年努力，至1980年，全州已建成小型水库22座；1993年时，建成中型水库5座，水电站53座。水库的建成，从根本上改变了过去“靠天吃饭”的状况，也改变了傣族传统灌溉技术在生产中的地位。加之在现代科技材料不断应用到灌溉系统中来，水泥或与之相类似的现代建筑材料不仅被应用到水库建设上，而且也应用到沟渠的修建中去，所谓“三面光”[①]的现代灌渠越来越多地出现在这一地区（图10-1）。这种坚固耐用的沟渠，受到群众欢迎的同时，傣族传统灌溉技术却在现实中不断被人们所漠视，甚至被抛弃了。

事实表明，采用现代技术而建立起来的灌溉系统，通过新中国成立后

图10-1　景洪县勐罕区“三面光”的现代化灌渠（诸锡斌2008年摄于景洪县勐罕区）

① “三面光”即水渠用砖块砌成，并且输水横切内面的3个面均采用水泥抹平，使之光滑，有利于输水，同时也减少了输水的阻力和水的外渗。

几十年的努力已经建立起来，为西双版纳的农业发展发挥着越来越重要的作用。但它所带来的后果，必然是对傣族传统灌溉技术及其体系的取代。面对强大的现代灌溉网，要使傣族传统灌溉技术得到保护和开发，必将面临严重的困难。

其次，现代灌溉系统的建立对传统灌溉技术理念产生了强大的冲击。长期以来，在人数不多而社会相对封闭、自然条件优越的状况下，傣族传统灌溉技术的应用具有的“自然经济”色彩是十分浓厚的。但是，随着社会的进步，尤其是一个个功能强大的水库被建立起来，西双版纳地区灌溉用水的状况有了明显的改变。由于现代水库具有强大的蓄水和控制水量分配的功能，一定程度上可以应付干旱或雨水季节带来的灾害，加之采用现代技术的操作，更有效地降低了自然灾害的影响。正因为如此，以水库为依托的现代灌溉系统与必须依赖天然森林蓄水才能实现灌溉的傣族传统灌溉体系之间出现了明显的差异。毕竟现代水库一定程度上已经摆脱了对天然林的依赖，人们对自然界的依赖感逐步降低了，现代灌溉设施的建立和应用使“人定胜天”的思想得到了强化，现代科学技术越来越多地得到了人们的认可。在这种潜意识的观念作用下，技术功利性的特点被逐步放大，急功近利的思维日趋显现出来，使傣族传统灌溉技术所要求的农业生产与森林生态之间必须保持平衡，灌溉水的分配需要依据特定的“根多”配水量具来进行分配，沟渠的修理和维护必须按照用水多少由各村寨和各家各户共同修理等基本的传统灌溉技术理念受到沉重打击。在不断“破旧立新”，推广现代灌溉技术的过程中，支撑傣族传统灌溉技术的理念逐步被人们所遗弃了。况且随着时间的推移，熟悉傣族传统灌溉技术的老人逐渐去世，傣族传统灌溉技术的技术传统不仅没有得到改进和很好地传承，而且正面临着消失的危险。如前所述，2007 年对景洪 7 个村寨的实际调查表明，尽管 7 个村寨的 31 名村民对傣族传统灌溉技术均有一定了解，但只有 50 岁以上的老人能够详细谈及傣族传统灌溉技术中关于配水量具“根多”和输水管“南木多”的形状、功能和大致的制作；而 50 岁以下的被调查者则对此比较模糊，只能简单地指出当前从沟渠分水到大田的具体分水地点的一些情况。显然，现代灌溉系统的建立对传统灌溉技术传统产生了强大的冲击，这种冲击甚至是致命的。如果傣族年轻一代不能认识或继承傣族传统灌溉技术，保护和开发傣族传统灌溉技术也就成了一句空话。

1998 年，笔者前往景洪进行研究和调查时，还能够看到“闷南永”灌区“板闷”（管水员）岩罕尖波涛在田间进行认真的管理工作。可是 5 年以后,2003 年笔者再次到他家进行拜访时，他已经失聪而丧失了劳动能力（图 10-2），2008 年时，笔者再也见不到这位工作踏实、认真的“板闷”波涛了，因为他已经于 2006 年去世。

再者，现代能源和动力的应用改变了传统灌溉技术的面貌。如前所述，傣族传统灌溉技术实际上是根据“水往低处流”的基本原理而经验性应用的一种自流灌溉技术。这一技术是顺水性将灌溉水从高向低将灌溉水分配到各个村寨，并以此来进行农业生产的技术。如果违背了这一基本的出发点，傣族传统灌溉技术将无法实施。但是，随着新中国成立后西双版纳水电建设的迅速发展以及各类发电设备的应用，傣族的灌溉方式也发生了明显的改变。1953 年以前，西双版纳地区没有任何的发电设备，更不用说发电站，所以在 1953 年以前西双版纳的灌溉是不可能采用大规模的提水灌溉方式的。尽管傣族地区也存在着诸如由内地传入的龙骨水车、戽斗等一类提水工具，但是这也只能在极为有限的条件下应用。自 1954 年开始，景洪有了大功率的柴油发动机，具备了电力提水灌溉的条件，但灌溉的规模有限。直到 1961 年以后，西双版纳开始加大了水电设施的建设，至 1993 年时，“全州有水电站 53 座，装机容量 61003 千瓦，年发电量 16048.01 万千瓦时”。[①] 自此，应用电力提水进行灌溉成为了现实。目前，在西双版纳地区，由于人口的迅速增加和工农业的迅速发展以及旅游业的快速推进，仅仅靠山间、山箐的散水汇集已经远远不能满足该地区用水的需要了。因此，利用电力抽取澜沧江水以及其他江河的水来保证用水的需要，其中也包括了保证灌溉用水的需要，已逐步成为西双版纳地区普遍的技术措施。而这

① 高力士. 西双版纳傣族传统灌溉与环保研究［M］. 昆明：云南民族出版社，1999：228.

（1）图中左边为“板闷”（管水员）岩罕尖，右边为笔者

（2）图中左一为笔者，中间为“板闷”（管水员）岩罕尖，右边为岩罕尖的老伴

图 10-2 景洪县嘎栋乡“闷南永”灌区“板闷”（管水员）与笔者的合影

[图（1），诸锡斌 1998 年拍摄于“板闷”家中；图（2），诸锡斌 2003 年拍摄于“板闷”家]

种方式的应用，极其沉重地打击了傣族传统灌溉技术，毕竟现代电力科技和水库的应用，在很大程度上保证了灌溉用水，人们再也不会把更多的精力放在傣族传统灌溉技术的改进与应用上了。现今，现代电力的应用与现代水利设施和现代灌溉网一起，基本上取代了傣族传统灌溉系统及其传统灌溉技术。面对这一现实，如何有效保护和利用傣族传统灌溉技术，将面临巨大的困难。

二、灌溉体制上存在的困难

体制是制度的总和，是各种制度相互联系而发挥作用的整体功能的表现。但是，对于不同的事物和对不同事物的管理而言，体制又可以进一步具体化，犹如工业有工业的管理体制，农业有农业的管理体制一样，农业生产中灌溉也有自身的灌溉体制。由于构成灌溉的实施涉及多方面的因素，这些因素相互联系和作用，以系统工程的形式而存在和发挥功能。因而灌溉中涉及的不同方面的制度，都将会对灌溉的效益产生影响。也即灌溉体制一方面要受到与灌溉相关的各种具体制度的制约，另一方面，灌溉体制的合理程度又将直接影响着灌溉技术的效益。现实灌溉体制的状况如何，成为西双版纳傣族传统灌溉技术能否得以有效保存和利用的重要因素。

首先，传统灌溉管理体制无法抵挡现代灌溉管理体制的冲击。西双版纳傣族传统灌溉技术尽管具有一定的合理性与实用性，但毕竟是历史的产物，体现的是旧的传统经济发展需求和相对低下的生产力水平。在当代科学和技术迅猛发展和生产力水平飞速提升的情况下，西双版纳傣族传统灌溉技术的灌溉效益远不及现代灌溉技术的效益。随着现代灌溉技术的不断推广和应用，与灌溉相关的各种具体制度也越来越有效地取代了传统的灌溉制度。从现今的灌溉管理部门来看，已不再是过去旧有的管理部门，灌溉的体制和管理部门已经发生了根本性的变化。自 1953 年 1 月 23 日西双版纳建州以来，“已建成各类蓄水工程 287 件，总库容 22753 万立方米，实际灌溉面积24.33万亩”。“全州综合有效灌溉面积已达50.64万亩，占总耕地的32.64%，占水田面积的78.43%，旱涝保收面积28.32万亩，全州水利化程度已达32.6%，其中农田水利化程度达78.4%”，[①] 有效促进了西双版纳农业和经济的发展。与此相一致，管理上也基本上纳入国家统一的现代水资源的管理体制中去，并按照国家、地方政府和社会发展的需要进行规范管理。对于大中型水库和具有重要作用的水库，由县政府进行直接管理；涉及两个以上村寨利益或对乡镇的影响较大的，原则上由乡镇进行管理；涉及1—2个村寨并且功能相对单一的，可以由村或村公所进行管理。管理上原则以行政的方式按一定的比例设置岗位和专职人员，由政府发放工资或给予劳动补助费。这种体制的建立，一定程度上有效地促进了水利灌溉的效益，但同时也排斥了傣族传统灌溉制度的应用。尽管在村寨一级的管理中，受傣族传统灌溉技术和文化的影响，还尚存着传统灌溉技术基础上“苟延残喘”的传统管理方式，但已无法抵挡现代化灌溉管理观念、体制、方法的冲击了。

其次，随着工业化和城市化进程的不断推进以及新的、现代水利架构网的不断建立，西双版纳地区现代水利建设、管理和功能的重心发生了转移。保证城市用水、工业用水越来越成为现代水利技术的重中之重。毕竟在城市化进程中，工商业的作用似乎显得更为突出，而农业用水往往被排在末端，处于边缘化状态。值得注意的是，西双版纳在向现代社会迈进的过程中，往往重视水库和大型沟渠修建而忽视农村水利建设末端灌溉设施和灌溉制度体系的建设，因而在抛弃传统灌溉体制之后，曾一度由于新实施的水利制度未能高效地发挥作用，以致村寨一级的水利设施建设几乎处于瘫痪状态。尽管以后有所改进，但因客观存在的水利管理和功能重心的转移，毕竟还是削弱了农田水利和灌溉体制的建设，不仅导致农田水利设施多年失修，沟渠淤塞，而且使传统灌溉技术被冷落，附属在传统技术层面的水文化、佛文化也受到冲击。例如，原来一

① 高力士. 西双版纳傣族传统灌溉与环保研究［M］. 昆明：云南民族出版社，1999：219

年一度隆重的放水仪式等传统的灌溉仪式是具有相当权威的，但是随着现代灌溉技术和与之相适应的现代灌溉管理体制的推行，这种传统灌溉仪式已远不及现代水库的开工、竣工仪式隆重，这也从心理上使传统灌溉技术和传统灌溉管理制度备受压力而被冷落。事实表明，现代水利技术（工程水库为标志）给用水带来了便利，似乎也能解决用水的困境，但是与传统的灌溉制度和技术相比，由于村寨一级的灌溉系统，大多数采用了更为粗糙的没有任何分级控制水量的引水管，并以此替代了傣族传统灌溉技术所采用的“南木多”，从而对每一块田的用水也就不需采用诸如傣族传统灌溉技术那样的分水技术和灌溉“制度”了，进而村寨之间也就不必再采用分期、分段的用水制度了，这样一来，水资源的浪费情况往往由于现代水利的高效、水量的充沛而被忽略了。加之现今推行的是县、乡、村三级管理的水利制度，其制度从根本上说已游离出村寨社会之外。村寨对水利技术设施及其制度建设和管理的权力实际上已被排斥在外，村寨已无多大话语权，尽管村寨现今还保留有管水员，但是其职能已发生了质变。由于管水员多是由水利局负责聘任，其工作由上面考察，所以管水员工作好坏的评价标准，也由水利局说了算，当地村民和村寨没有真正决定权。因而在缺乏村民监督和认可的状况下，管水员遵从和关心的更多的是上级的意图，而不是村民的实际需要。2007年，我们对嘎栋乡嘎沙寨进行调查时发现，一些村民对管水员就颇有微词，存在着一些不满情绪。显然，水利管理和功能重心的转移以及灌溉体制的更替，加大了保护傣族传统灌溉技术的难度。

再者，在社会经济已发生巨大变化的社会主义市场经济背景下，西双版纳傣族传统灌溉管理与社会主义市场经济发展的要求形成了强烈的反差，矛盾越来越突出。西双版纳傣族传统灌溉管理是建立在生产力水平相对低下的“小农经济”基础上的，在自给自足的生产中，西双版纳得天独厚的自然环境和气候，满足了这种生产的需要。在不用大量投入人力、物力的情况下，依靠傣族传统灌溉技术，基本上能够保证社会和家庭的需要了。加之在傣族的传统农业生产中，主要就以水稻种植为主，农业生产相对单一，管理复杂程度并不突出，矛盾也不明显，这种“温和”的状况一直在新中国成立后还得以延续，而且国家对西双版纳的特殊民族政策，在一定程度强化了这种传统管理制度的存在。但是，随着我国改革开放的深化，西双版纳开始从过去相对封闭的状态，一下变成了对外开放的边境口岸和桥头堡，加之其优越的旅游资源，使西双版纳迅速演变成为社会主义市场经济的示范地区。在这种历史的飞速演进中，傣族传统灌溉技术必然成为冲击的对象。一方面，在现今尚应用传统灌溉技术的村寨中，由于受现代灌溉技术和管理体制的冲击，老一辈的管水员（板闷）由于年纪大、文化水平低，虽然他们熟悉傣族传统的灌溉技术和管理制度，但传统的傣族灌溉技术和灌溉管理制度不能与现今实施的现代管理制度相容，在根本上是相冲突的，从而使他们已无法适应现实需要，基本退出了管理岗位，以致目前在第一线进行管理的大多都是年轻的傣族管水员。尽管这些年轻的傣族管水员受傣族传统文化的影响，并在老一辈管水员的传授下，知道传统灌溉管理的基本原则，但受市场经济的冲击和现代科技成果的影响，年轻的傣族管水员大多数都不愿意主动关心传统灌溉技术及其管理方式，认为其不是时髦的工作，也没有实惠。他们把眼光更多地投向管理工作的待遇，更多的是埋怨经济条件不好，没有经费购买水泥和相关的建筑材料来建设“三面光”的现代输水渠，至于长期以来备受傣族尊重的传统灌溉管理的细节和特色，逐步被淡忘了。另一方面，社会主义市场经济是体现公平竞争和多劳多得的经济制度，而傣族传统灌溉技术和管理体制是建立在自给自足的小农经济基础上的，是完善于“封建领主”制度下的灌溉技术和管理体制，从某种程度上说，带有很强的“计划经济”的色彩，如果说这种灌溉管理在新中国成立后直至在改革开放初期，由于国家民族地区特殊政策的实施和改革开放初期市场经济尚未完善的情况还可以“苟延残喘”的话，那么随着社会主义市场经济日趋深入和发展，将不得不面临重大的打击。诚然，在改革开放初期，由于实行“包产到户”的联产承包责任制，极大地激发了傣族农民的种田积极性。在灌溉用水需求量极度上升的情况下，傣族传统灌溉技术和管理方法得到了人们的欢迎和拥护，发挥了十分重要的作用（对此前面已有论述，这里不再重复）。然而，随着改革开放的深入，现代科学技术在西双版纳地区日趋普及，现代灌溉设施越来越完善，加之西双版纳的城市化进程不断加速，市场经济的商业特点日趋突出，城市用水、工业用水越来越成为需要解决的核心，致使水利建设、管理和功能的重心发生了转移。这种转移给农村基层的灌溉管理带来了突出的困难。按照现行的管理制度，村寨管水员的工资由相应的行政部门发放或给予补助，但是实际上村寨一级管水员的工资普遍得不到基本保证，打击了管水员的积极性。只要管水员的劳动付出与之收入不相符合，就必然不愿意积极进行灌溉管理，更不愿意去关心傣族传统灌溉技术和传统管理制度了。

三、经济发展的结构性调整带来的困难

傣族是一个具有悠久种植水稻历史的农业民族，水稻是傣族农业的核心和根本。这种以水稻为基础构建起来的经济结构，具有明显的自然经济色彩。对于傣族社会来说，不仅农业是其整个经济的主体，并且这种农业具有的单一性突出地表现为水稻生产几乎成为其农业生产的全部内容，封闭的经济结构使傣族农业的发展受到明显制约，也使傣族传统灌溉技术的简单性和管理的狭隘性得到了“合理”的保留。但是，自从我国实施改革开放政策以来，尤其是西双版纳地区在推行了社会主义市场经济体制后，傣族地区的经济结构发生了重大变化，经济结构调整的后果十分明显地促进了当地经济的进步，同时也有力地冲击了传统农业生产方式，使傣族传统灌溉技术和管理面临尴尬的境地。

首先，作物种植结构变化对傣族传统灌溉技术和管理的冲击。例如，昔日的稻田现已改种香蕉（图 10-3、图 10-4）在农业生产中，不同农田作物的种植往往与灌溉需求和灌溉方式有着密切的互动关系，2008 年针对目前尚使用傣族传统灌溉技术的创业大沟（传统上被傣族称为“闷难永”）灌溉区的 7 个村寨 31 名傣族村民的作物种植情况（表 10-1）分别进行调

查，结果表明，作物类型的改变对传统灌溉技术的应用提出了更高的要求，使传统灌溉技术的实际应用面临着新的挑战。

表 10-1 创业大沟灌溉区傣族村民作物种植情况

利用类型	水　稻	西　瓜	养　鱼	其　他
总计（人）	31	20	8	27
百分比（%）	100	64.52	25.81	87.10

由表 10-1 中调查数据可以看出，现在利用农田里进行水稻种植的为 31 人（户），为被调查者的 100%；这些种植户中除种植水稻外，兼种西瓜的占到被调查者的 64.52%；兼养鱼的占到 25.81%；兼种玉米、花卉等其他经济作物和养殖的占到 87.10%。这种新的种植格局的形成，是市场经济引导的结果，它十分有效地提高了农业的生产效益，农民的经济收入由于种植的多样性而得到了实惠，行政命令在市场规律面前黯然失色了，它使几乎接近 90% 的农户放弃了传统的单一水稻种植方式而投入到多种作物的种植格局中去。但是，这对适用于单一水稻种植的傣族传统灌溉技术来说，大量新的问题产生了，甚至会形成尖锐的用水矛盾。例如，西瓜种植与水稻种植的需水特点不一样，西瓜在其生长的盛期需要大量灌溉水，而在其他时期对水的需求不大；而水稻的种植需水则相对均衡，要求“细水长流”；玉米、花卉等作物的需水规律也往往与水稻种植的需水规律存在着明显的区别。因此，仅仅依靠传统灌溉技术，想通过应用“根多”量水和应用“南木多”输水的技术来进行灌溉的做法，将很难适应这种作物种植的局面，这也是造成农户对传统灌溉技术不满意的原因之一。由于传统灌溉技术无法很好地满足作物种植新变化的需要，依照传统灌溉方式进行灌溉管理的管水员的积极性也受到了打击，而且目前随着现代农业种植技术的不断推广，这一地区的作物复种指数还在不断提高。因此，如果不对传统灌溉技术进行有效改造，使之充分适应农业作物种植结构改变的需要，传统灌溉技术将最终被淘汰。

其次，土地制度变化对傣族传统灌溉技术和管理的冲击。新中国成立

图 10-3　昔日的稻田现今已经改种香蕉（诸锡斌 2008 年摄于景洪县勐罕区）

图 10-4　西瓜种植已经成为主要的种植内容之一（诸锡斌 2008 年摄于景洪县勐罕区）

前，西双版纳傣族社会长期以来都是封建领主制度，不仅水是属于统治者的，土地更是属于封建领主的，傣族农民实质上并没有自己的土地，傣族传统灌溉技术也随之成为了封建领主控制农业生产的重要手段而得到了巩固和改进。这种情况直到新中国成立后才逐步得以改变，在通过实施和平协商土地改革、建立互助合作社等措施后，封建领主的土地所有制彻底崩溃，傣族人民有了自己的土地，生产积极性有了极大的提高。尽管土地所有制发生了根本性的转变，但是西双版纳地区傣族的作物种植仍然主要以水稻为主，尤其在“以粮为纲”的思想指导下，傣族传统的农业生产观念得到了进一步的强化，水稻的发展得到了强有力的保证，而与此相适应的傣族传统灌溉技术也在一定程度上充分发挥了自身的作用，并得到了农户的认可。随着“文化大革命”的结束和农村土地承包责任制的实施，傣族农民对于自己所承包土地使用权的应用更为灵活了，但这时毕竟还没有完全推行社会主义市场经济体制，傣族农民基本上还是通过自己的劳动，以种植水稻为主要生产内容，传统灌溉技术仍然发挥着它应有的作用。值得注意的是，随着改革开放的深化，傣族地区的农业种植由于实行了土地承包转让制度而发生了根本性的变化。大量掌握了先进种植技术和现代生产资料，尤其是掌握了现代优良作物种质资源和生产资本的人员开始进入西双版纳地区进行开发性生产。对于具有土地使用权但却缺乏先进农业生产技术和劳动资料的傣族农民来说，为了获取最大的经济效益，最有效的方法就是将自己所拥有的土地使用权转让给那些具有雄厚生产资本和掌握了先进生产技术的外来者，通过他们的开发而使当地的傣族和外来者双双获利。近年来，由于香蕉、花卉、西瓜等各种作物的经济效益十分突出，为了得到最大化的经济利益，傣族村寨的大量农户将自身的土地出让给外来者进行开发性生产，以致傣族传统的水稻种植面积逐步缩减，甚至有的村寨几乎不再进行水稻种植。图 10-5 是外来人员承包的香蕉种植地。这种现状导致了傣族传统灌溉技术无法适应这一新的迅速而巨大的变化。笔者考察了景洪的大量傣族村寨，几乎无法再找到具有傣族传统灌溉技术可以充分发挥作用的地方，即使至今还尚有个别使用传统灌溉技术的村寨，但也已经微乎其微了。土地使用权的变革成了彻底摧毁傣族传统灌溉技术的根本原因。

最后，农业劳动者的结构变化对傣族传统灌溉技术和管理的冲击。如果说市场经济是一个大舞台的话，那么支撑这一舞台的则是市场经济背后

图 10-5　由外来人员承包的香蕉种植地（诸锡斌 2008 年拍摄于景洪勐罕区曼景寨）

的经济规律。这一规律同样以其经济利益的最大化为原则无形地影响着社会每一个层面，也同样影响着西双版纳的农业生产，影响着农业劳动者的结构变化。在长期的历史进程中，傣族以自身相对于当地其他少数民族先进的生产力，推进了傣族社会和经济的发展，并且在与其他少数民族的共同发展中成为了这一地区相对先进的民族，其生活的区域往往演化为经济相对发达的区域。相对于山区和山区的少数民族来说，傣族更具备了发展商业和第二、第三产业的条件。由于目前水稻生产带来的经济效益没有从事商业和旅游业带来的经济效益好，加之水稻生产周期相对长，因而自从改革开放以来越来越多的傣族农民开始利用自身具有土地使用权的优势和傣族自身具有的地理、人文优势，走出村寨去开辟第二、第三产业。这既符合西双版纳经济发展的需要，也符合傣族自身的利益。尤其是西双版纳特有的自然和人文资源，十分有利于发展旅游业，受到国家和各级政府的支持。为此，开旅馆、开商铺、做生意已基本成为傣族目前一个新的生财之道和家庭经济的重要来源。丰厚的经济回报使它成为一块有力的吸铁石，促使不少傣族农民毅然脱离了农业生产，尤其是年轻的傣族农业劳动者越来越多地离开了土地，加入到这些行业中去。因此，一方面是本地的傣族农民在不断地演变成为第二、第三产业的劳动者，而另一方面则是那些具有雄厚生产资本和掌握了先进生产技术的外来者不断涌入傣族地区从事农业的生产。这种“交流”的后果，使傣族传统灌溉技术的延续越来越困难，毕竟外来者的文化背景和技术理念与傣族的传统文化和传统灌溉技术原理在很大程度上存在着差异，很难从根本上统一，并且随着深谙傣族传统灌溉技术的老一辈傣族“板闷”（管水员）不断离世，傣族传统灌溉技术将面临着消失的危险。

四、思想观念变化带来的困难

西双版纳地区曾经是一个为傣族传统文化和佛教意识深深浸透的边疆地区，田园诗话般的生活和美丽的自然风光一直吸引着人们。但是，在改革开放大潮的冲击下，傣族传统的自然经济最终还是被市场经济取代了。现实的生产和生活以及各种环境条件的改变，活生生地见证了社会存在决定社会意识的唯物主义观点。现今，西双版纳傣族的思想观念已经发生了明显变化，这些变化体现着社会进步，但同时也给傣族传统文化和传统灌溉技术的保护带来了更大的困难。

首先，商品意识对传统价值观念的冲击使传统灌溉技术的保留更为困难。恩格斯指出：“传统是一种巨大的阻力，是历史的惰性力，但是由于它只是消极的，所以一定要被摧毁。”[①] 现实存在的传统意识观念以及这种观念的产生和演化，总是依一定的社会环境为背景的，傣族传统意识观念的产生和演化也同样如此。傣族传统意识观念产生于特定封闭环境下的西双版纳农村公社经济，这种经济形态具有极其保守的自然经济特征。即使

① 恩格斯. 社会主义从空想到科学的发展（英文版导言）[M] // 马克思，恩格斯. 马克思恩格斯选集（第三卷）. 北京：人民出版社，1974：402.

是到了20世纪80年代，西双版纳地区的农业商品率也仅为16%，大大小于云南省的42%和全国的55%的水平。[①] 与此相一致，于这种特定社会环境下产生、发展和成熟的传统意识观念，也将是十分保守的。长期以来，西双版纳傣族把从事稻作生产看成是天经地义的正业，除此之外的其他行业都被看成是“低下”的行当。许多农民不仅以稻作为业，而且身兼银匠、金匠、商贩、歌手、巫医、屠夫等职业，使村社成为一个独立完善的社会组织、消费系统和一个具有极强封闭性的自给自足的“社会实体”。这种以农为本，排斥和抵制其他行业的思想，深深束缚和影响着傣族人民的思想。过去，经商的农民往往被拒之村社之外，甚至批评木匠说：“你有力气砍木头，没有力气种田？”[②] 显然，这种落后的传统意识观念与落后的社会制度密切结合，成为制约西双版纳社会和经济发展的瓶颈。列宁曾经指出：“工役制经济和同它有密切联系的宗法式农民经济，按其本质来说，是以保守的技术和陈旧的生产方式为基础的。在这种经济制度的内部结构中，没有任何引起技术改革的刺激因素；与此相反，经济上的闭关自守和与世隔绝，依附农民的穷苦贫困和逆来顺受，都排斥了进行革新的可能性。”[③] 而与傣族旧有社会制度和旧有生产方式相适应的西双版纳傣族传统灌溉技术之所以长期没有明显的变化并得以保存，与此不无内在联系。

然而，这种状况随着社会主义市场经济体制的建立而发生了根本性转变。现今，西双版纳傣族在对待日常的生活、行为和生产劳动等方面的态度都发生了变化，而导致这些变化的核心则是傣族价值观的转变。价值观是在人们的实践活动中产生的一种实践精神，左右着人们的思想和行为。价值观中最核心的问题是人怎样生活才是幸福的，以及怎样才

---

① 《云南少数民族前资本主义社会形态与社会主义现代化研究》课题组．云南多民族特色的社会主义现代化问题研究［M］．昆明：云南人民出版社，1986：280—281.

② 《傣族简史》编写组．傣族史简史［M］．昆明：云南人民出版社，1986：67.

③ 列宁．俄国资本主义的发展［M］//列宁．列宁全集（第三卷）．1984：195—196.

能实现幸福，这即为人的幸福观。[①] 由于市场经济首先肯定了个人的价值，激发了傣族的主动性和创造性，使经济利益凸显为核心利益和价值评判的主要标准，同时也体现出傣族追求幸福的价值观念的改变。显然，"优胜劣汰"的市场竞争法则越来越突出地代替了傣族于自然经济下所形成的传统观念及其满足于"与世隔绝"的田园诗画般的幸福观。市场经济使傣族自己有了更为广阔的活动空间，为个人能力和智慧的发挥创造了有利条件，凡是能够比较容易地、迅速地获得实际利益的活动越来越受到傣族的青睐，从而使越来越多的傣族开始离开农业生产而进入到非农的产业中去，以致曾经为傣族引以自豪的稻作农业也被具有高利润的商业贸易活动以及其他能够带来高回报的生产活动压得抬不起头来。由于市场经济及其市场经济思想的引导，形成于西双版纳传统稻作农业基础上的傣族传统思想观念不仅被现代的商业思想冲击得落花流水，而且即使现在仍然存在于老一辈思想中的传统稻作农业观念，也在这样的形势和时代条件下开始动摇和改变。面对社会主义市场经济大潮的冲击，要想使与传统稻作农业息息相关的傣族传统灌溉技术要得到延续和发展，将面临巨大的困难。

其次，汉文化和外来文化对傣族传统稻作文化的冲击。如前所述，产生于傣族传统稻作生产基础上的稻作文化是保证和维护傣族传统灌溉技术存在和发挥作用的重要因素。其实"文化是人类的生存方式，文化满足着人们不同的层次的需要。一些看上去不能够理解的文化样式，它们都是有其特定功能的。"[②] 在历史的长河中，不同的民族曾经创造了自身各不相同的文化，并发挥着各自特定的功能，傣族创造的稻作文化同样如此。但是，文化又是可以交流的，由于不同文化存在着先进与落后的差异，因而总是先进文化不断地"扬弃"落后文化而推进了人类文明的进步。显然，西双版纳傣族创立的稻作文化曾经有效地维护了与之相适应的水田农业生产，

① 翟学伟. 中国人的价值取向：类型、转型及其问题［J］. 南京大学学报（哲学人文社科版），1999（4）：118—126.

② 徐起中. 中国少数民族文化权益保障研究［M］. 北京：中央民族大学出版社，2009：7.

满足了相对封闭落后的傣族社会形态的需要。但是，随着社会实践的不断深化和社会形态的变迁，尤其是新中国成立后国家为了开发边疆和提高少数民族地区人民的生产、生活、文化水平，动员大批内地汉族不断前来支援西双版纳建设，开辟了橡胶园，建起了农场，使这些地区无论是经济建设、医疗卫生还是教育等各个方面都有了明显的改进。大批汉族到来的同时，也带来了先进的科学技术和文化。斗转星移，经过几十年的民族融合以及或公开或潜移默化的文化交流，尤其是随着教育事业在西双版纳的迅猛发展，一批批培养出来的傣族学生，在熟悉自己民族文化的同时，也充分接受了以汉族为主要代表的先进文化，使傣族能够更为客观地用理性的眼光来审视自身的传统文化。特别是改革开放以来，内地和海外的人员越来越多地来到具有旅游优势的西双版纳，推动了更为宽泛的文化交流和新思想观念在西双版纳的传播。由于外来的新的先进文化更符合社会发展的趋势，更符合傣族的生产、生活和精神生活的需求，从而迫使傣族传统的稻作文化的影响力不断下降，以致造成支撑傣族传统灌溉技术的稻作文化无法如过去那样充分发挥出其特定的功能来，导致傣族传统灌溉技术的应用越来越失去了自身的文化底蕴。

再者，科学理性对傣族宗教活动的冲击。西双版纳傣族普遍信仰原始宗教和信奉南传上坐部佛教（俗称小乘佛教）。在漫长的历史进程中，这两种性质不同的宗教，不仅没有在“争斗”中消亡，反而实现了“和平共处”。如前所述，长期以来，傣族传统灌溉技术的应用与傣族传统的农业生产一样，正是利用傣族原始宗教和佛教的影响，以宗教的方式来进行组织和推行的，离开了宗教的权威，传统灌溉技术的应用也就缺失了其内在的权威性。但是，正如恩格斯所说的“宗教是在最原始的时代从人们关于自己本身的自然和周围的外部自然的错误的、最原始的观念中产生的。”[1]宗教作为世界的解释最终不能替代科学的理性认识，毕竟科学所揭示的客观规律对于改造世界的力量是无法抗拒的。随着西双版纳地区社会的进步，

① 恩格斯. 路德维希·费尔巴哈和德国古典哲学的终结［M］// 马克思，恩格斯. 马克思恩格斯选集（第四卷）. 北京：人民出版社，1972：250.

科学知识开始越来越多地为傣族群众接受，尤其是为解放后的傣族群众接受。因而在农业生产和傣族日常生活中，科学理性得到了傣族社会的认可，毕竟各类现代科技图书、科学的生活用品和越来越多的科技产品充斥了西双版纳傣族社会的各个角落。事实表明，及至20世纪50年代初，傣族种田仍是不上粪的，不施肥料已成为其农业生产的习惯，他们种的田被人们戏称为“卫生田”。因为在傣族旧有的观念中，庄稼种来是给人吃的，如果把粪施到田里，庄稼把粪肥吸收进去，人再收获来食用，粪就会进入人体，是十分龌龊、肮脏和对人的健康不利的。但是，随着人们科学认识水平的不断提高，现今傣族种田不仅施肥，而且对于化肥的使用也十分熟悉。傣族村寨的各家各户基本上都有了电视机，有的还用上了拖拉机和汽车。即使出家到佛寺学习佛教文化的年轻和尚，也骑上了摩托车（图10-6），这些现象，在西双版纳的景洪市，已是司空见惯的了。实际上，过去傣族对原始宗教和南传上坐部佛教的信仰，在西双版纳走出封闭时代而与现代社会接轨之后，就已开始发生了变化。在科学理性的“逼迫”下，西双版纳宗教的功能更多的是从伦理道德的层面来影响傣族的行为方式，并以此来巩固和稳定傣族的心理需求和满足本民族的情感需要，至于那种虔诚地按照宗教需要来安排和从事农业生产的观念和行为，今天已十分淡漠了，毕竟与傣族实际生活息息相关的农业生产本身就是对客观规律实实在在的应用，科学知识一旦为傣族接受，宗教对于现实灌溉技术的影响和作用也就越来越弱化，甚至失去了原有的力量。即使现今存留下来的傣族传统灌溉技术，尽管在某些形式上还遗留有宗教的痕迹，甚至在20世纪50年代还保留有传统灌渠的开水仪式，但随着时代的进步，其本质上已经摆脱了宗教的控制和人们对宗教的绝对服从，只不过是在形式上沿袭傣族佛文化的传统，而以经验技术的操作方式来满足稻作生产的需要罢了。正是由于生产力的进步和傣族广大群众科学素质的不断提高，尽管佛教文化对于西双版纳社会的生产和生活仍然发挥着重要的影响，尤其是还深深地印刻于傣族群众的日常意识和行为之中，但是在现今这样一个科学技术高度发达的社会，要想通过宗教的力量来从根本上实质性地延续傣族传统灌溉技术已

图 10-6　小和尚也骑上了摩托车

图片来源：http://qcyn.sina.com.cn/travel/jxyn/2010/1113/15041015015.html.

不再现实。

最后，现实对传统灌溉技术的漠视。西双版纳傣族传统灌溉技术既是傣族传统文化的一个部分，也是傣族实际应用并延续至今的一项传统实用技术。当西双版纳傣族社会融入了现代社会之后，在市场经济、主流文化和现代科学技术的强大冲击下，傣族的社会意识和观念发生了嬗变，对于可以带来较好经济效益的活动得到了更多的关注，而与农业生产相关的傣族的传统技术，由于其自身具有的局限性而日趋受到了冷落。一方面，国家和政府以不同的方式和方法在西双版纳地区深入持久地宣传和普及现代科学知识、推广实用技术，学科学、用科学的局面已蔚然成风，形成了强大的舆论氛围，加之各类不同层次学校的培训，科学所具有的优越性已逐步深入人心，成为主导的社会意识。面对效益相对好的现代灌溉技术，更多的年轻傣族管水员更愿意接受现代灌溉技术而不愿承继传统灌溉技术，并且这种思想往往得到了相关基层领导的认可，从而忽视了对传统灌溉技术传人的培养，出现了严重后续乏人的局面。尽管目前国家已经高度重视对各种文化遗产的保护，并相应出台了一系列的政策，但是由于基层领导和傣族自身缺乏对自身传统技术和文化的保护意识，致使傣族传统灌溉技术被不断弱化。如果这种状况继续发展下去，随着熟悉傣族传统灌溉技术的人员不断消亡，这一传统技术将有可能最终消失。另一方面，傣族传统灌溉技术的实施，涉及的因素较多，从森林生态的状况到最终的水量分配都必须进行考虑，牵扯面大而操作相对繁琐、细致，与用水泥建筑起来的“三面光”的现代水渠相比，使用起来不仅没有现代水渠牢固、可靠、持久、高效，而且操作相对复杂，收效较小。因而傣族将更大的希望寄托于现代灌溉技术的发展和落实。这种不思对传统灌溉技术进行改进和不重视传统灌溉技术的现状，导致了对传统灌溉技术所涉及的某些灌溉设施的损坏。例如，在实际考察过程中可以看到，一直沿用传统灌溉技术的创业大沟灌区，20 世纪 80 年代末，创业大沟渠堤的宽度尚有 2—3 米，完全可以行走小推车，现今却连单人行走都困难了，而埋置于沟底的“南木多”也已多年没有更换，参见图 10-7；景洪县嘎洒区的沟渠两侧已是蓬草丛生（图 10-8）。况且在灌溉管理上也更显得十分松散，缺乏严格按照传统灌溉技术进行管理的制度，村寨的基层领导人不仅不熟悉传统灌溉技术和传统灌溉管理，

图 10-7　堤下的“南木多”已经久未修理了
（诸锡斌 2008 年摄于景洪县曼列寨）

图 10-8　沟渠两侧已经蓬草丛生
（诸锡斌 1988 年摄于景洪县嘎洒区）

即使具体的水利灌溉管理人员也对传统灌溉技术和传统灌溉管理不予理睬。不重视传统灌溉技术和传统灌溉管理人员的培养和相关领导成员意识上轻视、排斥传统灌溉技术和传统灌溉管理的客观现实以及整个傣族社会在不断强化现代科学技术的普及，推崇科学理性意识的同时，无意中忽略了对傣族传统技术的保护，诸如此类多方面的因素相互促进，相互推动，使傣族传统灌溉技术的保护与开发显得十分困难。

五、生态破坏带来的困难

西双版纳傣族传统灌溉技术是于特定的自然环境条件下形成的，它的存在有赖于西双版纳得天独厚的自然环境。这里有繁茂的热带雨林，使山林涵养的水分比较充分，为傣族传统灌溉技术的长期应用提供了优越的条件，成为保证西双版纳稻作农业顺利进行的基本前提。但是，随着西双版纳经济建设的迅速发展，人口的不断增加，森林覆盖率尽管经过艰苦努力，到“2005 年，全州森林覆盖率上升到 67.7%（含橡胶林、茶园、药园、果园、灌木等）”。[1] 但是，这种包括了经济林木在内的森林覆盖率却是十分脆弱的。与过去相比，山林保水能力已经明显下降了，农业生产更多的是依赖于水库的蓄水，傣族传统灌溉技术所依赖的原始水源发生了明显变化，这给傣族传统灌溉技术的应用带来了新的问题。

首先，现代水利工程建设导致传统灌溉水源的困难。现代水利工程是农业灌溉的基本设施和物质基础。但是，以水电站和水库建设为主要内容的工程建设，往往是以砍伐森林、修筑公路为代价的。20 世纪 50 年代以前，西双版纳州除了天然形成的大型坝塘外，没有人工修建的水库。从 1958 年开始，通过大兴水利工程建设，建设起了勐海县的勐邦水库、曼满水库、拉达勐水库；景洪县（市）的曼飞龙水库；勐腊县的曼旦水库，以及目前仍在建设的勐腊县大沙坝水库几个中型水库。“到 2005 年，全州已建成中

① 《西双版纳傣族自治州概况》修订本编写组. 西双版纳傣族自治州概况［M］. 北京：民族出版社，2008：161.

小型水库 177 座，总容量为 24595 万立方米。有效灌溉面积 66.41 万亩，其中旱涝保收面积 38.85 万亩。”[①] 至于水电站的建设，1958 年以前西双版纳州没有水电站，是年第一座水电站才在景洪开始建设。“到 1993 年，全州有水电站 53 座，装机容量 61003 千瓦，年发电量 16048.01 万千瓦小时，这些水电站除个别为坝后式电站外，其余均为径流式无调节电站，枯水期因水源小而发电量严重不足，峰谷悬殊。”[②] 这充分说明，水库和水电站的建设，从根本上改变了过去灌溉水源的状况，由于水库和水电站基本上控制了灌溉水源，致使农业灌溉用水成为了利益链条的末端。尽管水库和水电站增加了人类控制灌溉用水的主动权，但是也带来了副作用。一方面，由于修建水库和水电站大量砍伐了水源林，使上游的水土保持能力明显减弱，导致水库的蓄水能力下降。为了解决这一矛盾，又进行新的引水工程建设，如此恶性循环，灌溉水源受到了严重破坏。例如，景洪的曼飞龙水库“第一期外流引水工程竣工不到 3 年，至 1993 年 1 立方米 / 秒的引流量减为 0.7 立方米 / 秒，为了解决供水矛盾，又开始第二期外流引水入库工程，即引南达纠河水注入第一期工程，引两河之水注入曼飞龙水库。第二期引水工程竣工，旧剧又重演，恶性又循环”。[③] 以致一位市水电局的副局长怀着沉重的心情忧虑地说：“曼飞龙水库已无第三期工程可引水了，如此下去，不需要 20 年，景洪 2 万亩水田，唯一的中型水库将报废。”[④] 由此可以看出，现代水利工程建设对于生态破坏的后果是十分严重的。另一方面，水电站的建设，不仅与水库建设一样对森林生态的破坏十分明显，而且在农业生产中，插秧季节最需要灌溉水的时候，也是水电站发电最艰难的枯水季节，为了保证发电的效益，也必然与农业生产发生矛盾，致使农

① 《西双版纳傣族自治州概况》修订本编写组．西双版纳傣族自治州概况［M］．北京：民族出版社，2008：170—171.

② 《西双版纳傣族自治州概况》修订本编写组．西双版纳傣族自治州概况［M］．北京：民族出版社，2008：204.

③ 高立士．西双版纳傣族传统灌溉与环保研究［M］．昆明：云南民族出版社，1999：239.

④ 高立士．西双版纳傣族传统灌溉与环保研究［M］．昆明：云南民族出版社，1999：240.

业生产必需的灌溉水受到掣肘。水库和水电站建设所造成的森林生态的破坏以及对水源资源的优先占有权，无疑都会给傣族传统灌溉技术的应用带来消极的影响。

其次，橡胶林种植面积的盲目扩大导致森林生态蓄水能力下降。西双版纳是仅次于海南岛的我国第二个天然橡胶基地。由于橡胶是一种极其重要的战略物资，近年来，天然橡胶的价格持续上涨，受经济利益的驱使，西双版纳的各族农民和来自不同领域的群众纷纷自发种植橡胶，不但将薪炭林砍伐后改种橡胶（图 10-9），甚至将政府划定的轮歇地里的树也砍到，将其改种为橡胶树。更有甚者，公开把地方国有林当做“荒山荒地”出让给外地商人。于是，大片大片的自然森林被毁于一旦。疯狂的橡胶种植浪潮在给西双版纳傣族带来短期丰厚经济利益的同时，也严重地破坏了西双版纳的森林生态。目前，西双版纳橡胶种植区域已经达到了海拔 1000—1200 米，大大超过了西双版纳适宜种植橡胶的海拔 900 米的高度极限。这

图 10-9　勐罕区现今一些村寨将薪炭林砍伐后改种橡胶实况（诸锡斌 2008 年摄于勐罕区）

样，在原有的原始生态面积大幅度缩小的同时，森林的质量和生态的质量也比过去明显下降了。① 值得注意的是，由于橡胶树的吸水和蒸腾能力特别强，当地老百姓反映，橡胶树种到哪里，哪里的溪水就断流，原有的生态就将面临严重的威胁。加之在森林覆盖率的统计中是包含了橡胶、茶叶、水果、咖啡等经济林木的，仅从统计数字来看，很难客观反映西双版纳的生态的状况，从而更突出了现今西双版纳森林生态对于水土保持具有的局限性。例如，2005 年的统计表明，在全州森林覆盖率达到 67.7%的数据中，就包含了橡胶、茶叶、水果、咖啡等经济林木共计 331.3 万余亩，而这些经济作物、药材、水果的种植需要“有一定的株距、行距，而且是单一的一种作物，这种森林覆盖率根本无法与森林中的自然群落相提并论”。② 这就清楚地表明，当前西双版纳森林生态的保水功能相较过去是趋于减弱的，这将严重地影响农业灌溉的水源，对于傣族传统灌溉技术的应用来说，更是一个十分严峻的现实。

再者，人口的增加给森林生态带来压力。新中国成立初期西双版纳人口相对稀少，据 1953 年建州时的统计，“全州只有 23 万人，人口密度为每平方千米 11.9 人。”③ 但是，随着外来人口的不断迁入和国家对于边疆少数民族特殊生育政策的实施，至 2000 年时，根据国家第五次人口普查的统计，“全州总人口 993391 人（常住人口 853551 人）。…… 全州人口密度为每平方千米 52 人，人口自然增长率为 11.01‰。”④ 在半个世纪的时间内，随着国家对西双版纳支援的力度不断加大，以及人们对西双版纳认识的加深，前往西双版纳的人数不断增加，以致人口增加了 4—5 倍。新中国成立后西双版纳人口总量变化见表 10-2。

---

① 《西双版纳傣族自治州概况》修订本编写组. 西双版纳傣族自治州概况 [M]. 北京：民族出版社，2008：411.

② 同①。

③ 高立士. 西双版纳傣族传统灌溉与环保研究 [M]. 昆明：云南民族出版社，1999：237.

④ 《西双版纳傣族自治州概况》修订本编写组. 西双版纳傣族自治州概况 [M]. 北京：民族出版社，2008：15—16.

表 10-2　新中国成立后西双版纳人口总量变化

项　目	1953 年	1960 年	1970 年	1982 年	1990 年	1995 年	2000 年
总人口（人）	227853	311054	480005	646445	796352	817000	993391
人口密度（人 / km^2）	12	16	25	34	42		52

资料来源：①郭家骥．西双版纳傣族的稻作文化研究［M］．昆明：云南大学出版社，1998：139；②《西双版纳傣族自治州概况》修订本编写组．西双版纳傣族自治州概况［M］．北京：民族出版社，2008：15—16.

由于西双版纳的生存空间是有限的，为了获得人口不断增加所需要的各种生活资料，尤其是要解决基本的温饱问题，就必须不断开垦新的耕地，以求得基本生存条件。然而，傣族世代居住的平坝地区已经没有可以扩耕的可能，唯一的出路就只有“向荒山要粮，向荒山要地”。这种情况在西双版纳地区已成为越来越突出的矛盾，甚至发展到向受到国家严格保护的自然保护区开刀的恶劣程度，“逐渐蚕食保护区，使保护区的生态保护受到威胁。”① 此外，受经济利益的驱使，一些群众的生态保护意识不强，只顾眼前利益，往往把自己承包的山地出让或出租给外来的商人，任其乱砍滥伐，更加剧了对生态的破坏。加之西双版纳工业及其他行业的迅速发展，以及慕名前来西双版纳旅游的人员有增无减，更加剧了森林生态空间与生产空间和生活空间的矛盾。人口的迅速增加和工业等行业的快速发展，进一步造成了需水的矛盾。在这样的情况下，傣族传统灌溉技术已不可能再回到过去自然经济的状态，现代社会的到来，使傣族传统灌溉技术的应用面临着越来越无法克服的困难。

最后，利益驱动下的观念和心理变化加剧了生态破坏的进程。我国改革开放以来，农村实行家庭承包经营，村民个体力量及其欲望得到释放。一方面，这种“释放”也包括一种对自然和对社会关系的心理释放，譬如对垄林敬畏的消弭和个人私欲的膨胀。由于以工程水库为标志的现代水利技术在思想和文化层面反映的是把自然界动、植物都变成可资利用的对象，

① 《西双版纳傣族自治州概况》修订本编写组．西双版纳傣族自治州概况［M］．北京：民族出版社，2008：411.

也即现代水利技术打破了傣族民众对自然界和森林的传统敬畏和禁忌，把自然界和森林作为人认识和改造对象。在这样的情势下，原来为傣族所敬畏和禁忌的“垄林”的破坏、消失就不可避免。另一方面，在现实体制下，家庭承包经营的推行，不可避免地一定程度上使以村寨为单位的集体力量被弱化，特别是村寨作为群体社会力量对村民个体行为的约束乏力，一些破坏当前水利行为以及用水过程中出现的矛盾很难得到及时处理，况且其处理方式也由于现代法治中存在的不足而很难有实效。农民很多行为是大法不犯，小错不断，依靠现代法治很难给予有效惩处。缺乏乡村有效力量的约束，在当前市场经济的环境中，民众以短期利益和个人乃至小团体利益为上的观念和心理的形成，进一步加剧了对生态的破坏，这是一个值得关注的重要方面。

第三节 保护与开发傣族传统灌溉技术的建议

西双版纳傣族传统灌溉技术是傣族人民于漫长的生产实践中发明创造的优秀传统技术。但是，在现代化浪潮和社会主义市场经济大潮的猛烈冲击下，这一在汉族历史文献中几乎不见，而在傣文献中也寥寥无几，却在现今西双版纳个别村寨仍然存在和应用的技术，已被“逼迫”得奄奄一息，面临消失的境地。更让人们遗憾的是，这一傣族宝贵的优秀文化遗产和优秀的传统灌溉技术却没有引起各方面的高度关注。它作为傣族优秀文明的组成部分和具备了明显的非物质文化遗产特点的传统技术，理应成为中华民族文明的一个组成部分而得到充分的保护和利用。至于与傣族传统灌溉技术联系在一起的水利灌溉制度，从起源上说它是水利技术运行中产生的“自发的秩序”，理应成为水利技术体系的重要组成部分。它由一系列技术环节、技术过程构成，这些技术环节、技术过程之间有着内在的逻辑联系，是一个完整的系统[1]，它与传统水利灌溉管理技术互为前提和条件，相互依赖，相互作用，结合为一个有机的整体，从而也应得到保护和利用。

① 李伯川. 西双版纳地区水利灌溉技术体系研究［J］. 古今农业，2008（3）：43—49.

一、积极申报相关文化遗产保护

西双版纳傣族传统灌溉技术是傣族优秀文明的组成部分。如前所述，根据联合国《保护非物质文化遗产公约》和我国国务院办公厅公布的《关于加强我国非物质文化遗产保护工作的意见》等相关文件所列具的原则、条款和标准，这一传统灌溉技术具备了非物质文化遗产的性质、内容和特征，理应积极抢救，并努力将其申报为相关的非物质文化遗产，使之得到保护。按照非物质文化遗产保护申报应具备的基本条件，必须认真做好以下相关的主要工作。

首先，全面普查和收集整理资料。普查是抢救和保护非物质文化遗产的基础性工作，也是提出抢救和保护非物质文化遗产方案和制定科学决策的必备条件。尽管目前的研究已经掌握了傣族传统灌溉技术的基本原理，但是对于这一传统技术应用范围的大小，具体使用情况的差异以及与之相关的具体细节，都存在着大量工作需要做，尤其是现今熟悉这一传统技术的老一辈人员大多数已经去世，能够提供具体技术应用细节的人已经为数不多，在这种情况下，这一工作更具有抢救的性质。为此有必要将这一工作纳入到西双版纳地方政府具体的日常工作中来，以对民族文化和国家负责的态度，组成相应的调查组，开展全面普查工作，以便于摸清西双版纳傣族传统灌溉技术的发展历史和现今的具体情况。

其次，建立完整的资料数据库。在开展普查的工程中，应以科学和唯物主义的观点来正确对待傣族传统灌溉技术，认真听取群众意见，防止主观主义和不切实际的臆想。普查应根据需要按照普查准备、实地考察、总结评估 3 个阶段进行，使普查所得到的结果具有全面性、代表性、真实性。无论是在哪一个阶段，尤其在实地调查阶段，无论是村寨走访、开会座谈、个人采访、摄影、录像、资料收集、实物采集等，都需要按照普查要求进行登记，“登记的项目，既要有文本实物的名称、内容简介、类别等，也应有讲述者、表演者、提供者的背景材料（姓名、性别、年龄、民族、身份、文化程度、简历、传承系脉、居住地等），还要有采访者（姓名、身份、工作单位、文化程度、联系地址等）及采录的时间、地点。”[①] 在完成了这些工作的基础上，应进一步分析整理，按照普查计划和调查提纲形成完整的书面材料。

再者，尽快确定傣族传统灌溉技术的传承人，并将其纳入地方政府的保护范围。按照联合国教科文组织开展的建立“人类口头和非物质文化遗产代表作”名录和《关于建立“人类活珍宝”制度的指导性意见》，对于濒危的非物质文化遗产有必要进行重点保护，其中，特别强调应将熟悉特定非物质文化遗产的继承人纳入“人类活珍宝”的范围，为他们创造良好的生活和工作条件以及创作条件，并进行档案登记、数字化存录和建立图文影像数据库，还要组织专家对传承人进行采访、评估、总结，安排他们培养接班人，以促使其技艺能够顺利传承。根据这一原则，西双版纳各级政府应进一步解放思想，按照我国非物质文化遗产保护的有关条例，在对熟悉傣族传统灌溉技术的老一辈“板闷”进行文化抢救性记录的同时，尽快确定与之相应的传承人，并将其纳入地方政府的保护范围，尽可能地为他们创造必要的工作和生活条件，以促使傣族传统灌溉技术能够在今天市场经济条件下得以不断延续。

最后，加强对傣族传统灌溉技术这一文化遗产开发的管理和知识产权的保护。傣族传统灌溉技术作为一种文化遗产具有开发的价值，尤其西双版纳是我国的重要旅游景点，如果将其作为旅游资源进行开发利用是完全做得到的。但是，在进行旅游资源开发的过程中，应避免将这一文化遗产庸俗化的倾向。现今，许多利用民族文化来进行旅游开发的做法，注重商业价值而扭曲了原本的文化本性，与非物质文化遗产保护的出发点相违背。因此，在开发利用傣族传统灌溉技术这一传统文化资源的时候，应加强管理，避免将其庸俗化。此外，在目前知识经济已经到来的形势下，知识产权越来越成为竞争的制高点，保护知识产权就是保护民族的根本利益，也

① 王文章. 非物质文化遗产概论［M］. 北京：文化艺术出版社，2006：378—379.

是保护人权和国家的主权。现今，我国还没有完备的非物质文化遗产知识产权制度，因而对于传统技艺应注意保密，一些重要的非物质文化遗产资料和相关的著作，也应注意适当限制其出口海外。而这些也是傣族传统灌溉技术作为非物质文化遗产进行保护和开发时应该注意的。

傣族传统灌溉技术既然符合非物质文化遗产保护范畴，就应该不失时机地进行抢救，其所具有的价值不仅是文化方面的，而且也是西双版纳傣族发展自己经济和提高该地区品味的利器。任何对民族和国家负责的人，都会愿意积极促成傣族传统灌溉技术申报非物质文化遗产，并期盼这一愿望能够实现。

二、因地制宜地以多种方式实施保护与开发

西双版纳传统灌溉技术长期以来在稻作种植区广泛应用，尽管这一技术的基本原理相同，但是由于不同地区自然条件存在差异，在应用中也将出现不同的情况。因此，从实际出发，因地制宜地形成不同的保护与开发模式，是有效保护和开发西双版纳傣族传统灌溉技术需要考虑的内容。

首先，以国家投入为主的保护方式。目前，随着整个人类社会现代化进程的加速，人类可以享受越来越充裕物质生活的同时，文化标准化的趋势也越来越明显。它以前所未有的速度消解着不同文化之间的差异，使传统文化中的各类具体器物、思想、艺术、习俗等方面的差异迅速消失。但是，体现特定民族的传统文化的消失，也就意味着特定民族个性、民族特征的消亡。因此，保护不同民族的传统文化，维护世界文化的多样性，已成为国际上普遍关注的问题。我国政府高度重视对于传统文化的保护，胡锦涛主席在致联合国教科文组织第28届世界遗产委员会的贺信中指出：“加强世界遗产保护已成为国际社会刻不容缓的任务。这是历史赋予我们的崇高责任，也是实现人类文明延续和可持续发展的必然要求。”[①] 西双版纳傣

① 转引自王文章．非物质文化遗产概论［M］．北京：文化艺术出版社，2006：22.

族传统灌溉技术是傣族人民智慧的结晶，具有非物质文化遗产的属性。就西双版纳地区傣族传统灌溉技术的整体情况而言，如果将其申报为非物质文化遗产，也就可以顺理成章地由国家和地方政府，按照统一的非物质文化遗产保护的规则和程序来进行保护。2005 年 12 月，国务院颁发了《关于加强文化遗产保护工作的通知》，这是我国最高行政机关发布的权威性指导意见。根据这一通知精神，保护的指导方针是："保护为主、抢救第一、合理利用、传承发展"；保护工作的原则是："政府主导、社会参与、明确职责、形成合力、长远规划、分步实施、点面结合、讲求突破。"西双版纳地方政府理应审时度势，在确实领会和贯彻国务院这一通知精神的同时，认真组织实施对傣族传统文化中非物质文化遗产的保护，并借此东风，通过制定相关的地方性法规来保障和促进对傣族传统灌溉技术的保护与开发。

其次，以影像、图书为主的保护方式。现今，现代工业的迅速发展、现代交通的拓展和延伸、农村人口不断向城市的迁徙、旅游业的持续高涨等客观事实，强有力地"扫荡"着传统文化，也无情地消灭着西双版纳傣族传统灌溉技术。不可否认的事实是，尽管人们在尽力抢救濒危的传统文化和传统技术，但是时代的车轮并不会因为传统的存在而停止，以致无论自然地理的原貌、思想意识的"原型"、传统习俗的顽固性，都会在社会的进步中越来越"现代化"，使旧有的事物不断消失。为了保留住那些体现着特定民族优秀传统和文化的精髓，应用现代的音像等媒体手段，以及有效的图书等形式来记载和传递传统文化和传统技术，不失为一条有效的途径。然而，遗憾的是，现今关于傣族传统灌溉技术的图书资料尽管有一些，但毕竟大多为研究专项的成果，系统而全面地展示这一具有深刻内涵的成果尚未面世，而关于傣族传统灌溉技术的影像资料就一直没有出现。一方面，说明对这一领域的研究存在着缺欠，另一方面也表明开展这一抢救性质的工作已经刻不容缓了。一是采用图书资料的形式来进行保存，这种保存方式具有稳定、可靠、持久的特点，尤其是图书资料可以将现今已经不存的实物和事件借助逻辑的力量将其再现出来，从而使逻辑的完整性、系统性、全面性都可以突出出来，是进行保护时应给以重视的方式；二是以现代音像等媒体的保存方式，这种方式具有更为直观的特点。由于其可以逼真、直观、鲜活地记录和再现傣族传统灌溉技术的原貌，并且易于保存和传播，从而更能够为人们接受，也是进行保护的有效方法和手段。当然，图书的形式不可能如影像等媒体那样直观，而影像等媒体的制作又大多局限于现今存在的保护对象，所以两者各有自身的优点与缺陷。因此，应充分认识这两种保存方式的优缺点，注意发挥二者的优势，并将这两种保存方式尽量地结合起来，使图书包含着影像，影像内含着图书。只要做到充分发挥二者的优势，就可以将傣族传统灌溉技术这一保护对象的客观性、完整性、全面性、鲜活性体现出来，并长久的保存下去。

最后，以当地村寨自发为主的实地保护方式。现存于西双版纳的傣族传统灌溉技术，尽管已经濒临消亡，但现实中，一些相对边远和不发达的傣族村寨中仍在应用。20 世纪 80 年代，笔者还曾经在景洪县的嘎洒区实地看到这一技术的运用，并对此进行过调查。但随着景洪改革开放力度的加大，以及市场经济在景洪的全面推广，目前这一传统灌溉技术已经于嘎洒区销声匿迹，但是却仍在创业大沟灌区的一些村寨中部分应用，以至于今天能够进一步对其进行跟踪调查。从这一实际出发，完全有可能通过一定的政策扶持，由当地村寨自发地进行保护和开发。例如，对创业大沟灌区 7 个村寨的 31 名傣族村民对使用传统灌溉技术是否会发生争水情况的调查（表 10-3）表明，傣族群众对传统灌溉技术的应用不仅表达着一定的民族情感，而且对于其在分配灌溉水的有效性方面是基本肯定的。

表 10-3　村民对使用传统灌溉技术是否会发生争水情况的调查

项　目	会	不会	很少出现	不知道
总计（人）	4	20	6	1
百分比（%）	12.90	64.51	19.35	3.23

从表 10-3 不难看出，合理进行灌溉水的分配是一个十分敏感而又关键的环节，毕竟这关系到不同傣族村寨农业生产的实际利益，关系到村民

之间的和谐，也是将有限的水资源进行最有效利用的实际检验。实际调查结果表明，被调查的31人中，有4人认为用传统方法分水会出现争水情况，占12.90%，但未具体说明争水的原因；有20人认为不会出现争水情况，占64.52%，并表示，即使出现争水的情况，也可由政府出面解决，从而不存在用水矛盾；有6人认为很少会出现争水情况，占19.35%，并强调，争水较多发生在沟渠下游村寨与沟渠上游村寨之间；有1人对是否会出现争水现象表示不知道，占3.23%。实际分析可以看出，发生争水表面上是用水的供需矛盾，而实际并非如此。在传统灌溉技术的应用中，分水合理与否最关键的是“根多”、“南木多”的配合使用是否有效，如果能够很好地按照传统分水规则进行灌水分配，就可以很好地避免争水情况的出现。而现今，很多傣族村寨仅依赖历史时期遗留下来的沟渠引水，对于分水器的量水、配水功能不予重视，简单地以不同规格的管子分水，甚至直接断开沟渠引水，极大地影响了下游村寨的用水。因此，未按照传统分水技术规则进行分水，忽视分水器在傣族传统灌溉中的合理应用是出现争水现象的根源之一。为此，对于那些现今还相对困难，现代化沟渠尚未修建的村寨，通过地方政府的疏导，是完全有可能由当地村寨以自主的方式来进行实地运用和保护的。

三、将傣族传统灌溉技术改造为实用技术以达到保护的目的

西双版纳傣族传统灌溉技术作为傣族优秀传统文化中的一个组成部分，既是十分珍贵的文化遗产，同时也是一项现今还在西双版纳部分地区实际应用的灌溉技术。由于这一传统灌溉技术既具有自身的合理性，又具有自身存在的不可克服的缺陷。因此，从技术的层面将其改造为适合于现今农业灌溉要求的实用技术，并将其推广使用，也不失为一种通过开发来达到保护的途径。

首先，充分发掘傣族传统灌溉技术原理，并以现代灌溉技术的要求对其进行改造。如前所述，西双版纳傣族灌溉技术的应用，涉及沟渠修理的各个技术环节以及沟渠检验技术的运用；分水器中“根多”的制作、“南木多”的制作和埋置的技术及其程序；至于灌溉水的分配同样也需要十分精细的技术环节。一句话，傣族传统灌溉技术是一个庞大而严密的体系，各项具体技术环环相扣，但其中最核心的技术原理，是有压涵管式的分水和输水原理，由于这种输水和分水可以减少水分的蒸发和渗透，并且由于是在水渠的底部安置分水涵管进行分水，从而渠水的压力将提高这种输水的效率，这种输水和分水原理是较好的，也符合现代灌溉技术的要求。因此，认真发掘、推敲和分析这一传统技术内含的客观规律，通过科学的计算和试验检验，形成科学的认识，并且进一步在认识傣族传统灌溉技术原理的基础上，将这一传统技术的原理与现代规范的科学设计结合起来，把傣族传统灌溉技术丰富的经验性应用置于科学理性的审视之下，完全有可能设计出具有民族特色而又不失其高效灌溉功能的设施。由于新设计的灌溉设施采用的是傣族传统灌溉技术的基本原理，从而即使外在的技术形式变了，但对已习惯了这一传统灌溉技术的傣族群众来说，仍然是容易接受的。例如，如果仍然以“根多”和“南木多”的内在原理来进行科学的分水和输水，并且从现今的生产实际出发，依据不同作物种类的需水情况来改进分水量的大小，调整分水的时段，控制灌溉时间，提高灌溉效率，则这种改进后的灌溉技术，既可以较好地保持住傣族传统灌溉技术的核心原理和特定的傣族文化特色，又可以达到高效灌溉的目的，同时还适应了傣族特定的民族心理和传统习俗，理应成为可行的措施。

其次，以现代灌溉材料替换传统灌溉材料。长期以来，西双版纳传统灌溉技术应用的具体物质材料，几乎全部来自于自然界。例如，分水用的“根多”器具是用西双版纳特有的“黑心树”来制作，而所制造的输水涵管兼分水涵管的“南木多”，则就地取材，利用当地丰富的竹筒制成。尽管这些制作材料经济、实惠，成本低、取材方便，但由于木制的“根多”器具的坚固性和耐腐性不够，尤其是用竹筒制作的输水管兼分水管道的“南木多”不但容易腐坏，而且一旦破损，则渗透到“南木多”竹管外的水将对渠堤缓慢侵蚀，使渠堤土基松软、渗水，严重时甚至造成渠堤的垮塌。因此，采用现代建筑材料来进行替代，是克服这些缺陷的必由之路。例如，对于尚未修建“三面光”的现代灌渠的传统土渠来说，如果按照傣族传统灌溉技术的要求，采用现代管道材料来取代竹制的“南木多”，制作时采取有效的现代工艺，将“南木多”的分水孔径制作成与“根多”灌水分配量级对应的、可以更换的活动出水孔，之后，再按照傣族传统灌溉技术的要求在灌渠底部 1/3 处的渠堤下，用砖块和水泥对分水口进行彻砌，使之牢固、可靠，并且将制作好的“南木多”固定于用砖块和水泥砌的分水口处，预计这种改进后的分水设施不仅可以相对精细的进行灌溉水的分配，而且提高了分配灌溉水的灵活性，也便于“板闷”（管水员）进行管理。由于这种改进不需要太多的投入，而且符合傣族传统的管理理念和心理特征，并且保持了傣族传统灌溉技术技术的基本原理，其实效性是显而易见的。

再者，改进傣族传统分水技术的同时，需要进一步完善管理制度。傣族传统灌溉技术的应用需要通过灌溉制度来保证，尽管传统灌溉制度在运用中有其优点和合理性，但在现今的实际管理中却存在着许多不足，以致这一传统灌溉技术的效益未能得到充分体现。其中，灌溉沟渠管理与维护成本的大小，也即使用的费用情况，往往是决定这一技术能否在实际中得到群众认可和自觉推行的重要因素（表 10-4）。实际调查也表明，管理中存在的问题是制约傣族传统灌溉技术有效实施的重要制约因素。

表 10-4　村民对传统灌溉技术的维护费用认可情况

项　目	多	不多	不知道
总计（人）	6	23	2
百分比（%）	19.35	74.19	6.45

从表 10-4 不难看出，在被调查的 31 人中，只有 6 人认为应用傣族传统灌溉技术对沟渠的维护费用较高，占 19.35%；有 23 人认为花钱不多，占 74.19%；有 2 人表示不知道，占 6.45%。据被调查者讲述，对旧水沟进

行维护时，时间一般在3月、7月作物交替种植时进行，基本上是由各村出劳力，以手工作业方式对沟渠加以修葺，并且对沟渠的宽度、深度均有严格要求；但是由于没有按照传统灌溉的管理方式进行严格管理，因此，埋入沟堤之下的分水管子（“南木多”）尽管有时已破旧不能正常使用，但由于挖出和更换旧管子比较费工，从而不愿意按照传统灌溉制度的规定按时进行更换，只是勉强继续使用。显然，大多数傣族村民认为应用传统方法进行灌溉，总体上成本较低，是可以接受和认可的，关键在于管理。对此，在对传统灌溉管理的满意程度方面的调查结果也进一步表明了这一情况，见表10–5。

表10–5 村民对水沟维护和管理现状的满意程度

项　目	满　意	基本满意	不满意	非常不满意
总计（人）	4	18	9	0
百分比（%）	12.90	58.06	29.03	0

从表10–5不难看到，在被调查的31人中，有4人表示对水沟维护和管理现状满意，占12.90%；有18人表示基本满意，占58.06%；有9人表示不满意，占29.03%。表示满意的人认为管水员比较负责，灌溉用水充足；不满意的人认为收取的沟渠维护费较高，水管站的管理未达到要求，对沟渠的维修力度不够，分配灌溉水时没有严格按照规定的配水量进行分配，导致靠近沟边的农户占用灌溉水过多，此外，在灌溉水的合理分配、管理和水沟的维修制度、环境改善等方面，矛盾仍显得比较突出。显然，问题的关键不是传统灌溉技术本身，而是具体管理上存在着不足。因此，在对传统灌溉技术进行改造完善的同时，进一步研究和完善具体的管理方式，形成切实可行的严格管理制度并认真实施，是保证传统灌溉技术得以实实在在推行的重要环节。

实际上，如前所述，如果能够将西双版纳傣族传统灌溉技术改造为适应于现今农业生产的实用灌溉技术，进一步降低管理和维修成本，并保留和不断完善其内含的基本原理及其应用形式，实际就从根本上保留了这一传统技术的生命力。因此，研究和开发这一传统技术，将其改造、开发为实用于西双版纳傣族地区的灌溉技术，实质也就是对傣族传统灌溉技术具体进行保护的体现。

四、创新灌溉管理制度以促进傣族传统灌溉技术的保护和开发

傣族传统灌溉技术的应用离不开与之相适应的灌溉管理制度。要使傣族传统灌溉技术得以保护和延续，就必须从现今的实际出发，创新灌溉管理制度，毕竟二者是一个完整的体系。

首先，应充分发挥用水协会组织协调机制。建立农民合作经济组织是当前我国农村社区的发展大趋势。在西双版纳地区，农民组织也有一定的发展，然而在用水协会建立方面还是空白。2005年，在《水利部、国家发展和改革委员会、民政部关于在加强农民用水户协会建设的意见》中明确指出："在农村水利建设与管理的改革中，鼓励和引导农民自愿组织起来，互助合作，承担直接受益的农村水利工程的建设、管理和维护责任，可以解决农村土地家庭承包经营后集体管水组织主体'缺位'问题；解决大量小型农田水利工程和大中型灌区的斗渠以下田间工程有人用、没人管，老化破损严重等问题；是适应农村取消'两工'（劳动积累工和义务工）新形势，建立农村水利建设运行新机制的需要；是巩固灌区续建配套节水改造成果，保证灌区工程设施充分发挥效益的需要。加强农民用水户协会建设，对培育和提高农民自主管理意识和水平，明晰农村水利设施所有权，建立现代高效的管理体制和运行机制，具有十分重要的意义。"

从内地发展的经验看，建立农民用水者协会组织，就是把用水的权利和责任交给村民自己，大家一起管理。农民用水者协会的成立，减少了政府对农村水利投入的后顾之忧，水利设施得到了比较好的维护，很少被盗窃、毁坏，村民的水费也好收。由于费用好收，设施得到保护，

政府就可以把拨款用到更需要经费支持的其他事情上去。同时实行农民自管、自修、自用，也就充分调动农民参与建设和管理水利设施的积极性。因而农民用水者协会的建立，从一定程度上消除了群众因用水引发的其他矛盾，也为农业生产和多种经济的发展打下了基础。这与傣族传统的板闷制有许多类似之处，因而在探索有效的理管理方式时，建立农民用水者协会组织也可以为西双版纳改进和完善水利管理方式提供有益的借鉴。这不仅可以有效地发挥好灌溉管理的效益，也是在开发中保存傣族传统灌溉制度这种合理内容的积极实践。

建立农民用水者协会组织，是采用现代组织形式来解决当前农村用水矛盾的探索。作为一种外来之组织形式，在文化观念上与傣族传统文化有一些矛盾。在建设农民用水者协会时，要从大处着眼，小处着手，注重傣族的传统文化、心理、习俗和传统意识等因素，把傣族传统水利灌溉制度如板闷制中一些合理的东西结合进来，如可以引入傣族传统水法中一些直观、简便的处罚措施，加入傣族传统水文化、佛文化等元素，尊重并重塑村民敬畏垄林、尊重自然生态的理念和传统，为傣族传统灌溉技术的应用创造良好条件，为建设和谐现代新农村增添活力。

其次，于部分地区恢复傣族传统灌溉组织形式和灌溉制度。城市化、工业化是现代社会不可阻挡的历史潮流，傣族地区、傣族民众也应该享受人类社会发展的积极成果——现代科学技术。所以，傣族社会将走向现代化是不可避免的。就傣族的水利灌溉而言，总体上现今单一的傣族传统的水利灌溉技术及其制度已不能适应当地社会现代化发展的需要，水库肯定是要建设的，现代水利灌溉技术及其制度也肯定要广泛应用。问题的矛盾在于在城市化进程日趋明显的情况下，要避免以城市的用水方式来替代农村的用水方式，尤其是不能代替农田的灌溉用水方式，而是要从农村和农业的实际出发，充分考虑农村和农业用水和管理的特殊性。从这一角度出发，在用水制度上，西双版纳农村地区传统的灌溉制度还是具有它的实用性、合理性的。由于傣族农村地区村民之间有千丝万缕的联系，人与人之间的相互影响、思维习惯等都与城市不同，与汉族不同，传统傣族灌溉制度就可以充分应用这种社会关系进行有效管理。这种关系可以造就傣族社会的传统“和谐”，它应该成为灌溉制度实施时必须给予充分考虑的因素。一个好的管理制度一定要考虑它的社会环境，与环境相融洽才能获得最大效益。因此，不要用城市社会关系取代农村社会关系，更不要用它取代少数民族的社会关系。由于农村社会关系会长期存在，人与人之间的亲情和相互依存的关系也将会长期存在，因而农业生产活动中对水直接依赖的关系，就不会只是体现为简单的经济关系。由于农村的乡里、乡亲、相邻关系是城市无法比拟的，这就要求我们有必要从这一实际出发来制定和实施具体的灌溉制度。

诚然，今天傣族社会各村寨的发展程度是参差不齐的，在城镇附近、工业发展较快较好的地区，傣族传统灌溉制度可能并不适用，推行现代水利灌溉技术和制度可能效果更好；而在保持传统农业生产活动的地区，由于这些地区发展相对缓慢，恢复傣族传统灌溉制度，利用农村社会关系来进行灌溉管理也许效果会更好。其实，恢复、发展傣族传统灌溉制度，对傣族社区来说具有多重意义。傣族传统灌溉制度与当前内地农村广泛建立的用水协会有相似之处，同样都是把用水的权利和责任交给村民自己，大家一起参与管理，让农民自己协调用水者之间的矛盾关系，及时处理水事纠纷，并对村寨的水利设施进行维护。现实的实践结果证明，这一措施减少了不必要的矛盾，提高了灌溉的效益；况且傣族传统灌溉制度的恢复和实施，不仅可以达到内地水利灌溉改革的这一效果，而且它作为一种民族元素，蕴含着傣族历史和文化的渊源，更能被当地群众接受，对继承历史、延续和繁荣民族文化，保持和发扬民族特色都有着积极的作用，具有其他方法不可替代的功能和作用。

五、保护和开发傣族传统灌溉技术必须正确对待傣族文化传统

西双版纳傣族传统灌溉技术本身就是傣族传统文化的一个部分，它的

产生和发展离不开这一基本的前提。但是，由于长期以来对傣族文化的研究大多集中于傣族的社会、经济、政治、艺术等方面，从而对关于诸如像傣族传统灌溉技术一类的文化现象研究显得相对薄弱。事实表明，仅仅单纯的就技术而论技术地进行傣族传统灌溉技术的保护与开发，无论如何也将无法实现其目的。因此，保护和开发傣族传统灌溉技术还必须正确对待傣族文化传统与宗教。

首先，有必要认真分析傣族传统灌溉技术与傣族文化的关系。人类学之父泰勒指出："文化，或文明，就其广泛的民族学意义来说，是包括全部的知识、信仰、艺术、道德、法律、风俗以及作为社会成员的所掌握和接受的任何其他才能和习惯的复合体。"① 傣族传统灌溉技术作为一种文化现象，涉及傣族生产、生活、行为的各个方面。一方面，如前所述，傣族的传统农业生产往往与原始宗教有关。尽管原始宗教未能客观地以理性的方式揭示和解释自然界以及自然界与人类生产、生活的内在联系，但是它所具有的原始生态自然观以及崇尚自然物和崇尚物质生产的观念，深刻地影响了傣族的农业生产的行为和意识，以一种意志和非理性的力量推动了傣族的物质生产。这种物质生产当然也包括傣族的传统灌溉活动在内。这一历史事实说明，人类生产活动决不只是简单的诸如动物那样低级的自然性适应，而是充满了感情的复杂实践和活动。在这样的实践和活动中，文化和非科学理性的因素将是不可或缺的动力。诚然，在这种最基本的物质生产活动中，我们并不否认科学原理和客观规律在其中的决定性作用。但除此之外，认真分析傣族崇拜大自然和崇拜水与傣族传统灌溉技术之间的关系，并由此揭示傣族传统灌溉技术产生和发展的历史及其特点，对于认识傣族传统灌溉技术无疑是有利的。另一方面，傣族社会又是一个笃信佛教的社会，在傣族的社会发展历程中，一直笼罩着佛光的照耀。然而，当现代社会到来之后，科学作为社会发展的理性层面，已上升为社会的主导因素，在这样的时代条件下，佛教与科学二者之间还有没有可以统一的方面

① ［英］泰勒. 原始文化［M］. 桂林：广西师范大学出版社，2005：1.

呢？如前所述，在傣族历史上，包括傣族传统灌溉技术在内的农事活动中，往往都贯穿着佛教的思想，并且是借助于佛教的力量来进行的。如果说在现代社会没有到来之前，傣族曾经真诚地按照“佛”的旨意，在“佛”的指导下来进行生产活动，来开展灌溉活动，并获得了实实在在的利益的话，那么，在西双版纳已经进入现代社会的今天，佛教对于生产活动的影响和作用还会一成不变吗？其实，任何人，包括西双版纳傣族现今都清楚，灌溉作为最基本的物质生产活动，其本身就是一种科学规律的应用。这种客观规律不以人的意志为转移，是傣族农业生产得以获得实际收获的内在根据，只不过这种规律在相当长的历史时期内被傣族人民经验性地应用，而没有被揭示出来罢了。显然，佛教在现今的实际生产活动中，已成为了一种外在的力量，但是这种力量却是傣族生活、生产不可缺少的，它体现着傣族的情感、伦理、道德等文化因素，是科学所无法替代的。可以设想，如果任何物质生产活动都是那种没有情感因素的活动，那么人类的这种活动将无疑成为苍白的机械运动，人的价值也将受到极大的挑战。正因为如此，当今社会十分强调企业的文化建设。因为人的主观能动性一旦被激发出来之后，其力量是十分伟大的，它可以为物质生产活动的有序进行和快速进步注入强大的动力。既然如此，如何将傣族社会传统的佛文化转化为强大的、推动这一地区物质生产的力量，转化为对傣族传统灌溉技术进行保护和开发的力量，都有待于人们去探索。只有把这些问题进一步搞清楚了，对于傣族传统灌溉技术的保护和开发，才能建立在可靠的基石之上。

其次，正确对待市场经济条件下的傣族传统文化。目前，中国正处于一个向工业社会迅速迈进的转型时期。随着社会主义市场经济的不断发展，现代文化主流意识也明显地冲击和吞噬着传统文化，西双版纳也不例外。现今，西双版纳傣族传统文化之所以显得如此炫丽，更多的原因还在于其内含的商业价值。事实表明，无论是傣族传统的文艺演出，还是旅游景点的展示，更多的是形式的新奇与热烈，其本质和目的基本上都是围绕经济利益而开展的，至于深刻的傣族内在传统文化的积淀和深层的内心感愿，随着市场经济观念的不断巩固和发展，已开始离传统而去了。诚然，通过开发和利用傣族传统文化资源来获取合理的经济利益并没有错，并且通过开发还可以在一定程度上达到保护的目的。但是，如果一味地单纯追求经济效益而放弃了对傣族传统文化精髓的巩固，将造成对傣族传统文化的侵害。显然，如果缺失了傣族深刻内心体验的文化背景来保护和开发包括傣族传统灌溉技术在内的傣族传统文化，前景将十分渺茫，效果也将是短期的。因此，面对现实，除采取非物质文化遗产保护的措施外，通过宣传、教育、培训等措施来树立傣族传统文化在该地区的影响，有效地保障傣族的文化权益，使傣族自身的文化观念得到相应巩固，理应是保护傣族特有文化的举措。只要这些宣传、教育和培训不违反国家宪法，不违背国家和人民的利用，就应该积极地给予弘扬。

六、将傣族传统灌溉技术作为旅游资源开发

傣族传统灌溉技术符合非物质文化遗产的属性，应该进行有效的保护。但是，这并不是说不能进行开发和利用。国务院颁发的《关于加强文化遗产保护工作的通知》中已明确指出保护的指导方针是："保护为主、抢救第一、合理利用、传承发展"。其中，"合理利用"就已经表达了这一含意。从西双版纳的实际出发，这种合理利用的有效方式之一，就是将傣族传统灌溉技术转化为旅游资源。

首先，创造条件将傣族传统灌溉技术开发为旅游产品。如前所述，傣族传统灌溉技术完全具有可观赏性、区域性、自在性、不可转移性、时代性、民族性或文化性等旅游资源的属性，并且也具备了开发为旅游产品的条件，无论从观赏、考察、学习、研究等多个方面都能够较好地满足现时代人们的需求。西双版纳傣族自治州旅游局在 2007 年 12 月 27 日的《西双版纳州旅游业发展情况》（内部材料）中曾经指出："旅游业已经成为西双版纳州国民经济中增长最快、活力最强的新兴产业和中央的经济增长点之一，在拉动消费、解决就业、消除贫困和建设社会主义新农村等方面发挥了积极作用。"并同时提出在西双版纳"十一五"期间旅游发展要实现"第

二次创业”，“充分发挥当地传统的民族民间工艺加工制作人才优势，增加品种，提高档次，建设一批民族工艺品加工专业村。”这无疑为傣族传统灌溉技术旅游产品的开发创造了良好的机遇。其实，在现今景洪市勐罕镇著名的旅游点傣族文化园里，保留有原生态的傣族村寨、寺庙和传统文化，已经集中了相应的傣族传统加工的许多旅游项目。如果在这一基础上，进一步将傣族传统灌溉技术引入其中，进行科学合理的设计和规划，使它与傣族的泼水节、小竹楼、佛寺等浓郁的风情相配合，尤其是将傣族传统灌溉技术独特的诸如放水仪式、分水技术等传统灌溉的现实操作相结合，完全可以形成一种充满民族特色和民族气氛的、可供观赏和考察的系列项目。

其次，创建傣族农业文化遗产旅游项目。傣族社会是一个建立于稻作农业和稻作文化基础上的社会，其悠久的农业历史和独特的生产方式一直成为人们关注的热点。其中，无论是傣族特有的“教秧”栽培技术、别具一格的传统灌溉技术，还是为人称道的稻作食品加工技术，以及在保持森林生态良好状态中发挥了特殊作用的“垄林”、炭薪林等都是十分精彩的旅游观光内容，具有浓郁的民族特色。这些不仅是人们了解和认识南方稻作农业发展史不可多得的“处女地”，也是科技旅游和民族旅游的地方。众所周知，我国浙江余姚县河姆渡是一个重要的稻作文明起源地，20 世纪 70 年代，由于这里出土了距今 7000 余年的碳化稻谷而使之闻名于世。也正因为如此，当地政府将其建设成为了别具一格的农业文化遗址公园，成为了闻名遐迩的世界旅游胜地，是世界考察农业发展史的重要地点，不仅有效地保护了这里的文化成果，而且带来了可观的经济效益。相形之下，包括傣族传统灌溉技术在内的傣族的各种传统农耕技术，对于人们认识东方农业来说也有其十分独特的色彩。开辟这样的旅游项目，一方面可以进一步提高西双版纳旅游的科技含量，另一方面也可以增加傣族传统稻作文化的底蕴。它与其他旅游项目相得益彰，共同促进西双版纳旅游业的发展，理应是推进西双版纳旅游业发展的新的突破口。只要地方政府和领导重视，加强研究、认真组织和整理包括傣族传统灌溉技术在内的傣族稻作文化遗产，确定开发规划、认真实施，同时注意加强相应的宣传、报道，这一特色旅游项目是完全可以推出的。

最后，开发傣族传统灌溉技术音像、图书旅游产品。傣族传统灌溉技术是一项充分渗透了傣族传统稻作文化的技术，本应成为傣族文化音像、图书中的一个重要组成部分。但是，目前关于傣族文化的展览馆、博物馆、文化馆、书店中，有关这一部分的内容却相对薄弱。即使在西双版纳当地，也十分令人遗憾，不仅不见相关的音像、图书，就是在勐罕镇著名的植物园的展览馆内，也仅仅做了肤浅的介绍，而在其他的展馆内就根本难以见到了。因此，尽快形成与旅游相关的傣族传统灌溉技术的普及性宣传材料，并从保护和弘扬傣族优秀传统文化的高度，制作傣族传统灌溉技术的音像材料和出版相应图文并茂的图书，并使其在傣族文化的展览馆、博物馆、文化馆中有一席之地已势在必行。另外，从文化建设、文化遗产保护和旅游的需要出发，设立专项研究和开发项目，采取普及与研究成果相结合的方式，通过持续的研究，不断形成新的成果，使其不断增添新的内容，推出普及性的音像、图书，吸引旅客的兴趣，以推进各种经济效益和社会效益的最大化。此外，举办讲座、甚至围绕傣族传统灌溉技术的实际操作，由游客直接参与，通过互动、展示等活动，不仅可以为旅游者提供直观感性的快感，而且也能提供精神的享受和理性的沉思，生产与消费的同一性由此得到了体现，也不失为一条可行的途径。

七、以傣族文化背景恢复森林生态和水源林

西双版纳傣族是一个以水稻为主要农作物的农耕民族，在关乎自身存在与发展的根本问题上，傣族深刻认识到没有水源就没有水稻田，也就没有傣族的灌溉和傣族社会的一切。而水源的稳定、水源的大小，都直接与森林的状况相关，所以无论是从任何角度进行分析都不难得出结论，森林与傣族存在着鱼水不分的情缘。同样，要保护和开发傣族传统灌溉技术，也就不得不强调森林生态的重要性。

一方面，保持现代科学与傣族传统文化之间的张力。现代科学从理性的角度理性地解释了生态平衡的内在关系及其规律。但是，任何理性认识转化为具体的行为过程，并不是简单的机械操作，因为现实中的人都是特定文化所“哺育”的人。如前所述，傣族的稻作文化渗透了对自然的崇拜，而且对水的崇拜、对森林的崇拜等这种原始的宗教崇拜一直延续至今，其带来的实际后果，就是傣族“垄林”（神山）的产生，以及这种后果带来的“垄林”具有的至高无上的权威性。大量事实说明，由于垄林的存在，其有效地保证了灌溉用水的水源，使傣族传统灌溉技术的实施成为可能。因此，在现代社会理性程度不断提高的条件下，通过科学的宣传和相关法律的实施来促进人们对森林的保护是十分必要的。但是不可否认，在市场经济条件下，功利性比以往更突出，这种技术功利性导致的后果，往往违背科学理性而做出违反科学本性的事情来。大量的事实说明，一个技术水平很高的专家，并不一定具备符合科学本性的思想和行为，并不一定会设计或生产符合人类利益的产品，诸如像“三鹿奶粉”的出现就是一个例证。面对这样的状况，宗教和信仰作为强大的精神力量，可以从无形的伦理道德方面发挥强大的作用，制约损害人类根本利益的行为，促进人们去行“善”，去维护人类最基本的利益。正是从这个意义上说，傣族的传统宗教和文化引导人们要善待森林、善待自然有利于促进人们对森林的维护和敬仰，成为人们强大的自觉保护森林的内在动力，尽管这种自觉性是非科学的，但恰巧正是这种非理性的思想和行为，无意中带来明显的生态保护效应。因此，保留傣族宗教并使其与科学形成必要的张力，是促使西双版纳保持森林生态平衡的一个重要环节，也是保护和开发傣族传统灌溉技术自身的要求，并且它可以从新的视角为生态保护提供有益的借鉴。

另一方面，汲取傣族村规民约的合理因素恢复生态。傣族是一个具有悠久种稻历史的民族。为了维护森林生态的平衡以保证水田的水源长盛不衰，不同地区和不同的村寨往往形成了具有约束力的村规民约。这些村规民约长期以来一直有效地发挥着作用，它不仅从伦理道德的方面强硬地规范着村民的行为，并且在长期的相互监督、督促中潜移默化地转化为村民的自觉行动，曾经对森林生态的保护发挥了很好的作用。由于它既符合特定区域的实际情况，也容易操作和为村民接受，因而它的效果也是不可忽视的。但是，值得注意的是，这种渗透着傣族传统文化的乡规民约，却在历经了新中国成立后多次运动的冲击，尤其是在经历了现代法律法规的冲击而逐步被抛弃和淡忘了，以致一些效果突出的乡规民约无法发挥作用。因此，从西双版纳的实际出发，收集、分析、研究傣族传统的乡规民约，研究和分析傣族封建领主对于森林生态保护的有关法规，汲取其中的合理部分，充分发挥傣族文化的力量，并以此来有效地保护和恢复森林生态是十分必要的。正因为良好的森林生态为傣族的农业生产创造了有利条件（图 10-10），因此按照旧有的法规和乡规民约来恢复“垄林”，就有其十分现实的价值。这不仅仅是对傣族传统文化的尊重，也是从当地的实际出发，从傣族特有的文化背景出发来恢复森林生态，维护灌溉水源的有效措施。毕竟这种法规和乡规民约主体上是针对保护森林生态而言的。这是今后应该注意和认真开展的工作，它不仅对于傣族传统灌溉技术的保护和开发是必要的，而且也是发掘傣族传统文化的一项重要内容。

图 10-10　良好的森林生态为傣族的农业生产创造了有利条件（诸锡斌 2008 年摄于景洪县勐罕区曼景寨）

结 语

云南是我国傣族的主要聚居的边疆省份，傣族又是人类历史上最早种植水稻的民族之一。从远古的时候起，傣族就在创立自己稻作农业的艰苦历程中与水结下了不解之缘。正是在水与稻的交融中，傣族于长期的生产活动中，创造了具有自身民族特色的水利灌溉技术。这些技术融合了当地自然地理、气候、作物特性，具有明显的民族地方特色。傣族创造的这一传统灌溉技术不仅反映了傣族人民对生存环境、自然界的认识和控制程度，而且也深深地融汇于其特有的稻作文化、水文化、佛文化之中。一句话，融于傣族的文化之中，成为傣族社会得以存在与发展的重要因素。这一技术体系支撑了傣族数千年的发展，直到20世纪80年代，这一技术体系仍在发挥着它的积极作用。但是，长期以来，傣族这一传统灌溉技术却鲜为人知，尽管我国学者在20世纪50年代曾对傣族社会进行过广泛的社会调查，对傣族传统水利灌溉技术及其灌溉制度也有零星的介绍，却一直未引起有关部门和学者的注意。值得庆幸的是，20世纪80年代初，在内蒙古师范大学李迪先生的倡导下，成立了相关的研究会，我国的专家学者相对全面地开展了对中国少数民族科学技术史的研究，其中也包括了对傣族传统水利灌溉技术的专门研究。我们积极参与了这项艰苦的研究工作，并获得了较好的成果。然而，对中国少数民族传统科技的研究，由于各种条件的制约，难度较大。尤其是对傣族传统灌溉技术的研究，成果相对零散，除高立士先生有过相对总体的介绍外，对这一技术的全貌一直没有较为细致的系统性、整体性的专业性成果，成为人们认识傣族传统稻作农业与文化的一个缺项。由于傣族传统稻作灌溉技术于新中国成立前的汉文献中几乎没有记载，而且在傣文献中也是凤毛麟角，十分零散，再加上现实生活中懂得这一传统灌溉技术的匠人已相继去世，研究的难度就更显突出。然而，由此也更体现出它所具有的不同于一般的研究意义和价值，甚至这项研究已经超出了日常的研究意义，成为发掘、抢救与保护的迫切任务了。

当前，国际上十分重视物质文化遗产和非物质文化遗产的保护。傣族的传统灌溉技术，就其工艺制作以及它利用宗教形式来具体操作实施的过程而言，具有其独到的特殊性和民族特点，属于世代相传的工艺和特有的民族文化，因而符合非物质文化遗产保护的范畴。根据我国国务院办公厅 2005 年 3 月 26 日提出的《关于加强我国非物质文化遗产保护工作的意见》中具体的认定标准，以及《关于加强我国非物质文化遗产保护工作的意见》的附件《国家级非物质文化遗产代表作申报评定暂行办法》第 3 条提出了相关的分类依据，都说明傣族传统灌溉技术这一濒临消失的技术是亟待抢救的傣族的优秀文化遗产，有必要加大研究和整理的力度，使之能够在当前经济全球化和现代科技与文明的浪潮中得到相应的保护。

当然，傣族传统灌溉技术又是一项在现实中尚存于西双版纳个别地区应用的技术，其实用性是显而易见的。作为一种有形的文化遗产，它又具有可以改造利用的物质特性，毕竟这种传统的灌溉技术中包含了对水资源应用的科学性，甚至有些基本原理对于现代科技高度发展的今天，仍然具有借鉴意义和价值。除此之外，傣族传统灌溉技术所具有的民族文化价值、旅游开发价值、生态保护价值、教育价值、甚至促进民族团结和稳定边疆社会的价值都是存在的，从而认真分析和正确对待傣族传统灌溉技术，无论从物质文明建设、精神文明建设、政治文明建设和生态文明、制度文明建设的角度来看，都是必须加强的。

正是从这一实际出发，该项研究尽管困难很大，工作十分辛苦，但是在各方面的支持和配合下，还是硬着头皮，积多年的研究成果为一体，完成了这项研究。诚然，对于傣族稻作文化而言，傣族传统灌溉技术及其灌溉制度只是其中的一个环节，更多和更深刻的认识还有待于在今后的实践和研究中去探索。虽然有了这样的研究成果，甚至这些成果中还存在着错误和不足，但毕竟为今后的研究垫下了一块有用的基石，愿后来者踩着这样的基石继续前进。

参考文献

一、著作

[1] 百越民族史研究会. 百越民族史论丛 [M]. 南宁：广西人民出版，1985.

[2]《傣族简史》编写组. 傣族简史 [M]. 昆明：云南人民出版社，1986.

[3] 傣族民间故事选 [M]. 上海：上海文艺出版社，1985.

[4] [英] 丹皮尔. 科学史 [M]. 北京：商务印书馆，1975.

[5] 丁颖. 中国水稻栽培学 [M]. 北京：农业出版社，1961.

[6] [日] 渡部忠世. 稻米之路 [M]. 尹绍亭，等，译. 程侃生，校. 昆明：云南人民出版社，1982.

[7] [德] 恩格斯. 反杜林论 [M]. 北京：人民出版社，1999.

[8] 恩格斯. 自然辩证法 [M]. 于光远，等，译. 北京：人民出版社，1984.

[9]（唐）樊绰. 蛮书校注 [M]. 向达，校注. 北京：中华书局，1962.

[10] 方国瑜. 云南地方史讲义（下）[M]. 昆明：云南广播电视大学，1983.

[11] 高立士. 西双版纳傣族的历史与文化 [M]. 昆明：云南民族出版社，1992.

[12] 高立士. 西双版纳傣族传统灌溉与环保研究 [M]. 昆明：云南民族出版社，1999.

[13] 管彦波. 云南稻作源流史 [M]. 北京：民族出版社，2005.

[14] 郭家骥. 西双版纳傣族的稻作文化研究 [M]. 昆明：云南大学出版社，1998.

[15] 何平. 从云南到阿萨姆——傣—泰民族历史再考与重构 [M]. 昆明：云南大学出版社，2001.

[16] [德] 黑格尔. 法哲学原理 [M]. 北京：商务印书馆，1979.
[17] 祐巴勐. 论傣族诗歌 [M]. 岩温扁，译. 北京：中国民间文学出版社，1981.
[18] 华东水利学院. 灌溉与排水（水利水电系统干部培训教材）[M]. 北京：水利出版社，1982.
[19] 江应梁. 傣族史 [M]. 成都：四川民族出版社，1983.
[20] 蓝勇. 历史时期西南经济开发与生态变迁 [M]. 昆明：云南教育出版社，1992.
[21] 李根蟠，卢勋. 中国南方少数民族原始农业形态 [M]. 北京：农业出版社，1987.
[22] 李建珊. 科技文化的起源与发展 [M]. 天津：南开大学出版社，2004.
[23] 李子贤. 探寻一个尚未崩溃的神话王国 [M]. 昆明：云南人民出版社，1991.
[24] [苏] 列宁. 列宁选集（第二卷）[M]. 北京：人民出版社，1975.
[25] [德] 马克思. 剩余价值学说史（第一卷）[M]. 郭大力，译. 北京：人民出版社，1975.
[26] [德] 马克思. 资本论（第三卷）[M]. 北京：人民出版社，1975.
[27] [德] 马克思. 资本论 [M]. 北京：人民出版社，2004.
[28] [德] 马克思，恩格斯. 马克思恩格斯全集（第二十三卷）[M]. 北京：人民出版社，1972.
[29] [德] 马克思，恩格斯. 马克思恩格斯全集（第二十四卷）[M]. 北京：人民出版社，1972.
[30] [德] 马克思，恩格斯. 马克思恩格斯选集（第三卷）[M]. 北京：人民出版社，1972.
[31] [德] 马克思，恩格斯. 马克思恩格斯选集（第四卷）[M]. 北京：人民出版社，1958.
[32]《民族问题五种丛书》云南省编辑委员会. 傣族社会历史调查（西双版纳之一）[M]. 昆明：云南民族出版社，1983.
[33]《民族问题五种丛书》云南省编辑委员会. 傣族社会历史调查（西双版纳之二）[M]. 昆明：云南民族出版社，1983.
[34]《民族问题五种丛书》云南省编辑委员会. 傣族社会历史调查（西双版纳之三）[M]. 昆明：云南民族出版社，1983.

[35]《民族问题五种丛书》云南省编辑委员会. 傣族社会历史调查（西双版纳之四）[M]. 昆明：云南民族出版社，1983.

[36]《民族问题五种丛书》云南省编辑委员会. 傣族社会历史调查（西双版纳之七）[M]. 昆明：云南民族出版社，1985.

[37]《民族问题五种丛书》云南省编辑委员会. 西双版纳傣族社会综合调查（一）[M]. 昆明：云南民族出版社，1983.

[38]《民族问题五种丛书》云南省编辑委员会. 西双版纳傣族社会综合调查（西双版纳之二）[M]. 昆明：云南民族出版社，1984.

[39] 南京农学院，江苏农学院，《作物栽培学 · 南方本》编写组. 作物栽培学 · 南方本（上册）[M]. 上海：上海科技出版社，1979.

[40] 南京农学院，江苏农学院，《作物栽培学 · 南方本》编写组. 作物栽培学 · 南方本（下册）[M]. 上海：上海科技出版社，1980.

[41] [日] 鸟越宪三郎. 倭族之源——云南 [M]. 昆明：云南人民出版社，1985.

[42]（明）欧大任. 百越先贤志 [M]. 北京：中华书局，1985.

[43] 沈阳农学院. 农田水利学 [M]. 北京：农业出版社，1980.

[44] [英] 泰勒. 原始文化 [M]. 桂林：广西师范大学出版社，2005.

[45] 田晓娜. 四库全书精编（子部）—管子 · 禁藏第五十三 [M]. 北京：国际文化出版公司，1996.

[46] 王军. 傣族源流考. 百越史研究 [M]. 贵阳：贵州人民出版社，1987.

[47] 王文章. 非物质文化遗产概论 [M]. 北京：文化艺术出版社，2006.

[48] 王懿之，杨世光. 贝叶文化论 [M]. 昆明：云南人民出版社，1990.

[49]《西双版纳傣族自治州概况》编写组. 西双版纳傣族自治州概况 [M]. 昆明：云南民族出版社，1986.

[50] 西双版纳傣族自治州地方志编纂委员会. 西双版纳傣族自治州志（中册）[M]. 北京：新华出版社，2002.

[51]《西双版纳傣族自治州概况》修订本编写组. 西双版纳傣族自治州概况 [M]. 北京：民族出版社，2008.

[52] 谢彦君，陈才，谢中田. 旅游学概论 [M]. 大连：东北财经大学出版社，1999.

[53] 徐起中. 中国少数民族文化权益保障研究 [M]. 北京：中央民族大学出版社，2009.

[54] 云南少数民族古籍整理出版规划办公室. 孟连宣抚司法规 [M]. 昆明：云南民族出版社，1986.

[55]《云南少数民族前资本主义社会形态与社会主义现代化研究》课题组. 云南多民族特色的社会主义现代化问题研究 [M]. 昆明：云南人民出版社，1986.

[56] 云南省统计局. 云南统计年鉴 [M]. 北京：中国统计出版社，2008.

[57] 赵敏俐，尹小林. 国学备览——史记・货殖列传第六十九 [M]. 北京：首都师范大学出版社，2007.

[58] 张福. 彝族古代文化史 [M]. 昆明：云南教育出版社，1999.

[59] 张公瑾. 傣族文化研究 [M]. 昆明：云南民族出版社，1988.

[60] 张玉安. 东南亚古代传说神话（下）(东方神话传说，第七卷) [M]. 北京：北京大学出版社，1999.

[61] 张展羽，俞双恩. 水土资源分析与管理 [M]. 北京：中国水利水电出版社，2006.

[62] 诸锡斌. 中国少数民族科学技术史丛书——地学、水利、航运卷 [M]. 南宁：广西科学技术出版社，1996.

[63] 诸锡斌. 自然辩证法概论 [M]. 昆明：云南科技出版社，2004.

[64] 中共中央马克思恩格斯列宁斯大林著作编译局. 马克思恩格斯选集（第一卷）[M]. 北京：人民出版社，1972.

[65] 中共中央马克思恩格斯列宁斯大林著作编译局. 马克思恩格斯全集（第二十一卷）[M]. 北京：人民出版社，1995.

[66] 中国农业科学院. 中国稻作学 [M]. 北京：农业出版社，1986.

[67] [苏] Б. В. 鲍尔加尔斯基. 数学简史 [M]. 潘德松，沈金钊，译. 北京：知识出版社，1984.

[68] [苏] Г. 瓦尔科夫. 技术与技术哲学 [M]. 王炯华，译. 梁淑芬，校. 北京：知识出版社，1987.

二、论文

[1] 范宏贵. 壮族与傣族的历史渊源及迁徙［J］. 思想战线，1989（增刊）：63.

[2] 高立士. “垄林”傣族纯朴的生态观［J］. 昆明师范高等专科学校学报，2000，22（1）：62.

[3] 何斯强. “东方人”的遗址和遗迹［J］. 思想战线，1987（3）：54+ 封一.

[4] 李伯川. 西双版纳地区水利灌溉技术体系研究［J］. 古今农业，2008（3）：43—49.

[5] 李根蟠. 我国少数民族在农业科技史上的伟大贡献（中篇）［J］. 载农业考古，1985（2）：272—280.

[6] 李根蟠，卢勋. 我国原始农业起源于山地考［J］. 农业考古，1981（1）：31，注释（17）；或参看《国外农业科技资料》1972 年第 2 期。

[7] 李昆生. 云南农业考古概述［J］. 农业考古，1981（1）：70.

[8] 李昆生. 云南在亚洲栽培稻起源研究中的地位［J］. 云南社会科学，1981（1）：69—73.

[9] 李昆生. 云南考古所见百越文化［J］. 云南文物，1983（14）：40—42.

[10] 吕名中. 百越民族对祖国经济文化的重要贡献［J］. 民族研究，1985（1）：26—33.

[11] 覃乃昌. 壮族稻作农业独立起源论［J］. 农业考古，1998（1）：316—321+311.

[12] 申戈，樊少骥. 种稻、植棉、住干栏［J］. 民族文化，1983（2）：7.

[13] 施晓春，周鸿. 神山森林传统的传承与社区生态教育初探［J］. 思想战线，2003，29（1）：51—54.

[14] 汪春龙. 景洪县森林遭受严重破坏地调查［J］. 云南林业调查规划，1981（2）：43—44.

[15] 汪家伦. 浅谈农田水利史的几上问题［J］. 中国农史，1986（1）：107—109.

[16] 汪宁生. 远古时期云南的稻谷栽培［J］. 思想战线，1977（1）：98—102.

[17] 杨文伟. 傣族古代农业的起源与发展［J］. 云南林业，2002，23（2）：28.

[18] 游汝杰. 从语言地理和历史语言学试论亚洲栽培稻的起源和传播［J］. 中央民族学院学报，1983（3）：6—17.

[19] 张公瑾. 西双版纳傣族历史上的水利灌溉［J］. 思想战线，1980（2）：60—63.

[20] 翟学伟. 中国人的价值取向：类型、转型及其问题 [J]. 南京大学学报（哲学人文社科版），1999（4）：50—57.

[21] 郑晓云. 傣族的水文化与可持续发展 [J]. 思想战线，2005，31（6）：76—81.

[22] 诸锡斌. 开展少数民族传统技术研究的价值 [J]. 哈尔滨工业大学学报. 2009（1）：19—25.

[23] 诸锡斌. 数理统计在现代农业科学试验中的方法论意义 [J]. 云南农大科技，1984（4）：17.

[24] [日] 佐佐木高明. 寻求照叶树林文化和稻作文化之源 [J]. 民族译丛，1985（1）：45.

三、论文集

[1] 埃德蒙·木卡拉. 口头和非物质文化遗产代表作概要 [C] // 中国艺术研究院，人类口头和非物质文化遗产抢救与保护国际学术研讨会，2002：65.

[2] 百越民族史研究会. 百越民族史论丛 [C]. 南宁：广西人民出版，1985：78.

[3] 程志方. 论中华彝族文化学派诞生 [C] // 云南社会科学院楚雄彝族文化研究所. 彝族文化研究文集. 昆明：云南人民出版社，1985：369.

[4] [德] 恩格斯. 恩格斯致马克思的信（1846 年 10 月 18 日）[M] // 马克思，恩格斯. 马克思恩格斯全集（第 27 卷）. 北京：人民出版社，1972.

[5] [德] 恩格斯. 家庭、私有制和国家的起源 [M] // 马克思，恩格斯. 马克思恩格斯选集（第四卷）. 北京：人民出版社，1972.

[6] 刘尧汉，卢央. 考古天文学的一大发现——彝族向天坟的结构与功能 [C] // 云南楚雄彝族文化研究所. 彝族文化研究文集. 昆明：云南人民出版社，1985：177—224.

[7] [德] 马克思. 资本论（第一卷）[M] // 韦建华，等. 马克思恩格斯文集 5. 北京：人民出版社，2009.

[8] 云南少数民族古籍整理出版规划办公室. 孟连宣抚司法规（云南少数民族古籍译丛第 9 辑）[C]. 昆明：云南民族出版社，1986：70.

[9] 云南少数民族古籍整理出版规划办公室. 傣泐王族世系（云南少数民族古籍译丛第

10辑)[C]. 昆明：云南民族出版社，1987：37.

[10] 诸锡斌. 分水器与傣族稻作灌溉技术—西双版纳农业史研究[C]//李迪. 中国少数民族科技史研究(第二辑). 呼和浩特：内蒙古人民出版社，1988：168—181.

[11] 诸锡斌. 试析傣族传统灌渠质量检验技术[C]//李迪. 中国少数民族科技史研究(第四辑). 呼和浩特：内蒙古人民出版社，1988：118—128.

[12] 诸锡斌. 傣族传统水稻育秧技术探考[C]//李迪. 中国少数民族科技史研究(第七辑). 呼和浩特：内蒙古人民出版社，1992：72-83.

四、报纸

[1] 范文澜. 介绍一篇待字闺中的稿件[N]. 光明日报，1956-05-24,《史学》专栏.

五、其他

[1] 华中农学院，江苏农学院，湖南农学院，浙江农学院. 水稻栽培(援外水稻技术人员进修班试用教材)[M].(内部资料)，1973.

索 引

A

B

C

D

E

F

G

M

N

P

Q

R

S

T

后记

国家社会科学基金项目“傣族传统灌溉技术的保护与开发”的成果为《傣族传统灌溉技术的保护与开发》和《傣族传统灌溉制度的现代变迁》两部书。本书为这项研究的成果之一。

2006年9月，国家社会科学基金项目“傣族传统灌溉技术的保护与开发”经费下达后，该项研究即按照研究计划开始认真实施，项目组在过去多年研究的基础上，历时3年，克服了种种困难，终于完成了研究任务。在项目研究过程中，项目组在明确了项目的意义、重点、难点和开展研究应该采取的方法的基础上，根据研究需要确定了“傣族传统灌溉技术的保护与开发”和“傣族传统灌溉制度的保护与开发”两个子项目组。项目总主持人诸锡斌教授除全面负责项目的研究外，还全面负责了“傣族传统灌溉技术的保护与开发”子项目组。“傣族传统灌溉技术的保护与开发”子项目组在多年研究积累的基础上，多次深入西双版纳及有关地区，按照研究计划，对已经濒临消失的傣族传统灌溉技术进行了相对系统的抢救性发掘、分析、研究和整理，将调查结果与极其有限的历史文献相印证，并应用实际调查研究的第一手资料来弥补文献不足的缺陷，较为全面和客观地反映了傣族传统灌溉技术的原貌，力争尽可能使研究成果贴近实际和具有说服力。同时在研究中，项目组充分注意了人文社会科学与自然科学相结合的综合方法的应用，研究成果较好地体现了多重学术价值和应用价值。与此同时，“傣族传统灌溉制度的保护与开发”子项目组也开展了卓有成效的研究，并如期完成了任务。

经过努力，整个研究项目于 2009 年 10 月完成，形成了项目研究成果并完成了《傣族传统灌溉技术的保护与开发》和《傣族传统灌溉制度的现代变迁》两部书稿。其中，《傣族传统灌溉制度的现代变迁》的书稿由秦莹教授和李伯川副教授主笔；而这一本《傣族传统灌溉技术的保护与开发》的书稿全部由诸锡斌教授撰写、统稿、校对。在“傣族传统灌溉技术的保护与开发”项目的研究过程中，该项目组的全体成员提供了十分重要的建议，尤其在实际调查中，西双版纳州州志办李忠建，西双版纳州种子公司李建、岩对，西双版纳州旅游局袁青松，景洪市嘎洒区水管站岩温、许定文，勐罕镇水管站岩伦，云南农业大学科学技术史专业的硕士研究生王晓伟、张力、朱礼杰、谭晓露、姚瑶，云南省科学技术馆诸弘安，昆明学院教师李辉等给予了大力支持，甚至付出了艰辛的汗水；山西大学张家治教授、邢润川教授，中央民族大学张公瑾教授提出了宝贵的建议；中国科学技术出版社给予了大力支持并使《傣族传统灌溉技术的保护与开发》获得了 2014 年国家出版基金的资助，王晓义编辑为此付出了辛勤的劳动，在此深表谢意。

❶ 作者在农村基层做调研　❷ 作者对研究项目进行认真讨论和研究

❶ 作者前往西双版纳调研的路上　❷ 作者与已去世的傣族管水员岩罕尖的孙子合影

❶ 作者深入农户访问调查 ❷ 作者听取有经验的傣族农户的意见

❶ 作者寻找被埋没于渠堤杂草中的竹制过水“南木多” ❷ 即将消失的“南木多”还在发挥着作用

❶ 傣族两种不同类型的分水标准量具“根多”
❷ 与老管水员合影（左边为汉族，右边为傣族）

❶ 景洪傣族勐满寨的“垄林”（寨神林）实质上是水源林　❷ 向寺庙的傣族和尚了解情况

❶ 在开荒中现今“垄林”也受到了侵犯　❷ 山林的砍伐影响了农田的灌溉用水

❶ 现在香蕉种植延伸到原来的农田，旧有的农业结构被改变

❷ 传统的单一水稻种植面积越来越小

❶ 现代的水泥灌渠逐步取代了旧有的灌溉大沟 ❷ 傣族农民采用农业机械耕地

① 傣族与水有不解之缘 ② 流经西双版纳的澜沧江

❶ 流沙河是景洪重要的灌溉河流　❷ 良好的生态环境是保证水利灌溉的基本条件

（以上照片为作者诸锡斌和项目组成员所摄）